髹飾錄

異本整理研究

何振紀——著

二〇一六年度全國高校古籍整理研究工作委員會直接資助項目（編號：一六六〇）成果

二〇二〇年度中國美術學院科研繁榮計畫學術出版物資助項目（編號：ZGJ2020CB03B）成果

浙江古籍出版社

圖書在版編目(CIP)數據

《髹飾録》異本整理研究／何振紀著. -- 杭州：浙江古籍出版社，2021.11
ISBN 978-7-5540-2065-4

Ⅰ. ①髹… Ⅱ. ①何… Ⅲ. ①漆器—生産工藝—中國—明代②《髹飾録》—研究 Ⅳ. ①TS959.3

中國版本圖書館CIP數據核字（2021）第161968號

《髹飾録》異本整理研究

何振紀 著

出版發行 浙江古籍出版社
（杭州市體育場路347號 郵編：310006）
網　　址 https://zjgj.zjcbcm.com
責任編輯 周　密
文字編輯 徐　立
封面設計 吴思璐
責任校對 吴穎胤
責任印務 樓浩凱
照　　排 浙江時代出版服務有限公司
印　　刷 浙江新華印刷技術有限公司
開　　本 880 mm × 1230 mm 1/32
印　　張 15.5
字　　數 310千字
版　　次 2021年11月第1版
印　　次 2021年11月第1次印刷
書　　號 ISBN 978-7-5540-2065-4
定　　價 198.00圓（精裝）

自序

國内有關《髹飾録》抄本研究的肇始，可以追溯至二十世紀二十年代中期。其時中國營造學社的創辦人朱啟鈐先生在校印完重新發現的宋代官方營造之書《營造法式》後，便着手搜羅包括「髹飾」在内的、與「營造學」相關的各種資料。在遍尋五代朱遵度所著《漆經》一書未果後，朱先生在編輯資料集《漆書》的過程中從日本美術史家大村西崖先生的著述中得知有明代漆工黄成所著《髹飾録》一書的抄本流傳日本，遂逐書求索，將已在中國失傳了逾百年的《髹飾録》一書引介回國，由此開啟了國内對《髹飾録》抄本的研究序幕。

由於朱啟鈐先生將《髹飾録》從日本引介回國時，提供其底本的大村西崖先生稱所傳回的原木村蒹葭堂藏《髹飾録》抄本爲該書流傳於日本的傳世孤本，其他在江户末期的抄本均自此本而出，因而該本歷來被各方所倚重，一直被作爲《髹飾録》研究的主要參考文本。更重要的是，木村蒹葭堂藏《髹飾録》抄本經傳回中國後，朱啟鈐先生便以該本爲底本，在1927年校印出版，即所謂丁卯本《髹飾録》，該本在印後即傳回日本，得到日本相關研究者的廣泛採用。而在中國，朱氏丁卯本《髹飾録》則經王世襄先生以此爲底本進行解説後，在二十世紀六十年代以後傳播至日、韓乃至歐美各國的相關研究及漆器收藏機構，因而使得朱氏丁卯本《髹飾録》成爲至今爲止最廣爲人所採用的《髹飾録》文本。

由於朱氏丁卯本《髹飾録》的底本是木村蒹葭堂藏《髹飾録》抄本，因而大村西崖先生認爲該本是唯一傳世抄本的觀點長久以來被國内外關注《髹飾録》抄本問題的研究者所普遍接受並一直援用。直到上世紀八十年代後期，日本的研究界纔有關於另一個早期的《髹飾録》抄本的研究出現。該抄本原由日本政治家、農學博士德川宗敬先生所收藏。德川宗敬先生於1943年將其繼承其家族的三萬册江户時代與工藝美術相關的藏書捐贈給今東京國立博物館的前身——帝室博物館（該館在1952年更爲現名）。該本從私人收藏進入公共收藏之時，距離大村西崖先生去世已十六年。而且，由於該本入藏東京國立博物館較晚，再加上1927年傳回日本的、經細緻校勘且版刻精美的朱氏丁卯本《髹飾録》已取代此前的木村蒹葭堂藏《髹飾録》抄本成爲日本相關研究者所參考的主要版本，以及1958年後王世襄先生據朱氏丁卯本《髹飾録》所寫就的《髹飾録》解説本問世與流行，使得較晚纔出現於公衆視野的德川家族所藏《髹飾録》抄本一直不被重視。直至進入八十年代以後，樋口雄作、佐藤武敏等日本研究者纔再次談及《髹飾録》抄本的問題，從而注意到原德川宗敬所收藏的《髹飾録》抄本。〔一〕但此時距離其入藏東京國立博物館已經二十多年過去了。

〔一〕　樋口雄作：《〈髹饰录〉—わが国に唯一る中国〔明〕時代の漆藝技法書》，《工芸学会通信》第46號，1986年；佐藤武敏：《〈髹飾録〉について－そのテキストと注釈を中心に》，《東京国立博物館研究誌》第452期，1988年，第15–24頁。

國内研究界對於原德川宗敬所收藏的《髹飾録》抄本的認知就更晚了。本書作者自十年前開始搜集海内外研究《髹飾録》的相關資料，並在日本遊學時得識《髹飾録》其他抄本及其研究的狀況，並於2012年在《中國生漆》雜誌上發表了題爲《海外〈髹飾録〉研究綜述》一文，通過該文向國内同行介紹了《髹飾録》的異本研究情況。〔一〕無獨有偶，四川美術學院的何豪亮先生又在此前後發表題爲《〈髹飾録〉的一些問題》的文章，再次提及其對《髹飾録》版本的疑問。〔二〕東南大學藝術學院的長北（張燕）教授更是繼王世襄、索予明二先生之後對《髹飾録》展開深入的研究，相繼出版《〈髹飾録〉圖説》（2007）《〈髹飾録〉與東亞漆藝——傳統髹飾録工藝體系研究》（2014）等書，並在出版《〈髹飾録〉圖説》一書之前發表有《〈髹飾録〉版本校勘記》（2006）一文，展現出其對《髹飾録》抄本研究的興趣。〔三〕

但早在十年前及更早的時候，國内有關《髹飾録》抄本的研究主要還是集中在木村蒹葭堂藏《髹飾録》抄本上。在國内的相關研究者當中，尤其以王世襄先生、索予明先生、長北等人爲代表。從研究成果發表的時序來看，王世襄先生對於木村蒹葭堂藏《髹飾録》

〔一〕何振紀：《海外〈髹飾録〉研究綜述》，《中國生漆》2012年第3期，第19–23頁。
〔二〕何豪亮：《〈髹飾録〉的一些問題》，《中國生漆》2011年第4期，第33–34頁。
〔三〕長北：《〈髹飾録〉版本校勘記》，《故宫博物院院刊》2006年第1期，第108–122頁。

抄本進行研究的直接時間並不確定。儘管從王世襄先生的《〈髹飾録〉解説》自1958年問世以來，書中一直録有朱啟鈐先生《〈髹飾録〉弁言》及節録大村西崖先生《述〈髹飾録〉流傳及體例原函》，但1949年朱啟鈐先生邀王世襄先生解説《髹飾録》之時，王世襄先生主要是根據朱氏丁卯本《髹飾録》作爲底本展開相關研究，該書兩次修訂出版却未再多談木村蒹葭堂藏《髹飾録》抄本的情況，直到2004年王世襄先生經中國人民大學出版社出版了《〈髹飾録〉合印日本蒹葭堂藏本、朱氏丁卯年刊本》一書。〔一〕書中收録了木村蒹葭堂藏《髹飾録》的黑白影印版，該影印版首頁題爲「景印日本蒹葭堂藏鈔本」並署名「癸丑春日君約傳申署」，及該本後録有索予明《景印蒹葭堂藏本〈髹飾録〉後記》，並致函謂「謹以此册並送附景刊記，奉貽世襄先生足政」，所署時間爲2001年，説明該影印版的來源是索予明先生在臺灣商務印書館1974年出版的《蒹葭堂本〈髹飾録〉解説》。〔二〕

索予明先生在其後記中稱：「日人六角紫水氏著《東洋漆工史》，以之譯附篇末，其譯文悉依朱氏丁卯本爲據，筆者初涉是書，即賴有此也。而每一翻閲，偶有所感，輒以無緣一睹蒹葭堂原始鈔本爲憾！近數年間，輾轉訪求，未可亟得。去冬因李霖燦先生之介，

〔一〕王世襄編、［明］黄成著、楊明注：《〈髹飾録〉合印日本蒹葭堂藏本、朱氏丁卯年刊本》，北京：中國人民大學出版社，2004年。

〔二〕索予明：《蒹葭堂本〈髹飾録〉解説》，臺北：臺灣商務印書館，1974年。

得識日籍學者東京國立文化財研究所資料室長川上涇先生，爰以複印此書請托。氏歸後，至本年六月，果以複印本見寄。其版面大小形式，一筆一劃，俱與原始鈔本無異，效果誠有勝於攝影者也。得此一册，不啻已識廬山真面，大快生平！欣喜之餘，未敢自秘，第以近年教育當局力謀發展科學教育，固有之工藝技術，已漸受重視，對漆工之研究，亦大有人在，而每苦於資料之奇缺，無由作深入之鑽研。職是之故，復馳書川上先生，央請就商藏書局同意刊行，以廣流傳；以本院《圖書季刊》辟有故宫秘笈選粹專欄，主編昌瑞卿先生，精研版本之學，特以此篇既屬世所罕覯，乃蒙破例允予刊登，並按原蹟大小製版一次刊出。便利學人，實非淺鮮！此鈔本以真實面目與讀者相見，當自此始。」由此可知，二十世紀七十年代初是木村蒹葭堂藏《髹飾録》抄本真正開始在國内傳播的開始，其黑白影印版最早公開於 1972 年臺北故宫博物院主辦的《圖書季刊》第三卷第二期上，隨後是臺灣商務印書館出版索予明著《蒹葭堂本〈髹飾録〉解説》，木村蒹葭堂藏《髹飾録》抄本附録於解説之後。

長北教授關於《髹飾録》版本研究成果的發表始於新世紀以後，尤其是在 2004 年王世襄先生出版其《〈髹飾録〉合印日本蒹葭堂藏本、朱氏丁卯年刊本》之後。其初期的相關研究主要集中在對王世襄先生《〈髹飾録〉解説》的瑕疵上，並溯及朱氏丁卯本《髹飾録》及木村蒹葭堂藏《髹飾録》抄本，而且鋪開的研究範圍廣大，涵蓋《髹飾録》内容所記録的各種材料與工具以及各樣工藝、文本的錯訛、典籍的援引等諸多方面。爲了印證和探討《髹飾録》所記載内容的真實性，其足跡遍及各地，尋訪傳統漆工藝的變遷脈絡，同時殫精竭力，深入梳理《髹飾録》文本的特色，對相關古籍記録進行再訂正，爲後人將文獻記載與漆藝實踐以互動研究的方法添磚加瓦。於 2014 年出版其此方面集大成著作《〈髹飾録〉與東亞漆藝——傳統髹飾録工藝體系研究》後，爲了便於讀者閲讀，在 2017 年又由江蘇鳳凰美術出版社出版其精簡版《〈髹飾録〉析解》。〔一〕其在該書「後記」中自謂：「青少年時期從事漆藝實踐的經歷，使筆者轉向藝術學研究之後，比從書本到書本的學者勤於手工調查，樂於拜工匠爲師，比堅守崗位的漆藝家把握了史學研究的『多重證據法』。恰如宋應星作爲記録百工的學者，未必染織、陶埏、冶鑄技藝都在百工之上，筆者意在以内行之眼記録和打通，意在觀照文化，無力再親力親爲手藝。在理論和實踐間架起橋梁，讓更多的人懂得實踐或是用上理論，這是筆者想做的。」

長北教授的《髹飾録》研究對該書及其中所代表的中國漆藝文化的傳播，起到了極大的豐富與推廣作用。但就《髹飾録》的版本問題，却有著一些局限性，那就是延續了自大村西崖先生開始所斷定「美術學校、帝國博物館及爾余兩三家所藏本皆出於蒹葭堂本，未曾有板本及別本」的説法。尚且莫論大村西崖先生的觀點已是百年前的認識，其所謂「美

〔一〕長北：《〈髹飾録〉析解》，南京：江蘇鳳凰美術出版社，2017 年。

術學校、帝國博物館及爾余兩三家所藏本」後來者也再没有逐一對照過它們的具體面貌，這本身對於版本的研究來説並不完整。另一方面，《髹飾録》因傳往日本後抄本流傳於書肆，在大村西崖先生歿後纔被披露的其他抄本應當如何看待？前述德川宗敬所藏《髹飾録》抄本便是最顯著一例，它們必定對推進《髹飾録》的版本研究有著重要價值。約自2005年開始，有關《髹飾録》版本的研究逐漸成爲一個關注的焦點。特别是隨著國内對《髹飾録》流傳日本的其他本子的認識增加，再加上世界範圍内研究資訊傳播速度的加快以及資料傳送路徑的貫通，亦對《髹飾録》的版本研究有所促進。

本書在行將完成之際，筆者最近又得見長北教授在《湖南省博物館館刊》第十五輯上發表《〈髹飾録〉蒹葭堂抄本與德川抄本比較研究》一文，對日本東京博物館所收藏的兩個抄本進行了對比。〔一〕日本富山大學教授山田真一先生新近又發表《〈髹飾録〉校勘記》一文，文中彙聚了中日兩國多種《髹飾録》研究資料，經校勘共同探討了《髹飾録》的版本問題。〔二〕因此，可以説，今天的《髹飾録》研究又來到了一個新的階段，而且在這個新階段裏，版本問題的研究已經成爲當中不容忽視的關鍵之一。本書的寫作與出版便是立

〔一〕長北：《〈髹飾録〉蒹葭堂抄本與德川抄本比較研究》，湖南省博物館編：《湖南省博物館館刊》（第十五輯），長沙：嶽麓書社，2019年，第481–492頁。

〔二〕山田眞一：《〈髹飾録〉校勘記》，《富山大學芸術文化學部紀要》第14卷，2020年2月，第56–64頁。

足於這一《髹飾録》研究的學術情境之内，目的是爲了更加豐富國内的《髹飾録》研究認識。長久以來，國内對於《髹飾録》抄本的研究一直停留在數十年前的論調之上，如今本書除對相關的問題展開探討外，還同時將兩個流傳日本最早並最精美抄本的高清彩色圖像引介回國，期待能夠借此起到舉一反三的作用。

除「引言」外，本書的主體内容總共由六個部分所組成：「誕生」、「傳播」、「疑辨」、「校勘」、「箋注」、「補論」，另有「圖版」，即爲兩個《髹飾録》抄本影印本。「誕生」，討論的主要是《髹飾録》出現的背景問題，嘗試解釋爲何源遠流長數千年的中國漆藝在明代出現了這樣一部奇書。「傳播」，主要介紹的是《髹飾録》的流傳經歷及其研究狀況，試圖回答我們所見該書何以形成如今面貌的問題。「疑辨」，探討的主要是《髹飾録》近年備受關注的作者背景及該書母本的問題，希冀能夠梳理各方的觀點並引起對相關命題的思考。「校勘」，主要是通過對木村蒹葭堂藏《髹飾録》抄本與德川宗敬藏《髹飾録》抄本的比較和綜合，希望能夠得到一個更爲接近其原貌的文本。「箋注」，主要是對最初解讀《髹飾録》的壽碌堂主人的箋解進行整理，將其錯訛之處作一訂正。「補論」，則是在綜合各方對《髹飾録》的解讀基礎上，對《髹飾録》所記録的文本内容作一略説。除相關古籍文獻外，當中工藝部分尤以六角紫水及王世襄的解讀爲主要參考依據，並旁涉雷圭元、沈福文、索予明、何豪亮、長北、孫曼亭以及松田權六、田川真千子等諸家論述。

「髹飾」作爲中國人最爲獨特的發明創造，不但是中國文化中最具特色的物質表現載體，並且在經歷數千年的發展歷程以後早已成爲了華夏民族藝術精神的重要組成部分。儘管本書關注的重點在於《髹飾録》的抄本研究方面，並視之爲目前《髹飾録》研究的重要基礎工作。但是，對於《髹飾録》的整體研究而言，無論如何亦不應只囿於對相關文本記録的研究。中國傳統漆工藝的解讀與研究必然要回復其作爲聯結中國傳統物質文化與精神文化的角色身上，亦即文本與工藝之間的研究並無界限，它們相輔相成，是一體之兩面。時至今日，我們可以欣喜地發現在《髹飾録》的版本研究之外，對其美學思想、創新實踐等諸多方面又有了新的研究與推進。近年來，又有西安生漆研究所原所長張飛龍先生以《髹飾録》爲參照研究中國生漆國家標準、原北京雕漆廠長李一之先生出版《〈髹飾録〉科技哲學藝術體系》一書、福建漆藝大師孫曼亭融匯福州漆藝的傳統知識出版《〈髹飾録〉工藝解讀》一書。與此同時，王世襄先生《〈髹飾録〉解説》與長北教授《〈髹飾録〉圖説》又再版流行，近日又欣聞美國華盛頓弗利爾美術館（Freer Gallery of Art）文物維護科技研究部高級研究員布萊斯・麥卡錫（Blythe McCarthy）以及波士頓迪美博物館（Peabody Essex Museum）研究員王依悠正籌畫翻譯《髹飾録》一書。當今國内外關於《髹飾録》的研究發展可謂林林總總，欣欣向榮。惟望本書之出版亦能爲當前《髹飾録》研究於版本上能有所助益，蓋此善莫大焉。是爲序。

目録

一　引言

中國的髹飾歷史源遠流長，早在新石器時代生活於今天浙江北部的原始先民就已經掌握並利用較爲成熟的大漆技術。1978 年出土於浙江餘姚河姆渡遺址一批漆器殘骸，其中最爲著名的是一件朱紅漆碗。〔一〕這件漆碗經中國科學院化學研究所分析鑒定，其紅外綫光譜圖與馬王堆漢墓出土的漆皮裂解光譜圖相似。因此，這件來自河姆渡文化的漆碗被許多學者引爲證據，將中國漆器文化的發源追溯至距今約七千年以前。除朱漆木碗外，河姆渡遺址還出土一件纏藤篾朱漆木筒。這件木筒由整段木料加工成形後加以朱漆髹塗，在出土時從殘存的漆皮中仍可見其光澤。從河姆渡遺址所發現能夠達到這種髹漆水準，並非一朝一夕所能成就，在河姆渡文化之前，先人對於漆工藝的醞釀必然已經存在於更爲久遠的時代。而杭州跨湖橋遺址的發現，便更進一步地印證了這一推測。1990 年發現的跨湖橋遺址，歷經三次挖掘，發現了大量的陶器、石器、骨器、木器等文物，特別是當中的一件丹漆木弓，

〔一〕浙江省文物考古研究所：《河姆渡——新石器時代遺址考古發掘報告》，北京：文物出版社，2003 年，第 291 頁。

在物證方面又將延綿七千年的中國漆藝歷史向前延伸到了八千多年前。〔一〕

新石器時代的漆器主要是在木質或陶質器物上髹塗以朱漆或黑褐色漆，造法較爲簡單。到了夏商周三代時期，以木材製器，然後髹漆以裝飾的工藝繼續發展，而且裝飾變得較之前更爲複雜。在黄陂盤龍城商代遺址裏曾發現帶雕花的木槨板痕跡。在河北藁城臺西的商代遺址中則發現了帶有雕花髹漆嵌松石的漆器碎片。在安陽侯家莊商代墓葬中還發現帶有蚌殼、蚌泡、玉石等鑲嵌的漆繪雕花木器。到了戰國秦漢之時，更迎來了中國漆器藝術史首個高峰。不但精益求精的髹飾器物不斷出現，而且産量之大前所未有。在製作工藝上，從漆器的制胎、造型設計、裝飾製作方面皆有所創新。從信陽長臺關戰國楚墓、江陵楚墓、隨州曾侯乙墓出土的大量造型獨特、裝飾精美的髹漆器具中，可看到其時漆藝的進步。漢代在戰國漆器迅速發展的基礎上繼續進步，不但漆器生産的規模更大，産地分佈更廣，而且較爲大型的髹漆器物開始變多。實用漆器巧妙的設計也十分之多。其時戧金工藝已經誕生並迅速走向成熟階段。鑲嵌技術也日益進步，不僅鑲金嵌銀，還有嵌瑪瑙、琉璃的製作。彩繪技術此時更爲高超，長沙馬王堆漢墓出土的大量漆器，其上描繪著各種神怪、鳥獸、雲氣等裝飾，技巧十分高超。

魏晉南北朝之時，漆器無論在鑲嵌、彩繪還是夾紵、斑紋等髹飾技術上都有著突出的

〔一〕浙江省文物考古研究所、蕭山博物館：《浦陽江流域考古報告之一：跨湖橋》，北京：文物出版社，2004年。

發展，從安徽南陵麻橋東吴墓、馬鞍山市郊東吴朱然墓、江西南昌東吴高榮墓等墓葬出土的漆器可見三國時代的髹飾風貌。兩晉時代便有位於廣州西北郊東晉墓、江蘇南京東晉墓、江蘇南昌東晉墓葬所出土的漆器展現出晉代髹飾日用化的特徵。南北朝時代則是位於陝西省大同石家寨北魏司馬金龍墓出土的彩繪故事人物圖漆屏風，清楚地反映出了其時繪畫藝術用筆如春蠶吐絲、連綿不斷的特色。進入唐代以後，其時流行的金銀平脱及螺鈿鑲嵌漆器流通於絲路之上，現從日本正倉院可見到許多傳自唐代的珍貴金銀平脱及螺鈿鑲嵌髹飾作品。國内的唐代金銀平脱與螺鈿鑲嵌漆器比較有代表性的則有來自河南鄭州市郊唐墓、洛陽市郊外唐墓以及陝縣後川唐墓所出土的髹飾銅鏡製品。到了宋元時期，推光漆精製技術以及漆器髹塗拋光技術得以發展與推廣，使得素髹漆器得到極大的流行，同時雕漆、螺鈿、戧金等髹飾技藝又在前代的基礎上得到進一步拓展，形成了宋元漆器豐富多樣的局面。現今日本衆多寺廟及貴族收藏中保存著許多精美的宋元漆器，呈現出了其時漆器藝術的精益求精。二十世紀五十年代之後，國内有關宋元漆器的考古發現日益增多。如杭州老和山宋墓、無錫宋墓、淮安宋墓、武漢十里鋪宋墓、瑞安宋慧光塔、金壇宋周瑀墓、江蘇武進村宋墓、沙洲宋墓、湖北監利宋墓、蘇州瑞光寺塔、吴縣藏書公社宋墓、常州北環新村宋墓、四川彭山宋墓等，元代則有上海青浦縣元代任氏墓、無錫元墓、甘肅徐家坪元明汪氏墓、北京元大都後英房遺址、浙江海寧袁花公社元墓、北京延慶縣清泉鋪公社元代窖藏等，均出土了不少漆器遺物，而且品種多様，涵蓋素髹、剔犀、剔紅、戧金、描金、嵌鈿、堆漆等各種髹飾類型。

到了明朝之時，漆器的品種在宋元漆器豐富的技術積累上又得到了不斷的推進。從明代遺留下來的建築、家具、日用器皿方面，顯示出了髹飾技藝在明代的普及。生漆應用之廣，髹飾製作之盛，前所未見。其時最爲矚目的製作量最多的是雕漆，此外還有戧金、彩漆、描金、填漆、嵌鈿、百寶嵌、款彩等。這可從國内外相關珍藏中大量的明朝時期漆器遺物裏得見其時髹飾藝術的發達。除了明代豐富的漆器傳世品能夠展現其具體面貌之外，還有各種文字記録能夠爲後人了解和認識明時漆藝的盛況提供佐證。成書於晚明時期的《髹飾録》便專門記載了其時各種各様有關漆器製作與鑒賞的知識。儘管據《宋史·藝文志》相關著録，可知早在五代之時，曾有朱遵度所著的漆工專著《漆經》，但此書原文已佚，無法得識其中所記。於是明代黄成所著的這部《髹飾録》成爲煌煌中華逾八千年的漆藝歷程中，迄今所見惟一一部能夠保留下來的專門記述髹飾藝術的專書。該書得以在明朝誕生乃至流傳至今，不但能夠令今人得以從其記載中一睹明代髹飾藝術千文萬華、紛然不可勝識的風采，同時也爲我們深入認識「髹飾」——這一極富東方色彩的藝術表現形式當中所藴藏中國人獨特的審美世界提供了契機。

二　誕生

清朝漆藝髹飾繼承了明朝漆器藝術的精華，不僅漆器品種豐富、琳瑯滿目，而且髹飾類型繁多、風格華麗。其時所流行的雕漆、戧金、款彩、描漆、描金、彩漆、百寶嵌等髹飾技藝早在誕生於晚明時期的《髹飾録》内已有分類記載。儘管清朝時期的漆藝發展又大有進步，但在漆藝的基本類型上大體同於《髹飾録》的框架。《髹飾録》對明朝之前流傳下來的髹飾技藝知識進行了系統的梳理和總結，反映出晚明時期是唐宋以降中國髹飾藝術發展歷程中一個承前啟後的時代。《髹飾録》能夠將這些知識融匯於一體，並得以成書流傳至今，與其所誕生的時空背景密不可分。

（一）明代漆業的隆盛

王世襄先生曾在其《中國古代漆器》一書中認爲：「縱觀我國漆工史，前期的一個重大發展時期是戰國，而後期則要數明代。其重大發展也表現在髹飾品種的增多和工藝上的極高成就。」這一進步與自明朝建立後，明王室對髹飾藝術的青睞和推崇息息相關。清顧祖禹《讀史方輿紀要》便記：「洪武初……乃立三園，植椶、漆、桐樹各千萬株以備用，而省民供焉。」[一] 夏更起曾據此推測明朝宫廷漆器的製作乃始於洪武朝。[二] 而楊伯達曾對明初山東魯王朱檀的墓葬所出土的八件漆器遺物進行分析，認爲御用監承造皇家御用漆器，估計此「由内廷作坊製造」。[三] 爲了滿足宫廷内外對生髹飾製品的需求，明朝宫廷内官監下有「油漆作」以及御用監的「漆作」都承做漆工活計，内官監掌成造婚禮奩、冠、儀仗等，而御用監的相關製作則見明劉若愚所撰《酌中志》中「内府衙門職掌」記：「（御用監）凡御前所用圍屏、擺設、器具，皆取辦焉。有佛作等事，凡御前安設硬木床、桌、櫃、閣及象牙、花梨、白檀、紫檀、烏木、鸂鶒木、雙陸、棋子、骨牌、梳櫳、樏匣、填漆、雕漆、盤匣、扇柄等件，皆造辦之。」[四] 此外，還有司禮監亦從事龍床、龍椅、箱、櫃之類的製作，其中也涉及到漆工活計。

1403年，即永樂元年，在永樂帝朱棣剛登基不久，日本室町幕府足利義滿又再遣使來朝，

〔一〕［清］顧祖禹：《讀史方輿紀要》，上海：上海書店，1998年，第164頁。
〔二〕夏更起：《突破傳統不斷創新的元明漆器》，夏更起主編：《元明漆器》，上海：上海科學技術出版社，2006年，第20頁。
〔三〕楊伯達：《明朱檀墓出土漆器補記》，《文物》，1980年第6期，第70–74頁。
〔四〕［明］劉若愚：《酌中志》，北京：北京古籍出版社，2000年，第103頁。

進貢馬、硫磺、槍、太刀、屏風、硯盒諸物；〔一〕永樂帝則回賜生絲、絹、漆器等物。〔二〕明廷後來又陸續在永樂四年、五年，賜贈一批精美的剔紅漆器予日本皇室。〔三〕由此可見永樂時期，明朝宮廷對髹飾藝術的鍾愛。而更能直接體現皇帝對漆藝喜好的則是其時還建立起來著名的官方漆作機構「果園廠」，專造皇家漆器。關於果園廠曾經的輝煌，清人高士奇曾謂果園廠漆器「以金銀錫木爲胎，有剔紅、填漆二種，皆稱廠制，世甚珍貴之」，並稱：「剔紅盒有蔗段、蒸餅、三撞等式。蔗段人物爲上，蒸餅花草爲次。盤有圜、方、八角、絛環、四角、牡丹瓣式，匣有長、方、二撞、三撞式。其法，朱漆三十六次，鏤以細錦，底漆黑光，針刻大明永樂年制，比元時張成、楊茂劍環香草之式，似爲過之。」〔四〕然而到了宣德時期，儘管皇帝同樣對髹飾藝術喜愛有加，但果園廠却衰落了。明人劉侗在其《帝京景物略》中謂：「宣廟青宮時，剔紅等制，原經裁定，立後，廠器終不逮前。工

〔一〕中島楽章：《永楽年間の日明朝貢貿易》，九州大學大學院人文科學研究院編：《史淵》，140 輯，2003 年，第 51–99 頁。
〔二〕［明］李時勉等：《明太宗實録》，臺北：臺灣「中央研究院」歷史語言研究所校印本，1962 年，第 431–447 頁。
〔三〕德川義宣：《唐物漆器》，名古屋：德川美術館，1997 年；德川美術館、根津美術館編：《彫漆 - うるしのレリーフ》，德川美術館出版，1984 年，第 238 頁。
〔四〕［清］高士奇：《金鼇退食筆記》（《文淵閣四庫全書》第五八八册），臺北：臺灣商務印書館，1986 年，第 425 頁。

屢被罪，因私購内藏盤合，款而進之。故宣款皆永樂器也。」〔一〕高士奇亦謂：「宣宗時，廠器終不逮前工，屢被罪，因私購内藏盤盒，磨去永針劃細款，刀刻宣德大字，濃金填掩之。故宣款皆永器也，填漆亦如之。」〔二〕

而明人高濂在《遵生八箋》中却説：「果園廠制，漆朱三十六遍爲足，時用錫胎木胎，雕以細錦者多，然底用黑漆，針刻大明永樂年制款文，似過宋元，宣德時制同永樂，而紅則鮮妍過之。」又：「宣德有填漆器皿，以五彩稠漆堆成花色，磨平如畫，似更難制，至敗如新。」〔三〕雖然如此，但在宣德以後，果園廠的確銷聲匿跡。由此至少可以推斷，明代前期宮廷漆器的製作在永宣時期最爲繁榮。從現今所見署有紀年款識的明代漆器上僅有的八個年號：永樂、宣德、弘治、嘉靖、隆慶、萬曆、天啟、崇禎。〔四〕其中，款識最多者爲永樂、宣德、嘉靖、萬曆四朝。從中可見經過明中期八十餘年的發展，到明世宗嘉靖時期，宮廷漆器製作再次迎來高峰。嘉靖時期官辦作坊繼續大量製作漆器，具有宮廷風格

〔一〕［明］劉侗、于奕正：《帝京景物略》，北京：北京古籍出版社，2000 年，第 164–165 頁。

〔二〕［清］高士奇：《金鼇退食筆記》（文淵閣四庫全書》第五八八册），臺北：臺灣商務印書館，1986 年，第 425 頁。

〔三〕［明］高濂：《遵生八箋》，成都：巴蜀書社，1992 年，第 554–558 頁。

〔四〕陳麗華：《中國古代漆器款式風格的演變及其對漆器辨僞的重要意義》，《故宮博物院院刊》，2004 年第 6 期，第 72–89 頁。

的漆器製作仍然佔據統治地位，但其時漆業發達的一個重要特點是不少御用漆器的訂制開始下派到地方，由有資質的漆藝製造中心所承擔。早在永樂遷都之時曾將南京、蘇、浙等處大量工匠帶至北京，並設有軍民住坐匠役。另外還有大批輪班匠應調入廠。不過，輪班匠無償勞動，屢屢受到工官坐頭管制盤剝，工匠則以怠工、隱冒、逃亡等手段進行反抗，到了嘉靖四十一年（1562），朝廷准「以銀代役法」來適應新的時勢。此後，各地的漆器產業得到了極大的促進。

到了萬曆時期，宮廷漆器生產所費不貲、精益求精，其髹飾藝術水準仍然一直處於明朝的代表性位置。萬曆時期的漆器在款識上多加有干支紀年，如萬曆癸未年製（1583）、萬曆丙戌年製（1586）、萬曆已丑年製（1589）、萬曆辛卯年製（1591）、萬曆壬辰年製（1592）、萬曆乙未年製（1595）、大明萬曆甲辰年製（1604）、萬曆丁未年製（1607）、萬曆庚戌年製(1610)、大明萬曆癸丑年製(1613)、萬曆丙辰年製(1616)，其中「壬辰」、「乙未」二年（1592–1595）的漆器數量最多。品種則除了剔红、剔彩、戧金彩漆仍繼續製作外，还出現了剔黃、描金漆等創新或綜合的創作。儘管萬曆時期漆器的生產製作較活躍，官辦漆器作坊仍佔據主要地位，但此時位於京城以外例如蘇州等地的官府漆器作坊與宮中漆作的製作相互一致，同時亦帶動了地方民間漆藝的發展。這些供應御用的漆器製作不但征役大量手藝非凡的民間漆工，他們的製作與宮廷標準逼近，風格又趨向雅俗共賞，表明此時官方與民間的漆藝製作已漸融洽（官方漆作的工匠本來就源自民間）。隨著晚明時期民間商業的興盛、經濟發達，玩物怡情的風氣在富裕的文人士紳階層間興起，成爲宫廷以外明代漆器的重要消費群體。及至明朝末年，各地的漆器製造中心業已成形，數量龐大的漆工群體構築起其時民間漆業的巨型基礎。

（二）漆器鑒藏的興起

早在漢朝之時，漢武帝便曾設置秘閣以聚藏書。到了唐朝之時，宫廷的收藏從未中止，私人收藏亦漸成規模。至兩宋之時，公私收藏對書畫古玩的熱情更是有增無減。宋朝宗室趙希鵠所著《洞天清録》，當中「古琴辨」、「古硯辨」、「古鐘鼎彝器辨」、「怪石辨」、「硯屏辨」、「筆格辨」、「水滴辨」、「古翰墨真跡辨」、「古今石刻辨」、「古今紙花印色辨」、「古畫辨」論鑒别古器之事，援引考證，爲鑒賞家之指南。從中可見，這種博古鑒辨之風在宋朝已興起。而其驅動與其時的金石學的發展帶動相關，間接地成爲文人士紳博雅趣味的體現。趙希鵠在該書的序言中便謂：「人生一世如白駒過隙，而風雨憂愁輒居三分之二，其間得閑者纔三之一分耳，况知之而能享用者又百之一二，於百一之中又多以聲色爲受用，殊不知吾輩自有樂地，悦目初不在色，盈耳初不在聲。嘗見前輩諸老先生多蓄法書、名畫、古琴、舊硯，良以是也。明窗净几羅列，佈置篆香居中，佳客玉立相映。時取古人妙跡，以觀鳥篆蝸書，奇峰遠水。摩挲鐘鼎，親見商周。端硯湧岩泉，焦桐鳴玉佩。不知人世所謂受用清福，孰有逾此者乎？是境也，閬苑瑶池，未必是過，人鮮知之，良可悲也。余故匯萃古琴硯古鐘鼎，而次凡十門，辨訂是否，以貽清修好古塵外之客。」〔一〕

這種充滿文人雅好的趣味隨著收藏階層的擴展而迅速蔓延，至明朝之時更一發不可收拾。如明初曹昭編撰的《格古要論》便在當時産生廣泛影響。書中收録了十三項内容，分别爲：「古銅器論」、「古畫論」、「古墨蹟論」、「古碑法帖論」、「古琴論」、「古硯論」、「珍奇論」、「金鐵論」、「古窯器論」、「古漆器論」、「錦綺論」、「異木論」、「異石論」，並且作者在序言中謂：「先子貞隱處士，平生好古博雅，素蓄古法帖、名畫、古琴、舊硯、彝鼎、尊壺之屬，置之齋閣，以爲珍玩。其售之者往來尤多。余自幼性本酷嗜古，侍於先子之側，凡見一物必遍閲圖譜，究其來歷、格其優劣、别其是否而後已。迨老至猶弗怠，特患其不精耳，常見近世紈絝子弟，習清事者必有之，惜其心雖好而目未之識。因取古銅器、書畫、異物，分高下，辨真贋，舉其要略，書而成編，析門分類，目之曰《格古要論》。以示世之好事者。」〔二〕從中可見明朝初期古物交易的發展以及鑒藏群體的擴大趨勢，以致作者總結經驗、著書立説以示「好事者」。而當中單列一門的「古漆器論」

〔一〕〔宋〕趙希鵠：《洞天清録》（《文淵閣四庫全書》第八七一册），臺北：臺灣商務印書館，1986年，第2頁。
〔二〕〔明〕曹昭：《格古要論》，景明刻本，第101–104頁。

中則分條記述了「古犀毗」、「剔紅」、「堆紅」、「剩金」、「鑽犀」、「鈿螺」的情況。後來，王佐在增補曹昭的《格古要論》時將原書的「鈿螺」條，更爲「螺鈿」，並且在該條後增補：「元朝時富家，不限年月做造，漆堅而人物細可愛。」[一]由此不僅佐證了元朝之時螺鈿漆器製作的繁盛，同時亦透露出了其時富裕人家熱衷于螺鈿漆器的訂製。

到了明朝晚期，鑒藏之風日漸興盛，帶動更多的鑒賞文本不斷談及到漆器。鑒藏家高濂便在其介紹鑒賞之道的著作《遵生八箋》「燕閑清賞箋」卷首說到：「孰知閑可以養性，可以悦心，可以怡生安壽，斯得其閑矣。余嗜閑，雅好古，稽古之學，唐虞之訓；好古敏求，宣尼之教也。好之，稽之，敏以求之，若由阜之舄，岐陽之鼓，藏劍淪鼎，兑戈和弓，制度法象，先王之精義存焉者也，豈直剔異搜奇，爲耳目玩好寄哉？故余自閑日，遍考鐘鼎卣彝、書畫法帖、窯玉古玩、文房器具，纖細究心。更校古今鑒藻，是非辯正，悉爲取裁。」[二]在此，高濂每每提及「雅而好古」、「稽古之學」、「唐虞之訓」、「好古敏求」、「宣尼之教」、「更校古今」、「是非辯正」，可見當時尚古鑒賞風氣之强烈。其時，文人的書齋生活已然發展成爲一門雅致的藝術。稍晚一點，文震亨更在《長物志》中教導人們如何安排書齋佈局，並分享過中樂趣：「羅天地瑣雜碎細之物於几席之上，聽我指揮；挾日

[一]［明］曹昭、王佐：《新增格古要論》，杭州：浙江人民出版社，2011年，第256–259頁。
[二]［明］高濂：《遵生八箋》，成都：巴蜀書社，1992年，第555頁。

用寒不可衣、饑不可食之器，尊逾拱璧，享輕千金，以寄我之慷慨不平，非有真韻、真才與真情以勝之，其調弗同也。近來富貴家兒與一二庸奴、鈍漢，沾沾以好事自命，每經賞鑒，出口便俗，入手便粗，縱極其摩挲護持之情狀，其污辱彌甚，遂使真韻、真才、真情之士，相戒不談風雅。」〔一〕

文震亨的現身説法顯示出了其時鑒賞風潮的迭起，同時又表明了其消費群體當中的內部差別。文震亨説，其時一些富有之人好事自命，入手便粗，而且這似乎並不鮮見，從而被自認爲是真正在行的鑒賞家們所鄙夷。於是，這種好雅博古的、文士式的自得其樂，被定位爲並非人人能懂。其中的優劣等別在此至關重要，它幾乎就是展示文士階層自身優越角色的工具。對此，萬曆初年華亭人范濂的記録則更具典型性，他記道：「紈綺豪奢，又以櫸木不足貴，凡床櫥几桌皆用花梨、癭木、烏木、相思木與黃楊木，極其貴巧，動費萬錢。亦俗之一靡也。尤可怪者，如皂快偶得居止，即整一小憩，以木板裝鋪，庭畜盆魚雜卉，內列細桌拂塵，號稱書房，竟不知皂快所讀何書也。」〔二〕如此，不但説明其時富裕階層對玩物怡情消費的覆蓋，又反映出富有的文人極力主導這一趣味標準的話語權，而在物質

〔一〕〔明〕文震亨：《長物志》，重慶：重慶出版社，2010年，第1頁。
〔二〕王世襄，Sarah Handler, *Classical Chinese furniture: Ming and early Qing dynasties*, London: Han-Shan Tang, 1986, p.14.

文化層面則折射出其時人與物品的關係。在廂房中擺上一張精緻的書桌及拂塵裝潢成書房，仿佛就能令主人家從市井之流也可摇身一變成爲文人雅士。[一]就如《金瓶梅》中的主角，雖然他並不閲讀，却有著擺滿書籍的書房。[二]

《長物志》作爲其時富裕文人的鑒賞典範，書中除了强調出鑒藏活動在文士閒適生活中扮演著的關鍵角色外，還特别突出了他們所追尋的境界——一種自以爲與别不同的所謂才情逸致。文震亨在《長物志》中曾多次提到對「古雅」漆器的推崇。這不但是文人志趣的核心所在，還是在龐大的漆藝市場上保持與同一階層間甚爲奏效的認同手段。對經濟寬裕的文人雅士而言，更爲高級的是那些具有「古雅」趣味的「奇品」。《長物志》中記謂：「臺几，倭人所製，種類大小不一，俱極古雅精麗。有鍍金鑲四角者，有嵌金銀片者，有暗花者，價俱甚貴。」[三]又：「佛橱佛桌，用朱黑漆，須極華整，而無脂粉氣，有内府雕花者，有古漆斷紋者，有日本製者，俱自然古雅。近有以斷紋器湊成者，若製作不俗，亦自可用。」[四]

[一] Crag Clunas,『Furnishing the Self in Early Modern China』, in *Beyond the Screen: Chinese Furniture of the 16th and 17th Centuries*, Boston: Museum of Fine Arts, 1996. pp. 21–35.
[二]［明］蘭陵笑笑生：《新刻金瓶梅詞話》，萬曆四十五年（1617）刊本，第27、34、67回。
[三]［明］文震亨：《長物志》，重慶：重慶出版社，2010年，第91頁。
[四] 同前，第97頁。

文震亨稱：「日本所製，皆奇品也。」〔一〕「奇品」便是指這些舶來的，或者數量極少的，或者十分珍貴的漆器。因爲珍貴難得，故而其時富裕的文士階層尤以搜羅到上等的倭漆以彰顯其更爲高級的鑒藏者身份。例如在抄没權臣嚴嵩家産的清單《天水冰山録》中便記録到許多非常貴重的倭漆家具。〔二〕對倭漆産品的佔有一時間不但成爲了具有品位的標誌，同時還是擁有財富的象徵。

（三）名工效應的形成

倭漆的流行與明朝時期日漸發達的商品經濟以及國内外市場的溝通有關。明末劉侗、于奕正所編撰的《帝京景物略》裏便有「倭漆」條：「倭漆，國初至者，工與宋倭器等。胎輕漆滑，鉛鈐口，金銀片，漆中金屑，砂砂粒粒，無少渾暗（有圓三五七九子合，有方四六九子匣，其小合匣，重止三分，有三撞合，有粉扇筆等匣，有木銚，有角盥，以方長可貯印者貴，香合次之，大可容梳具爲最，然不恒有）。中國盡其技者，稱蔣製倭漆與潘鑄倭銅，然倭用碎金入漆，磨漆金現，其顆屑圜棱，故分明也。蔣用飛金片點，徧薄模糊耳。

〔一〕《長物志》，第 95–96 頁。
〔二〕［明］佚名：《天水冰山録》，北京：中華書局，1985 年，第 199 頁。

正統中，楊塤之描漆，汪家之彩漆（設色如畫，用粉入漆，久乃如雪，或曰真珠粉也）。」〔一〕楊塤爲明朝前期之人，高濂曾在其《遵生八箋》「燕閑清賞箋」中記謂：「國初有楊塤描漆、汪家彩漆，技亦稱善。余家藏有一二物件，真勝他器。漆描用粉，數年必黑。而楊畫《和靖觀梅圖》屏，以斷紋，而梅花點點如雪，其用色之妙可知。」〔二〕又張岱在其《夜航船》「寶玩」中也提及：「漆器之妙，無過日本。宣德皇帝差楊往日本教習數年，精其技藝。故宣德漆器比日本等精。」〔三〕但實際上，楊塤有否至日本「精其技藝」，在此前一直未有確切記録。在張岱以後鄧之誠以前均未提及。不過，無論如何，有明一代，關於漆工生平的記載，楊塤可算是衆者之最。明中葉以後，有關鑒藏玩好的書籍湧現，楊塤作爲名漆工屢被提及。到晚明之時，其名工品質漸被作爲描述重點，則反映出其時名工效應的一個側面。

關於漆工名謂的記録，早在戰國末年至秦一統六國已有規定在相關的器物上留下工匠的相關信息或標上物主的識記。如《吕氏春秋》有謂：「物勒工名，以考其誠，工有不當，必行其罪，以究其情。」〔四〕其時標示漆工名稱的目的是爲了保證其製作質量。到了兩宋時期，這一風氣依然持續，但到了元明時期，漆工留名開始有了另一重意義，尤其是當中的「名工」，

〔一〕［明］劉侗、于奕正：《帝京景物略》，上海：上海古籍出版社，2001年，第240–241頁。
〔二〕［明］高濂：《燕閑清賞箋》，成都：巴蜀書社，1992年，第555頁。
〔三〕［明］張岱：《夜航船》，成都：四川文藝出版社，2002年，第284頁。
〔四〕［戰國］吕不韋：《吕氏春秋》，北京：中華書局，2011年，第280頁。

更顯現出起到了宣傳的價值。如元末明初曹昭《格古要論》中便提到了元時嘉興西塘楊匯所製作的剔犀「雖重數多，剔得深峻」；而剔紅器皿，元時西塘除了楊匯外，還有「張成、楊茂最得名」；戧金器皿，則元時西塘有「彭君寶者甚得名，戧山水人物、亭觀、竹木鳥獸，種種臻妙。」[一]而在明朝末年的漆工里，除了《髹飾録》的作者黄成與注者楊明外，就數精擅螺鈿髹飾的漆工姜千里。王士禛在其《池北偶談》説：「近日一技之長，如雕竹則濮仲謙，螺甸則姜千里，嘉興銅器則張鳴岐，宜興壺則時大彬，浮梁流霞盞則昊十九，江寧扇則伊莘野、仰侍川，裝潢書畫則莊希叔，皆知名海内。」[二]而清嘉慶《揚州府志》則載：「江秋水，以螺鈿器皿最爲精工細巧，席間無不用之。時有一聯云：杯盤處處江秋水，卷軸家家查二瞻。」[三]「江秋水」即「姜千里」，後人將之寫作「江千里」恐係誤傳。

流傳至今帶有款名「千里」二字的螺鈿漆器殊多，著名者如北京中國國家博物館保存的一件「千里款黑漆嵌螺鈿花鳥紋執壺」，還有揚州博物館所藏兩件「千里款黑漆嵌螺鈿仕女圖圓盤」，安徽省博物館也藏有四件同類的圓漆盤。從其圖像所刻畫的故事情節仿佛就是取材自湯顯祖《牡丹亭》以及王實甫《西廂記》當中的主題。這類帶有「千里」款的

〔一〕［明］曹昭：《格古要論》，景明刻本·夷門廣牘·六，第101–104頁。
〔二〕［清］王士禛：《池北偶談》，北京：中華書局，1982年，第404頁。
〔三〕［清］阿克當阿修，姚文田、張世浣纂：《嘉慶重修揚州府志》，南京：江蘇古籍出版社，1991年，第627頁。

作品還有收藏於北京故宫博物院的四件尺寸相仿的「千里款黑漆嵌螺鈿仕女圖圓盤」，以及香港的抱一齋藏有一件「千里款螺鈿人物紋圓碟」。這些題材相仿、尺寸相同或相近的漆盤有時在邊飾設計上又有所不同，這表明這類以戲曲情節作爲「插圖」裝飾的漆盤在當時頗爲流行，而且市場廣闊，流傳廣泛。〔一〕這些裝飾有戲劇圖像的螺鈿漆盤的消費者是誰呢？關於才子佳人的圖像裝飾，如果僅是從畫面的内容題材對號入座，是否僅就針對文人雅士階層的日用而出現的呢？

髹飾的杯盤碗碟在瓷器流行以前一直是古代中國高級餐具的重要類型。而在明代，雅玩、清賞的概念早已在精英階層盛行，許多被收作鑒藏品的古董食器或高貴的食具成爲珍玩一類而不再落於日用，擁有或使用裝飾華美的螺鈿漆器也成爲了時人顯示其身分的外在體現。清人朱琰在《陶説》裏説：「近代一技之工如陸子剛治玉、吕愛山治金、朱碧山治銀、鮑天成治犀、趙良壁治錫、王小溪治瑪瑙、蔣抱雲治銅、濮仲謙雕竹、姜千里螺甸、楊塤倭漆。」〔二〕當中所提及的各種工藝製品大多並非一般人所能擁有。所謂「近代一技之工」，即所在當時最爲有名的工匠。很明顯，直至清代中葉，漆工千里在螺鈿器方面的名望依然

〔一〕 Wu Hung, *The Double Screen: Medium and Representation in Chinese Painting*, London: Reaktion Books, 1996. p. 223. Craig Clunas, *Pictures and Visuality in Early Modern China*, London: Reaktion, 1997. p. 56.

〔二〕 ［清］朱琰著：《陶説》，北京：中國輕工業出版社，1984 年，第 5 頁。

爲時人所稱頌，仍然是鑒藏家們争相搜羅的寶貨之一。自宋元以降，精美的螺鈿漆器製作一直是耗工費時之舉，其價值不菲。即使在明代，各種不同類型和花式的螺鈿鑲嵌漆器大興，但都不僅僅是作爲一般用途的器皿流通於市場。這些精雕細琢的螺鈿漆器對於擁有者而言，其功用在禮儀象徵方面高於其他。高貴的螺鈿器具在富裕階層的交際中被使用，在其中發揮著維繫同一階層共同的價值觀念的作用，其意義在於標榜主人的品位以及社會地位。〔一〕昂貴的螺鈿漆器裝飾在其時的潮流娱樂與時尚趣味相互合流之下，締造出當時日用器皿中最爲奢侈的類型。

漆工千里的螺鈿器由於流行與時尚的推波助瀾，加上名工巧製而成爲一時無兩的名品。因而趨之若鶩，仿效者衆。清人阮葵生《茶餘客話》謂：「千里治嵌漆……皆名聞朝野，信今後傳無疑也。」〔二〕蔡寒瓊《牟軒邊瑣》云：「以砂壺製胎，外嵌螺鈿，稀世之珍也。……外黑漆嵌螺鈿，流與把兩面作折枝花，分佈螺鈿，深碧淺紅之色，作花葉，備極巧思。左右兩面嵌人物，似是《玉簪記》偷詩、茶宴兩故事。几案屏帷，文房珍玩，亦分選螺色配成。壺蓋作漢方鏡花紋，尤爲古雅。把上刻『妙慧庵』小篆三字，娟秀可愛，底鈐『江千里』

〔一〕 Crag Clunas, Furnishing the Self in Early Modern China, in *Beyond the Screen: Chinese Furniture of the 16th and 17th Centuries*. Boston: Museum of Fine Arts, 1996. pp. 21–35.

〔二〕 ［清］阮葵生：《茶餘客話》，北京：中華書局，1985年，第81–82頁。

小楷瘦金書印，當爲千里構思定制。」〔一〕由此可見，姜千里的工藝創作對後來的螺鈿漆器在製作方面影響巨大，成爲明末漆工發揮品牌效應的一個典型。儘管其時的漆工名聲有如姜千里者寥寥無幾，但姜千里的出現及其名聲的鵲起却表明此時的民間漆工生活已經發生了前所未有的變化。其時，商業的繁榮與奢侈品的流行爲民間漆工積攢名氣創造了契機，漆工的社會角色亦從團體的工匠體系中逐漸變得清晰起來，著名的漆匠對後世的影響得到了極大的增强。

黄成便身處這樣一個漆工形象正在發生重要變化的時代，《髹飾録》即誕生於此時。與之同期出現的還有其他林林總總的工藝書籍，例如出現在嘉萬朝的張問之所著《造磚圖説》、周嘉胄所著的《裝潢志》、成化至弘治朝午榮所著《魯班經》、崇禎朝計成所著《園冶》、嘉靖朝龔輝所著《西槎彙草》，等等。尤爲特别的是，這些書籍的作者都出身或活動於江南之地。黄成來自於徽州，楊明來自嘉興西塘，張問之來自雲慶而造磚於蘇州，周嘉胄是揚州人，計成爲蘇州人，龔輝嘗使浙東……這可並非偶然。各類工藝書籍有了同時湧現於此，除了因於其時江南地區經濟發展所帶來的營造需求之外，更重要的是此地在工藝技術與藝術鑒賞信息的流通與密集化方面非常之高，使得這些專業知識得以被彙集於一身的可能。

明代的工藝技術書籍最爲特殊之處，除了出現大量技術知識能夠彙聚一身獨立成書之

〔一〕鮑建南：《漫話宜興紫砂裝飾》，《壺論》，北京：中國文聯出版社，2007年，第44–52頁。

外，最爲突出的特點是反映出了其時民間無組織專業技術著述的興起之勢。這些工藝技術書籍的撰寫、傳抄，甚至出版，皆深刻地流露出了晚明工匠生活中存在著的、超越職業地位的需求與願望。就工匠本身而言，也許生活於嘉萬之間的黄成，正經曆著漆工生産的全面鬆綁到漆藝産品風行的時勢，這爲他提升社會地位締造了機遇。或許《髹飾録》的書寫便是他的這一願望的明證，也許《髹飾録》只是他推銷其漆藝的宣傳策略。而更爲理想的情況則是：在黄成的内心，《髹飾録》的流傳既可體現其深厚的文化修養，又可顯示其漆藝知識的廣博，並且呈現出其傳諸後進的名工風範。倘若黄成真有此意，最終還要等待三百年，直到二十世紀初朱啟鈐重新發現並刊行《髹飾録》。伴隨著該書在國内再次流行，名工黄成的身分又再重返公衆視野，並被時人奉爲有明一代最有貢獻的疇人哲匠之一。

三 傳播

《髹飾録》誕生的具體日期迄今尚無法明確，僅從現見抄本注者所作序言的落款「天啟乙丑春三月」，可知該書的出現不晚於1625年。而《髹飾録》的作者黄成生平不詳，據明人高濂《遵生八箋》「燕閑清賞箋」記「穆宗時新安黄平沙造剔紅」推測，黄成活躍於明穆宗隆慶時期（1567–1572），並生活於此時前後，因而《髹飾録》大約成書於十六世紀中葉至十七世紀初。[一] 另據清人吴騫在《尖陽叢筆》中再次提及黄成，若忽略高濂記録的影響，而此後又再也没有相關記録出現的情況，《髹飾録》最晚不過清嘉慶時期（1796–1820）在國内已經失傳。[二] 而在此之前，《髹飾録》已傳到日本並得以保存下來，成爲今天所見該書面貌的主要來源。

（一）從中國傳入日本

中國有著悠長的歷史，其典籍卷帙浩繁、包羅萬象。日本在明治維新轉向脱亞入歐之

[一]［明］高濂：《遵生八箋》，成都：巴蜀書社，1992年，第554–558頁。
[二]［清］吴騫：《尖陽叢筆》，上海：上海古籍出版社，1995年，第479頁。

前的一千多年歷史裏，其社會各階層長期以來普遍對處於文化上國的中國存在著一種憧憬，這種嚮往之情催生了日本的有識之士對來自中國的書籍十分珍惜。在明朝與日本的貿易聯繫之中，由日本輸入明朝的除了硫磺、銅等礦物外，還有刀劍、漆器、屏風、扇子等工藝製品；而由明朝輸往日本的産品，除了藥材、砂糖、錢幣、陶瓷、絲綢、唐傘，還有字畫以及書籍等物。在輸往日本的書籍當中，自宋元至明末清初，尤其是明朝中後期所興起的一類與日常生活及生産活動之間有著密切聯繫的「日用百科」或「工藝指南」，逐漸成爲廣受歡迎的商品被輸入到日本。在江户時代（1603–1867），這類「百科」、「工藝」之書被作爲日本生産技術的基礎圖書。其時，日本正因自身工藝技術的落後而對先進的生産經驗求知若渴，這些書籍的傳入，仿如獲至寶，備受珍重。除《髹飾録》外，宋應星《天工開物》、計成《園冶》等書籍亦在此時傳入日本，並得以發揚光大。

與《天工開物》及《園冶》不同，《髹飾録》在清嘉慶以後完全銷聲匿跡，國内已罹陷失傳的境地。流入日本的《髹飾録》僅以手抄本存世，據此推測，該書並非經由明、日之間正常的書籍販運傳往。《髹飾録》誕生於明隆慶年前後至天啟五年（1625）之間，而《明熹宗實録》卷五十八所記天啟時（1621–1627）南居益曾曰：「聞閩、越、三吴之人，住於倭島者，不知幾千百家，與倭婚媾，長子孫，名曰唐市。」[一]而西塘正是三吴之都會。

〔一〕［明］張惟賢等纂修：《明熹宗實録》，臺北：臺灣「中央研究院」歷史語言研究所校印本，1962年，第2661頁。

清黄遵憲《日本國志》卷四十「工藝志・漆器」曾謂：「江户有楊成者，世以善雕漆隸於官，據稱其家法得自元之張成、楊茂雲。」[一]張成、楊茂正是出自嘉興西塘的漆工名匠。由此可見，或許其時有日人至西塘學漆，《髹飾録》此時隨之傳抄而去；也許該書傳播至杭州、寧波等地的漆工處，被抄寫而去；又或者該書被商人帶往長崎，由當地書商重抄而去。具體情況迄今尚無從稽考，但從現時所見《髹飾録》所留下的抄本看來，該書無論在何種情況下傳入日本，其母本均已失佚。並且可以較爲明確的是，《髹飾録》進入日本後的首個中轉站便是長崎。

《髹飾録》傳到長崎的具體時間亦無考。爲了阻止西方人的到來以及傳教的擴散，日本於寬永十年（1633）正式頒布第一道鎖國令，開始禁止奉書船以外船隻渡航。但日本的對外貿易並没有完全停止，由幕府直接控制，長崎仍然負責日本與荷蘭以及中國之間的貿易。迄今所見《髹飾録》最早的抄本上除了原著者黄成所著原文及由西塘漆工楊明所作注釋外，其上還有一自稱「壽碌堂主人」的箋注、增補及案語。其在《髹飾録》序言前記：「《髹飾録》考證未備焉，有經目則補之可也。如色料、利器者，别有集解矣。」而在其中一個抄本的封面上又有書「春田永年標註」數字，日本學者佐藤武敏便據此展開考證，認爲壽碌堂主人便是春田永年（1753–1800）。春田永年，字静甫、甲壽，號平山、壽廉堂，

[一]［清］黄遵憲：《日本國志》，上海：上海古籍出版社，2001年，第430頁。

曾師從清水濱臣（1776–1824），精通典故，曾著《延喜式工事解》、《延喜式工事解圖翼》、《延喜式工事通解》、《延喜式名物》、《温古濡彙》、《甲組類函》、《茶器圖解》、《鐵函圖解》、《止毛惠考》、《鞆鏡》、《辟穀仙方》、《飽休一枝》等書。此外，還有一本同樣署名爲壽碌堂主人的另一本著作——《疊閣圖》。此書爲抄本一册，由和紙十五張，共三十頁所綴成的小册子。這本書是記録各種器具以及書籍收納用容器的設計圖，並有説明。此書通過圖示的方法來説明物品，尤對書籍、茶器具有濃厚興趣，應是富有春田永年特色的著作。

若此説成立，那麼便可進一步推測，僅有黄成原文、楊明作注的《髹飾録》在登陸長崎後的百年間輾轉傳到生活於江户的春田永年手上，並由其作了批註，然後帶有這位「壽碌堂主人」注釋的《髹飾録》又被抄出多個本子，其中一個抄本又進入到大阪木村蒹葭堂（1736–1802）的藏書當中。東條琴臺（1795–1878）在記録日本大儒的《先哲叢談續編》中説：「浪華木村巽齋好學嗜博，築蒹葭堂，收藏古今之書十萬餘卷，又儲集書畫法帖古器名物。」〔一〕木村氏名孔恭，字世肅，號巽齋，通稱坪井屋太吉，又稱吉右衛，室名蒹葭堂，是日本江户時代元文至享和年間（1736–1804）赫赫有名的收藏家，集文人畫家、本草學者、鑒藏家於一身。蒹葭堂所藏海内外珍本秘笈甚爲豐富。在木村孔恭殁後，原蒹葭堂藏《髹

〔一〕 中村真一郎：《木村蒹葭堂のサロン》，新潮社，2000年。

飾録》抄本在日本「文化甲子」（文化元年，即1804年）被收（購）入昌平阪學問所。〔一〕至明治五年（1872），原幕府昌平阪學問所的藏書與紅葉山文庫合併，在東京建立第一個公立圖書館——淺草文庫，原藏於昌平阪學問所的蒹葭堂藏《髹飾録》抄本也一併藏入。明治十四年（1881），淺草文庫大部分古籍收入上野博物館，即後來的帝國博物館，原蒹葭堂藏《髹飾録》抄本也在其列。帝國博物館，後又更名爲東京國立博物館，原蒹葭堂藏《髹飾録》進入後至今未再作轉移。由於原蒹葭堂藏《髹飾録》抄本較早入藏東博，並率先被今人所注意，因而東京美術學校（今東京藝術大學美術部）以及日本其他博物館的《髹飾録》抄本基本上出自蒹葭堂藏抄本。

除了今人所共知的蒹葭堂藏《髹飾録》抄本之外，在日本東京國立博物館裏還收藏著另一個一直被忽略的抄本。這個《髹飾録》抄本因來自德川宗敬的藏書而在日本被稱爲「德川本」。德川宗敬（1897–1989），日本華族伯爵，農林學家、政治家，一橋德川家第十二代當主，一橋德川家第十一代當主德川達道（1872–1944）養子，生父爲水户德川家第十二代當主德川篤敬（1855–1898）。1943年，德川宗敬將其養父德川達道所收集的五萬册江户時代的抄本、版本書籍寄贈給東京國立博物館。因而原德川氏所藏《髹飾録》

〔一〕有坂道子：《木村蒹葭堂没後の献本始末》，大阪市史料調查會/大阪市史編纂所編：《大阪の歷史》，卷號：1999–12（通號54），第53–80頁。

抄本與蒹葭堂藏抄本時間上較爲相近。據説，此兩册《髹飾録》從舊書肆所得，在德川宗敬寄贈書籍時每集末頁蓋有「德川宗敬氏寄贈」紅印。與原蒹葭堂藏《髹飾録》全以墨書不同，原德川氏所藏這兩册《髹飾録》中原文内容以黑墨書寫、壽碌堂主人的箋註等内容則以紅墨書寫。由於原蒹葭堂藏《髹飾録》抄本率先進入東博，並最早引起研究者的注意，因此日本的《髹飾録》研究初期大多以原蒹葭堂藏本爲據。譬如今泉雄作便曾抄寫原蒹葭堂藏本，在其抄本末尾記有「明治廿二年七月以帝國博物館寫了雄作」，並發表《〈髹飾録〉箋解》。〔一〕昭和七年（1932），六角紫水撰寫了《東洋漆工史》，卷末附録了芹澤閑編譯的《髹飾録》。〔二〕坂部幸太郎則在昭和四十七年（1972）發表了《髹飾録考》。〔三〕而後二者研究《髹飾録》之時，從中國已傳回了朱啟鈐所刊印的丁卯《髹飾録》版本，該本的底本亦是參考原蒹葭堂藏抄本經校勘刊刻而來。

〔一〕今泉雄作的寫本藏於國立國會圖書館，依據蒹葭堂原本所作，在開頭處有「常間居士寄藏」、「無礙庵」印。今泉氏的《〈髹飾録〉箋解》連載於《國華》113 期（明治三十二年，1899）至 152 期（明治三十六年，1903）。

〔二〕六角紫水：《東洋漆工史》，雄山閣，1932 年，第 245–287 頁。

〔三〕坂部幸太郎：《髹饰录考》，《漆事传》，松雲居私記，私家版，1972 年。

（二）由日本傳回中國

《髹飾録》在清朝中葉失傳以後，直到二十世紀二十年代才又偶然發現其抄本保存於日本。1919年，時任南北議和會議北方代表的朱啓鈐（1871–1964）無意中從江南圖書館中發現一部宋代李誡的《營造法式》手抄本。1923年，朱氏與陶蘭泉將《營造法式》校印完畢，1925年付梓刊行。朱氏隨後萌生創立研究《營造法式》的專門機構，並於是年創辦起中國第一個研究古代建築的學術機構——中國營造學社。自此，朱啓鈐與闞鐸、瞿兑之致力於搜輯營造佚書史及各類圖紙。朱氏在《中國營造學社緣起》中談及學社使命於資料之徵集者預擬目録丙部法式部分：「大木作。鬥科附。小木作。内外裝修附。雕作。旋作鋸作附。石作。瓦作。土作。油作。彩畫作。漆作。塑作。釋道相裝鑾附。磚作。坎鑿附。琉璃窯作。搭材作。銅作。鐵作。裱作。工料分析。物料價值考。」[一]同年，朱氏更根據歷代有關髹飾方面的文獻進行搜集整理編輯成《漆書》，以踐行將漆作髹飾分列爲研究一類的目標。

朱氏所輯《漆書》共分爲九卷：《釋名》、《器物》、《禮器》、《雕漆》、《制法》、

[一] 朱啓鈐：《中國營造學社緣起》，《營造論》，天津：天津大學出版社，2009年，第6–10頁。

《工名》、《産地》、《樹藝》、《外記》。〔一〕據闞鐸所記，朱氏曾爲輯《漆書》搜求五代朱遵度《漆經》未果。〔二〕但他們收集各方漆藝研究資料時，看到日人大村西崖在其《東洋美術史》中提到：「民間之制，隆慶中新安平沙有黄成字大成之名人，其所出剔紅，可比果園廠，其花果人物之刀法，以圓滑清朗，稱賞於人。大成雖業漆工，亦能文字，曾著《髹飾録》二卷，叙述各種漆器之作法，此爲中國唯一之漆工專書，天啟五年西塘楊明字清仲爲之注序，始公於世。」〔三〕於是，朱氏遂逐書求索，後得大村氏寓寄一蒹葭堂抄本，於丁卯年（1927）刊印出兩百本，因而被稱之爲「朱氏丁卯本《髹飾録》」，簡稱「丁卯本」。朱氏在刊印大村氏惠贈之蒹葭堂本《髹飾録》之前，惜於此本輾轉傳抄，訛奪過甚，曾與大村氏一同斠校既竟，先復録注舊觀。朱氏目的是以復明本之舊，所以在丁卯本中剔出了壽碌堂主人的眉批及案語、增補，並由闞鐸校訂附印於書後，是爲《〈髹飾録〉箋證》。〔四〕壽碌堂主人的筆記被剔出後，使得該書面目更爲清晰，而朱氏的斠校更正了抄本原文中的許多錯字，令丁卯本更便於閲讀；闞鐸對箋證的輯校也使壽碌堂主人的批註顯得更爲清晰。

〔一〕朱啟鈐輯、王世襄整理：《漆書》，清華大學圖書館藏油印本，1958年。
〔二〕［元］脱脱：《宋史》，北京：中華書局，1977年，第5292頁。
〔三〕大村西崖：《東洋美術史》，東京：圖本叢刊會，1925年，第395–396頁；譯文見陳彬龢譯：《中國美術史》，上海：商務印書館，1930年，第211–212頁。
〔四〕［明］黄成著、楊明注：《髹飾録》，丁卯刊本，1927年。

丁卯本《髹飾録》初版後，朱氏將此版《髹飾録》印刷半數分貽友好，半寄日本之藏原書者，藉爲酬謝。原刻木板藏於天津文楷齋，後又轉讓予上海商務印書館，裝箱南運，却在淞滬之戰時，與涵芬樓同付劫灰。闞鐸後來又取丁卯本縮印了若干部，但終歸因印數無多，傳而未廣。〔一〕此前又有民國刻書家陶湘將朱氏丁卯本《髹飾録》收入其《托跋廛叢刻》當中，中國書店曾根據陶湘的刻本在1986年重印出版。〔二〕1949年，王世襄考察美、加兩國博物館歸來，與朱氏相談間備道海外博物館對吾國髹漆之重視，朱即出示其所刊《髹飾録》刻本並以纂寫解説之事相勖。此後數年，王氏旁徵各種中外文獻，博引歷代古器，並求教於名工匠師，終成洋洋灑灑數十萬字解説。1958年，王氏在完成《〈髹飾録〉解説》後油印了小量寄贈各地文博單位。此後，王世襄對該解説本進行了兩次的修改補充，並於1983年由文物出版社正式出版。由於該解説本不久後便告售罄，文物出版社又於1998年重印並將題目修訂爲《〈髹飾録〉解説：中國傳統漆工藝研究》。王世襄在該版「再版後記」中説：「1983年始正式出版，迄今又過了十五年，自然有不少應當補入的材料。遺憾的是自1995年我左目失明，已不可能把這些年但有關書刊查閲一遍，外出採訪調查，更感困難。」〔三〕

〔一〕王世襄：《〈髹飾録〉解説》，北京：文物出版社，1983年，第13–14頁。
〔二〕陶湘：《托跋廛叢刻》，北京：中國書店，1986年，第113–135頁。
〔三〕王世襄：《〈髹飾録〉解説》，北京：文物出版社，1998年，第255頁。

因而，該書重訂未再補充原書内容，僅增加了彩圖及何豪亮批註與王氏數篇文章並附李一氓、朱家溍的書評。由於《〈髹飾録〉解説》依據的是朱氏丁卯《髹飾録》刻本，隨著王氏解説本在大陸的流行，以原蒹葭堂藏抄本爲底本的朱氏丁卯本《髹飾録》得到了廣泛的傳播。

當王世襄的《〈髹飾録〉解説》在大陸進行修訂至出版的過程中，受雇於臺北故宫博物院的索予明開始著手中國古代漆工藝的研究工作。其時由於兩岸隔絶，據説索氏曾於寶島内遍訪公私收藏，却搜獲朱氏丁卯本《髹飾録》未果。於是他通過李霖燦的介紹聯繫到當時日本國立東京文化財研究所室長川上涇，由他經手向日本國立東京博物館複印得到原蒹葭堂《髹飾録》抄本一份。1972年，該抄本被連載於是年臺北故宫博物院所編的《圖書季刊》第三卷第二期上。隨後，爲推進《髹飾録》研究的傳播，索氏開始對蒹葭堂《髹飾録》抄本進行解説。索氏曾坦言其曾見過王世襄解説本油印版的部分内容：「自從民國十六年，此書得與國人重面迄今，行將半個世紀了。對這本書真下過功夫作研究的學者，前此恐怕只有王暢安氏一人而已。王氏於一九五八年曾爲此書注解，筆者曾見其油印初稿……王氏對此書的研究，在國内説來，是首開風氣，其功不可没的。」〔一〕並將王氏解説本列爲其「重

〔一〕 索予明：《蒹葭堂本〈髹飾録〉解説》，臺北：商務印書館，1974年，第14頁。

要参考書之一」。〔一〕1974年，索氏所著《蒹葭堂本〈髹飾録〉解説》經臺灣商務印書館出版，書後附録了蒹葭堂本《髹飾録》的複印本。

綜上可見，自《髹飾録》於二十世紀三十年代傳回中國，因原蒹葭堂所藏抄本率先被發現及傳播，並在中國學人的校訂和解説促進下，無論是原蒹葭堂藏本還是據此輯校而成的朱氏丁卯刊本，均成爲了影響往後半個多世紀《髹飾録》研究的主要參照文本。尤其是保存有另一早期《髹飾録》抄本的日本，由於經精心整理的朱氏丁卯刊本問世以後即在三十年代再重返日本，並產生巨大影響，使得此後才進入到公共收藏中的其他《髹飾録》抄本變得寂寂無聞。直到二十世紀八十年代之後，隨著對《髹飾録》研究的範圍開始逐漸擴大，對其他抄本的注意才進入到人們的視野。

（三）異本的傳播近況

在日本早期研究《髹飾録》的人物當中，除了壽碌堂主人之外，尤其是自近代以來，相繼有今泉雄作、六角紫水、坂部幸太郎等人，他們都以原蒹葭堂藏抄本或據該本輯校而成的朱氏丁卯刊本爲參照。自王世襄據丁卯刊本寫成《〈髹飾録〉解説》問世並傳到日本以後，

〔一〕索予明：《兩本〈髹飾録〉解説讀後》，《漆園外摭——故宮文物雜談》，臺北：故宮博物院，2000年，第571–585頁。

其中詳盡細緻的分析與補充説明更令日本研究《髹飾録》者視爲參考資料的不二之選，使得直至二十世紀八九十年代日本有關《髹飾録》的研究仍然十分倚重該書。例如九十年代初，日本漆藝家田川真千子曾對《髹飾録》所記録漆料及色漆加工的内容展開長達五年的實驗研究，因釋讀上的問題而主要依靠通過翻譯王世襄解説本的内容來進行。〔一〕由此可見，對原蒹葭堂藏本乃至朱氏丁卯刊本以及王氏解説本的倚重，還受到了日本的《髹飾録》研究長久以來傾向於該書内容而版本問題一直未曾成爲研究焦點所影響。由此，便可較爲容易理解爲何即使在保存著别的《髹飾録》抄本的日本也極少談到其他抄本的原因所在。

中國有關《髹飾録》研究的情形也類似於此。《髹飾録》能被重新發現並傳回國内的主要原因便是朱啟鈐正在搜尋各類有關傳統漆工藝的文獻記録所引領，而朱氏亦從爲其提供複本的大村西崖稱原蒹葭堂藏抄本「未有板本及别本」。〔二〕從《髹飾録》經朱氏輯訂並重新流行於國内後，到王世襄的解説本以及二十一世紀最初十年裏所出現的相關研究看來，主要都是關注其内容方面而展開研究。在二十一世紀初國内研究《髹飾録》最主要的學者是東南大學的長北教授。她在王世襄、索予明等人的研究基礎上對原蒹葭堂藏《髹飾録》抄本進行了深入的鑽研，先後出版了數部以《髹飾録》爲題的專書，其中率先有2007

〔一〕田川真千子：《〈髹飾録〉の実験的研究》前言，奈良：奈良女子大学松岡研究室，1997年，第1–2頁。
〔二〕朱啟鈐：《節録大村西崖氏述流傳及體例原函》，《髹飾録》，丁卯刊本，1927年，第9頁。

年出版的《〈髹飾録〉圖説》。〔一〕在該書裹，長北具體對照了王、索二人的解説本，並在兩者之間進行比較，同時對照了原蒹葭堂藏《髹飾録》抄本的副本，並根據其自身經驗修訂了原蒹葭堂藏本中的紕漏。除了對原蒹葭堂藏《髹飾録》抄本中的一些通假字、異體字、錯别字等作了相應的勘改之外，長北的圖説本在原文斷句上也更爲細緻，並補充了王、索二人解説本中尚欠考究的問題。而在該書的編排體例上則仿照前人解説形式，先録黄文，再添楊注，注釋中穿插入壽碌堂主人箋證及長北對原文所作各種修改的原由，再有補説。補説的内容豐富，較王、索二本增補入了許多新鮮資料。

長北的《〈髹飾録〉圖説》因其加入了不少工藝圖片並且舉例説明清晰而在出版後迅速流行，成爲繼王氏解説本後最受關注的《髹飾録》解説書籍。但該書仍然主要是專注於《髹飾録》内容的研究，並無多少對其異本的討論。直到2014年，長北出版其另一本研究《髹飾録》的專書——《〈髹飾録〉與東亞漆藝——傳統髹飾工藝體系研究》。〔二〕在該書第一卷的開篇引語裹，長北提到：「本書此卷……所依據的底本是蒹葭堂抄本《髹飾録》，參照德川本《髹飾録》和筆者對索氏《〈髹飾録〉解説》、王氏《〈髹飾録〉解説》的校勘。

〔一〕　長北：《〈髹飾録〉圖説》，濟南：山東畫報出版社，2007年。
〔二〕　長北：《〈髹飾録〉與東亞漆藝——傳統髹飾工藝體系研究》，北京：人民美術出版社，2014年。

根據漆器髹飾工藝的實際流程，對章節與條目順序有所調整……」〔一〕同書第五卷第四章「《髹飾録》初注者姓氏考辨」，當中引用了筆者於2012年發表於《中國生漆》雜誌上《海外〈髹飾録〉研究綜述》一文，並討論了文中關於佐藤武敏發表於1988年東京國立博物院研究誌上《論髹飾録——以其版本及注釋爲中心》一文中所提出的觀點。〔二〕不過此部分内容僅佔這部近700頁的大書中的甚少篇章，該書研究著力之處仍然是《髹飾録》所記載的工藝内容爲主。此書的主要内容後來由經作者精簡，以《〈髹飾録〉析解》的書名於2017年出版。〔三〕

綜上所述，國内有關原蒹葭堂藏抄本及朱氏丁某刊本以外的《髹飾録》異本研究大約始於2012年前後。日本作爲保存著《髹飾録》早期異本的地方，在《髹飾録》抄本被收入東京國立博物館近百年以後，直到1988年纔有佐藤武敏公開發表比較兩個《髹飾録》抄本的文章，而此後又經過近二十五年，國内纔就此展開探究。導致這一情況自然有著諸多原因，除了前述過去近百年對《髹飾録》的研究旨趣傾向於其工藝内容外，還有就是人們對前輩大家論斷毫無疑問的接受。儘管《髹飾録》的異本早已曝光，但傳送原蒹葭堂藏本的

〔一〕長北：《〈髹飾録〉與東亞漆藝——傳統髹飾工藝體系研究》，第68頁，
〔二〕同前，第539–542頁。
〔三〕長北：《〈髹飾録〉析解》，南京：江蘇鳳凰美術出版社，2017年。

複本回中國的學者斷定此爲傳世唯一孤本，近半個世紀過去亦從未有人質疑。當然，這其中還牽涉到數據公開、傳播和溝通是否暢順的問題。2012年筆者在寫作《海外髹飾録研究綜述》一文時，還未能得窺佐藤武敏論文中所談到的原德川宗敬藏《髹飾録》抄本的全貌。幸而未久，東京國立博物館網站上的畫像檢索系統便可搜尋並瀏覽到該本（頁面信息顯示拍攝於2012年）全貌，從而爲關注《髹飾録》異本者提供了極大的方便。〔一〕

〔一〕 東京國立博物館畫像檢索系統中《髹飾録》頁面 https://webarchives.tnm.jp/imgsearch/show/E0032693

四　疑辨

《髹飾録》的研究主題一直以來多集中在其内容上而鮮少對異本方面産生關注，其中原因除了由於該書在日本被視爲工藝文本使其内容得以較爲地完整保留至今外，還與所曝光的異本數量有限以及與其有關的各種信息模糊不清、溝通不足有關。然而，研究《髹飾録》内容的基礎是其抄本情況，二者同氣連枝、難以分割，專注於其中所記内容的研究者必然亦不可避免地要回應該書内容以外的種種相關問題。例如在談到書中所反映的思想内容時便不能不談及到其作者及其寫作該書所處的情境，在討論當中一些含糊的語句所指時又不得不論及其版本，在探討該書的意義時又必須涉及到寫作該書的目的及其用途乃至書中内容的來源等問題。

（一）《髹飾録》的署名

《髹飾録》的作者黄成是爲數不多能留名至今的明代漆工之一，但有關他生平事蹟的資料極爲稀少，其籍貫、出身與經歷均無從稽考。在《髹飾録》被重新發現以前，黄成並未爲人所注意。即使在楊明爲《髹飾録》所作序言中介紹到黄成也僅是寥寥數語，並未多述：「新安黄平沙稱一時名匠，復精明古今之髹法，曾著《髹飾録》二卷，而文質不適者，陰陽失位者，各色不應者，都不載焉，足以爲法。」〔一〕因而歷來討論黄成的研究不多。事實上，除了《髹飾録》的序言外，在明代其他文獻記録中，最爲直接就數高濂在《遵生八箋》「燕閑清賞箋」提到黄成，其謂：「穆宗時，新安黄平沙造剔紅可比果園廠，花果人物之妙刀法圓活清朗。」〔二〕此後，便僅有清人吴騫在其《尖陽叢筆》中再次提及到黄成：「元時攻漆器者有張成、楊茂二家，擅名一時。明隆慶時，新安黄平沙造剔紅，一盒三千文。」〔三〕但筆者推測，吴氏所記很可能亦源自於高濂的記録，因爲高濂在提到黄成的剔紅之精妙之後又緊接著説：「奈何庸匠網利，效法頗多，悉皆低下，不堪入眼。較之往日，一盒三千文價，今亦無矣，何能得佳？」蓋此便是吴騫記其「一盒三千文」的來源，由此可見其描述完全没有超過高濂所記。（圖一、圖二、圖三）

王世襄在其《〈髹飾録〉解説》前言中曾謂《髹飾録》是『黄成自撰還是經人整理』，但並未直接對該書出自黄成提出質疑。迄今對《髹飾録》的原作者是黄成，基本上没有産

〔一〕［明］黄成著、杨明注：《髹飾録》，蒹葭堂藏抄本，第4頁；德川宗敬藏抄本，第4頁。
〔二〕［明］高濂：《遵生八箋》，成都：巴蜀書社，1992年，第554–558頁。
〔三〕［清］吴騫：《尖陽叢筆》，上海：上海古籍出版社，1995年，第479頁。

生過多的争議。現今所見關於其姓名的問題主要是與其名號有關。據前引可知，《髹飾録》、《遵生八箋》、《尖陽叢筆》均稱黄成爲『新安黄平沙』。對於黄成的籍貫是新安應無疑問，唯一需要明確的是哪一個新安。在明代的志書當中可以見到有兩個名爲新安的地方，一個在京師保定府，一個在嶺南道廣州府。保定府在元時稱爲保定路，自洪武元年（1368）改稱保定府，領祁、安、易三州；安，即新安，設於洪武十三年（1380）。而廣東嶺南道的新安則於萬曆元年（1573）改置自廣州府的東莞縣。但黄成的籍貫新安却不是指這兩個新『新安』，而是指古『新安』，在明代被稱爲徽州。早在漢獻帝建安十三年（208），孫權控制原歙地建立新都郡，治始新（今浙江淳安）。晉太康元年（280），晉滅吴，新都郡更名爲新安郡。唐高祖武德四年（622），改新安郡爲歙州，州治歙縣。宋徽宗宣和三年（1121），改歙州爲徽州，徽州得名始此，治所在歙縣。元至正二十七年（1367），朱元璋改興安府爲徽州府。明洪武二年（1369），徽州府領歙、黟、休寧、績溪、婺源、祁門六縣。在明代，徽州府與蘇州府、揚州府等同屬南直隸，地理相通，漆藝發達。徽州一帶山多地少，徽商經營涉及建材、做墨、油漆、桐油、造紙等生意。其漆業自宋以來繁盛，其螺鈿漆器曾有『宋嵌』之稱。在清代宫廷造辦處還從歙州招來漆工名匠爲内廷服務。在明代成化以前，徽商最爲大宗的商品一直是漆、墨、茶，後來纔轉而營鹽，隨之於晚明之時富甲一方。同時，徽州又是明代著名的刻書中心之一，人文淵藪，文風極盛。而且前兩地都不是傳統産漆之地，因而可以判斷黄成乃古新安徽州人。具體徽州哪裏人未明，但自二十世紀三十年代開始，關於黄成是新安平沙人的説法開始逐漸流行。

該説始於日人大村西崖所著《東洋美術史》，其謂：「民間之制，隆慶中新安平沙有黄成字大成之名人，其所出剔紅，可比果園廠，其花果人物之刀法，以圓滑清朗，稱賞於人。大成雖業漆工，亦能文字，曾著《髹飾録》二卷，叙述各種漆器之作法，此爲中國唯一之漆工專書，天啟五年西塘楊明字清仲爲之注序，始公於世。」[一]從中得識《髹飾録》下落的朱啟鈐在其編纂的《漆書》中循之：「《支那（中國）美術史》：黄成，字大成。隆慶中，新安之平沙人。其剔紅匹敵果園廠，其花果人物，刀法以圓滑清朗見稱。頗長文學，著《髹飾録》二卷，叙述各種漆器之作法，爲中國漆工專書。天啟五年，西塘楊明字清仲注而序之，行於世。」[二]此後，王世襄在其《〈髹飾録〉解説》中進一步重複了朱氏關於黄成是平沙人的説法：「黄成，號大成，十六世紀中葉時人。……平沙可能是安徽新安的一個鄉鎮。」[三]沈福文在其《中國漆藝美術史》中也説：「黄成，號大成，明隆慶時，

〔一〕大村西崖：《東洋美術史》，東京：圖本叢刊會，1925年，第395–396頁；中文見陳彬龢譯：《中國美術史》，上海：商務印書館，1930年，第211–212頁。
〔二〕朱啟鈐輯、王世襄整理：《漆書》，清華大學圖書館藏油印本，1958年，第107頁。
〔三〕王世襄：《〈髹飾録〉解説》，北京：文物出版社，1998年，第23–24頁。

新安平沙人，又稱黄平沙，一時名匠，精明古今髹法。」〔一〕這一説法至今一直被不斷地重複。然而，今見明清兩代《徽州府志》亦未發現有「平沙」地名。對此，早在二十世紀八十年代初國内就有學者相繼提出了疑問。如俞劍華在1981年出版的《中國美術家人名辭典》中便認爲「平沙」是黄成的號。〔二〕事實上，所謂「新安黄平沙」，一般説來「新安」與「平沙」不會同是黄成的籍貫。因爲若是以地望來尊稱來自「新安」的黄成，則應稱作「黄新安」。然而，古時並無「籍貫+姓氏+籍貫」作稱呼的慣例。由此看來，似乎在「新安黄平沙」中，「新安」既然是黄成的籍貫，「平沙」則不會是地名，而很可能是黄成的號。1984年，陳紹棣在《文史》雜誌上發表《〈髹飾録〉作者生平籍貫考述》一文詳細討論了該問題，並進一步認爲「平沙」作爲黄成的號可能來自古琴曲名《平沙落雁》，原因是此古典標題樂曲在中國流傳廣泛。〔三〕但是從兩卷《髹飾録》的開篇處所署之「平沙黄成大成著」與「西塘楊明清仲注」相對應的結構理解，「平沙」與「西塘」應該都是地名纔對稱。因此，對黄成來自「平沙」的討論還有待更多的資料發現纔能有更爲明確的認識。（圖四、圖五、圖六、圖七）

〔一〕沈福文：《中國漆藝美術史》，北京：人民美術出版社，1991年，第127頁。
〔二〕俞劍華：《中國美術家人名辭典》，北京：人民美術出版社，1981年，第1141頁。
〔三〕陳紹棣：《〈髹飾録〉作者生平籍貫考述》，《文史》（第二十二輯），北京：中華書局，1984年，第252–259頁。

另外，關於楊明姓名的疑問主要是有關其姓氏「楊」還是「揚」的問題。從日本到中國的學者早年都没有注意到「楊明」有可能是「揚明」的情況。直到二十世紀七十年代初，臺北故宫博物院研究員索予明因在臺灣島内未能覓得丁卯刊本《髹飾録》，進而輾轉從日本東京國立博物館求得原蒹葭堂藏抄本複印本作爲底本展開研究。索予明從原蒹葭堂藏《髹飾録》抄本的序言後署名「天啟乙丑春三月西塘揚明撰」出發，對比了康熙二十四年《嘉興府志》「人物藝術門」所記「張德剛，父成，與同里揚茂俱擅髹漆剔紅器」，以及故宫所藏「剔紅花卉紋渣斗」上所刻「揚茂」款名，认爲西塘一支揚姓，爲提手之「揚」。該觀點最早出自其發表於1972年第六卷第三期臺北故宫博物院編《故宫文物季刊》上《剔紅考》一文。〔一〕及後，在其1974年經臺灣商務印書館出版的《蒹葭堂本〈髹飾録〉解説》一書中便將「楊明」更爲「揚明」。〔二〕進入二十一世紀以後，大陸學界以東南大學長北教授爲代表，其《髹飾録》解説的研究吸收王世襄、索予明的成果，在楊明的姓氏問題上則取「揚」姓。除了參考索氏的論證外，她認爲原蒹葭堂藏《髹飾録》抄本「有據在前，丁卯朱氏刻本轉抄轉刻在後，此爲《髹飾録》初注者爲揚明」的又一理由。〔三〕

〔一〕 索予明：《剔紅考》，《中國漆工藝研究論集》，臺北：臺北故宫博物院，1977年，第21–28頁；原文刊載於《故宫文物月刊》1972年第6卷第3期，第11–60頁。
〔二〕 索予明：《蒹葭堂本〈髹飾録〉解説》，臺北：商務印書館，1974年。
〔三〕 長北：《〈髹飾録〉與東亞漆藝——傳統髹飾工藝體系研究》，北京：人民美術出版社，2014年，第541–542頁。

其實，對於索氏將楊明改爲「揚明」的問題，王世襄曾在2004年出版的《髹飾録（合印蒹葭堂抄本、朱氏丁卯年刊本）》一書中做過説明：「姓氏楊、揚，古時通用，如楊雄亦作揚雄。索氏後記，楊明一律作揚明，蓋因祖本蒹葭堂本作揚，故從之。……朱桂辛先生丁卯刻本，則用楊明而不作揚，可能因前者較爲通俗常見；亦可能大村西崖氏寄來鈔本已將揚改爲楊。今合印兩本，楊、揚二字實難求得統一。」〔一〕筆者對照原蒹葭堂藏《髹飾録》抄本發現除序言最後之處還有乾集與坤集卷首共有三處出現注者的名字，序言及坤集卷首處爲「揚明」，而乾集卷首處則爲「楊明」，實際上該本關於注者姓「揚」還是「楊」，難從文字上判斷。此外，前述康熙二十四年《嘉興府志》關於西塘「揚茂」的記録，較之更早的《格古要論》則有「元末西塘楊匯，有張成、楊茂剔紅最得名」之描述。〔二〕而在原德川宗敬藏《髹飾録》抄本上的三處注者署名則均是寫作「楊明」，但該本自二十世紀中葉纔進入公衆視野，因而在尊原蒹葭堂藏抄本爲其祖本的研究者眼裏便不以此爲據。儘管如此，早在大村西崖及朱啟鈐對原蒹葭堂藏《髹飾録》抄本進行斠校之時，面對著書上注者「揚」、「楊」兩種寫法或許已作出多番權衡纔最終確定爲「楊」姓。因而筆者以爲，

〔一〕王世襄編，［明］黄成著、楊明注：《髹飾録（合印蒹葭堂抄本、朱氏丁卯年刊本）》，北京：中國人民大學出版社，2003年，第80頁。

〔二〕［明］曹昭：《格古要論》，景明刻本，第101–104頁。

王氏言丁卯《髹飾録》刊本作「楊」姓可能因其通俗易懂之故乃多屬猜測，而經大村氏與朱氏共同校訂後寫作「楊」字的可能性較高。（表一、表二）

（二）《髹飾録》的母本

自《髹飾録》複抄回國以來，有關原蒹葭堂藏《髹飾録》抄本是其傳世唯一孤本的問題一直没有什麼異議。朱啟鈐在丁卯刊本的「弁言」後附有「節録大村西崖氏述流傳及體例原函」，當中説道：「《髹飾録》一書，初木村孔恭（字世肅，堂號蒹葭，以博識多藏聞於世，享和九年，即清嘉慶二年卒）藏鈔本一部。文化元年（嘉慶九年），昌平坂學問所（德川幕府所置儒教大學）購得之維新之時入淺草文庫後轉歸帝室博物館藏，並有印識可徵。我美術學校、帝國圖書館及爾餘兩三家所藏本皆出於蒹葭堂本，未曾有板本及别本，但轉寫之際往往生異同而已。眉批及夾注並壽碌堂主人所筆，如一、二、〇、△、增、案等皆是。壽碌堂主人爲何許人，偏加探索迄未能詳意者，昌平坂學問所之一篤學者歟。」[一]據此描述，大村氏認爲《髹飾録》其時只有原藏於木村蒹葭堂的一部抄本傳世。該抄本於1804年進入到昌平坂學問所，在明治時期轉入帝室博物館，即後來的東京國立博物館所收藏，並稱當時東京美術學校及其他圖書館與博物館所收藏的《髹飾録》抄本均是重抄自原

[一]［明］黄成著、楊明注：《髹飾録》，丁卯刊本，1927年，第3–4頁。

蒹葭堂藏抄本。至此，大村氏對原蒹葭堂藏《髹飾録》抄本的流傳情況的梳理基本準確，但後面對壽碌堂主人爲何人的推測則並不合理。

坂部幸太郎便在其《〈髹飾録〉考》中指出，「昌平坂學問所的學者所抄寫的本子，被木村蒹葭堂所收藏，後經昌平阪學問所用錢購得。這一説法並不符合邏輯」。〔一〕索予明亦同樣注意到該問題。〔二〕蒹葭堂所藏抄本被木村孔恭收藏之時，書中已有壽碌堂主人的箋證。此後該書纔流傳到昌平阪學問所，所以壽碌堂主人不可能是昌平阪學問所的學者。關於壽碌堂爲何人在前面「傳播」部分已作討論，此處不再贅述。

此處需要强調的是大村西崖的這一信函對對中國學界的影響，自此以後有關《髹飾録》祖本的問題甚少被再行討論，儘管從原蒹葭堂藏抄本所見字跡不一、訛奪過甚，但經朱啟鈐輯校後精美的丁卯刊本迅速成爲時人研究的不二之選。直到二十世紀七十年代初，索予明在其研究中重提原蒹葭堂藏抄本上的附注及不同人的抄寫筆跡，並由此認爲「此注者固已另見別本也」。到了八十年代，關注《髹飾録》異本問題的日本學者也紛紛發文表達看法。如樋口秀雄便在其《〈髹飾録〉——流傳於日本的中國明代漆藝技法專書》一文中提出，在木村蒹葭堂去世後，幕府買入蒹葭堂藏書之前，壽碌堂主人也可能是從木村的後人中借

〔一〕坂部幸太郎：《〈髹飾録〉考》，《漆事傳》，私家版，1972年，第5–6頁。

〔二〕索予明：《蒹葭堂本〈髹飾録〉解説》，臺北：臺灣商務印書館，1974年，第13頁。

閱或者被請予撰寫標注的人。〔一〕需要注意的是，樋口氏此文同時也是日本較早討論到原德川宗敬所藏《髹飾録》抄本的文章。而此時距離德川宗敬於1943年寄贈藏書於東京國立博物館已經過去四十三年。在此期間，該《髹飾録》抄本在日本受到的關注甚少，而中國專注研究《髹飾録》的學者也不多，加之信息溝通上的阻隔，導致國內研究者對該本的存在全然不知，使得自大村氏開始視原蒹葭堂藏抄本爲《髹飾録》孤本的認識一直延續至今天。

大村西崖梳理《髹飾録》流傳時，東京國立博物館（時名帝室博物館）所藏主要是原蒹葭堂藏抄本，後來在十九世紀九十年代末研究《髹飾録》的今泉雄作所抄録的便是此本，而在二十世紀三十年代初六角紫水著述《東洋漆工史》所收録《髹飾録》翻譯的底本是朱氏丁卯刊本。〔二〕其時，朱氏已將刊印的二百本丁卯《髹飾録》刊本半數送到日本，這在後來數十年裏成爲日本研究者參考的主要版本，直到王世襄的《〈髹飾録〉解説》問世以後，如田川真千子在上世紀九十年代初歷時五年研究《髹飾録》的實驗，主要參考的是便是王氏的解説本。日本學界率先提出原德川宗敬所藏《髹飾録》抄本是原蒹葭堂藏抄本祖本的觀點是九州大學的歷史學家佐藤武敏，他在1988年十一月的《東京國立博物館研究誌》

〔一〕樋口雄作：《〈髹饰录〉—わが国に唯一る中国〔明〕時代の漆藝技法書》，《工芸学会通信》，第46號，1986年。

〔二〕芹沢閑：《〈髹飾録〉の復活刊行》，《日本漆工会会报》，第321號。

上發表《論〈髹飾録〉——以其文本及注釋爲中心》一文。文中指出《東京國立博物館藏書目録》將原德川宗敬藏抄本記爲江户末期並不可信，並詳細討論比較了兩個《髹飾録》抄本的情況後總結道：「在壽箋方面，德川本在誤字、脱字、脱文方面都比蒹本少出錯。另外，符號及其注釋的運用，德本基本上做到字元和注釋對應一致。而蒹本則有不少對應不上的内容。因此，可以認爲德本更接近於真本。一直以來，蒹本都被認爲是最古老的版本，但是我認爲蒹葭堂應該是德川本的抄本，蒹葭堂本裏加入了返回點符號（幫助閲讀用的古文漢字符號），應該是抄自德川本的其中一個抄本。」〔一〕

國内學界長久以來篤信日本原蒹葭堂藏抄本以外的其他《髹飾録》抄本系自其重抄而出，這一認識除了受到自大村氏述説的影響外，二十世紀下半葉中日間研究資源溝通不暢的現實環境亦極大限制了國内相關研究的進展。國内對佐藤氏發表於1988年的這篇文章尚未見有所關注，也未注意到原蒹葭堂藏抄本之後入藏東京國立博物館的《髹飾録》抄本情況。近來，又有相關觀點認爲原德川宗敬所藏《髹飾録》抄本出現並入藏公共機構較晚，實難以撼動作爲現今傳世各種版本母本的原蒹葭堂藏抄本的地位。以目前相關研究所援用的版本資料來看，這一説法以並無不妥。但這不能説明原蒹葭堂藏抄本與原德川宗敬所藏

〔一〕佐藤武敏：《〈髹飾録〉について－そのテキストと注釈を中心に》，東京國立博物館編：《東京国立博物館研究誌 Museum》第452期，，1988年11月，第15–24頁。

抄本之間的隸屬關係。原德川宗敬所寄贈東京國立博物館的藏書主要來自其父德川達道，後者所藏書籍主要是江户時代的寫本與版本，木村孔恭所藏《髹飾録》抄本也是江户時代的抄本，它們所出現的時間即使不是同時應該也十分相近，很可能都是在江户後期抄出。據樋口秀雄指出，原德川宗敬舊藏本裏的兩册《髹飾録》是通过舊書肆購得。〔一〕木村蒹葭堂所收藏的抄本亦是。至於佐藤武敏從原德川宗敬藏抄本分色書寫、在文面上又較原蒹葭堂藏抄本精美、錯誤較少，從而推斷前者是後者的母本，那也存在可能。但原德川宗敬所藏抄本更加純正却未能成爲現今《髹飾録》傳世各種版本的祖本，皆完全因其曝光時間錯過了二十世紀二十年代傳回中國的契機，進而錯失了此後隨《髹飾録》刊本及解説本從中國向世界各地傳播的機會。（表三）

倘若原德川宗敬所藏抄本真是原蒹葭堂抄本的母本，那麼前面有關楊明姓氏應照作爲祖本的原蒹葭堂藏《髹飾録》抄本改爲「揚」的判斷便不能完全成立。事實上，從原德川宗敬所藏以及原蒹葭堂所藏這兩個迄今所見最早的《髹飾録》抄本上有一些小字的補注值得注意，譬如在「乾集」卷首附讚後有「一本至作大爲是」、「坤集」罩明第五灑金條楊注旁有「一本作日」、尚古第十八仿效條楊注旁有「一本作而」。由此可知，此二本在抄

〔一〕　樋口雄作：《〈髹饰录〉—わが国に唯一る中国〔明〕時代の漆藝技法書》，《工芸学会通信》，第46號，1986年。

寫過程中必定還有其它抄本或母本存在。或許，這兩個抄本本身便互不隸屬、各有抄出之處也不無可能。此外，由於除此二本尚未見更早别本可資對照，傳入日本之前的《髹飾録》祖本面貌更難追蹤。四川美術學院教授何豪亮在2011年在《中國生漆》雜誌上發表《〈髹飾録〉的一些問題》一文，當中提到沈從文在讀朱本《髹飾録》乾集終處批文：「從本文分析，乾集或本來即朱遵度《漆經》語，因利用楷法，談得都相當深刻。且子目多引經子語意，概括而成，不是一般讀書人所能作。」〔一〕又朱啓鈐曾在其《〈髹飾録〉弁言》中談到：「每謂《輟耕録》所載黑光、朱紅、鰻水及戧金銀諸法，出自朱遵度《漆經》。今朱書已佚，賴此得窺一斑。」〔二〕可惜《漆經》文本内容至今無法得識，實況已難於求證。

（三）《髹飾録》的用途

在《髹飾録》重新被發現及再次流行以後，對其研究的焦點一直集中在書上所記録的工藝知識方面。其中一個主要原因便是由於《髹飾録》早在流入日本書肆之時是被書商視爲「技術指南」一類書籍而引入的，這也解釋了爲何該書在傳入日本之後除了受到不少研究中國文化的學者關注外，同時還吸引了許多從事漆藝實踐活動的研究者注意的原因。從

〔一〕何豪亮：《〈髹飾録〉的一些問題》，《中國生漆》，2011年第4期，第33–34頁。
〔二〕朱啓鈐：《〈髹飾録〉弁言》，《髹飾録》，丁卯刊本，1927年，第2頁。

六角紫水、坂部幸太郎到田川真千子，他們或在分析《髹飾録》所記載工藝時比照日本漆工傳統並從中檢視其經驗之談，或以《髹飾録》爲傳承工藝的知識媒介，試圖從中獲得明代中國漆工的製漆信息。如日本漆藝家田川真千子自1992年開始組建實驗團隊，並邀請到日本國寶級漆藝家北村昭齋參與，以及參考日本亞洲漆工藝研究會諸多專家的意見後，在1997年完成《〈髹飾録〉之實驗的研究》。報告在前言中便説到：「通過閲讀這本書籍、並進行試驗驗證，我得以重新思考有關如何表達造型表現與技術的内容這一問題。……書中的每條條文的字數雖少，所記述的内容却覆蓋了漆工藝的各個方面。……我深信，有志學習漆工藝的人肯定能通過加深對《髹飾録》的理解，並能從中感受到黄成和楊明的主張，知道工藝表現的多樣性，進而找出現代的漆工藝發展的方向。因爲他們所期望的正是活用從他們先祖那裏學到的智慧。」〔一〕

在《髹飾録》傳回國内後，國内學者一直以來亦同樣將之作爲一部有關工藝技法的書籍看待。〔二〕從朱啓鈐、王世襄到索予明、長北等研究者，以及從雷圭元、沈福文到何豪亮等實踐者，都從《髹飾録》所記録内容出發，視之爲一部不可多得的「漆工藝寶典」。朱啓鈐於1958年爲王氏解説本所作序言中便説到當年以《髹飾録》纂寫解説之事以爲「詳

〔一〕　田川真千子：《〈髹飾録〉の実験的研究》前言，奈良：奈良女子大学松岡研究室，1992–1997年，第2頁。
〔二〕　王世襄：《漆藝髹飾學序》，何豪亮、陶世智：《漆藝髹飾學》，福州：福建美術出版社，1990年，第1頁。

核髹工，捨此無由，而將解説與（《髹飾録》）本文同刊，化身千百，使書得而義可通，其有功漆術，嘉惠藝林，豈鮮淺哉」。[一] 王世襄在其《〈髹飾録〉解説》的前言中也説到：「《髹飾録》的内容分爲兩大類：第一、第二、第十七、十八等章講製造方法；第三至第十六章講漆器的分類及各類中的不同品種。有時也因叙述品種而設計它們的做法。」[二] 但是在王氏讚頌《髹飾録》是一部有價值而應當受到重視的古籍時，同時還歸納了其一些缺點：「最顯著的缺點是黄成原文採用了一種比喻方法，甚至映射附會的寫法，以至隱晦難懂，尤以《乾集》爲甚。每條文字少僅十幾字，多也不過二三十字，即使用通俗的語言，如此簡短也無法講清楚。」[三] 對此，王世襄認爲内因很可能是黄成存在「誇耀學識淵博、文筆典雅的意圖」，而外因則是「明代社會嚴重地存在著重士輕工的風氣」，「一本漆工專著如用通俗的語言寫成，會被認爲不過是工匠的手册底本，得不到重視」，並且以爲原文每條不長可能是「因爲新安、嘉興是當時髹漆之鄉，許多工具和方法是一般流行工藝的人，尤其是漆工所熟悉的，所以他們認爲没有詳細描述的必要」。對此，索予明也認爲很可能由於《髹飾録》是一部工匠的歌訣之故，以易於傳播。

〔一〕 王世襄：《〈髹飾録〉解説》，北京：文物出版社，1998年，第13頁。
〔二〕 同前，第6頁。
〔三〕 同前，第9頁。

但《髹飾録》真的是一部「工藝指導手册」嗎？田川真千子在其實驗報告當中便曾指出《髹飾録》「大量使用了比喻手法，並多次引用以四書五經爲主的中國古典知識來修飾文句，使這本書讀起來有點艱難。楊明後來添加的每一條注釋也不是十分詳細。由此可以推斷，《髹飾録》這本書的寫作不僅僅是爲了詳細記録和分類當時的造型表現與技術。此外，它也不是像如今的工藝指南那樣容易理解、容易寫就的技術書籍。《髹飾録》是在記録當時漆工藝的多樣性及技術内容的基礎上，準確傳達精神層面的深層内容。這本書籍的中心不是傳遞漆工藝的技術方法，而是黄成想向下一代傳遞漆工藝的基本知識和思想。」〔一〕最後爲了完成實驗目標，田川氏「必須想出新的研究方法」，並決定「在比較中討論現存的資料和其他參考資料、文獻和資訊；並不局限於日本國内，而要參考在亞洲各國現存的技術方法、工具、材料等；利用自然科學的研究方法開展研究」。對熟悉漆藝製作的研究者來説，很容易便會發現《髹飾録》的記述結構是混亂的。王世襄在1989年爲漆藝家何豪亮所著《漆藝髹飾學》一書作序中便點出了《髹飾録》之於漆藝實踐上的這一問題，在縱觀何氏著作的輪廓結構後，指出《髹飾録》將「質法」置在書末「難免有割裂之嫌」。〔二〕到了長北2014年出版的《〈髹飾録〉與東亞漆藝——傳統髹飾工藝體系研究》一書中，作

〔一〕田川真千子：《〈髹飾録〉の実験的研究》前言，奈良：奈良女子大学松岡研究室，1992–1997年，第1–2頁。
〔二〕王世襄：《漆藝髹飾學序》，何豪亮：《漆藝髹飾學》，福州：福建美術出版社，1990年，第1頁。

者更是爲了「使讀者清晰把握漆器從製胎到裝飾的工藝流程，分類把握大漆髹飾工藝的材料、工具、器用與設備」而在第一卷「《髹飾録》記録的古代漆器髹飾工藝——《髹飾録》解説」中將原《髹飾録》記録内容進行重新排列説明。〔一〕

對於《髹飾録》並非是一部漆器製作指導書的觀點，英國牛津大學教授柯律格（Craig Clunas）1997 年發表在《技術與文化》（Techniques et Cultures）雜誌上的文章《奢華的知識：1625 年的髹飾録》（Luxury Knowledge: The Xiushilu（'Records of Lacquering'）of 1625）一當中討論得頗爲詳細。〔二〕他從晚明知識産品消費角度出發，指出：「實在無須爲此書的繚亂無序辯護，《髹飾録》之中的宇宙論成分不可能只是作者迷信民俗信仰或是賣弄文墨，如此多餘只會讓一部實證主義認識論之下的技術知識作品變得十分累贅。書中各種比附其實是爲了獲得更爲廣泛的認同……我們不要以爲將文本中的思想部分剔除就能得到有關如何製作漆器的内容。」在論及《髹飾録》序言中「文質不適者，陰陽失位者，各色不應者，都不載焉……」之句之時，柯氏更直言：「由此，我們進入到晚明時代關於奢侈品消費的寫作主體的世界，它們可能被用作簡便的雅玩指南……」柯氏認爲，《髹飾録》雖然出自

〔一〕 長北：《〈髹飾録〉與東亞漆藝——傳統髹飾工藝體系研究》，北京：人民美術出版社，2014 年，凡例第 1 頁，目録 2–7 頁，正文 67–271 頁。

〔二〕 Craig Clunas, Luxury Knowledge: The Xiushilu（'Records of Lacquering'）of 1625, in Techniques et Cultures, 29 (1997): 27–40.

漆工黄成之手，却並非一部漆藝製作的指導手册。《髹飾録》的出現更多是給予對漆藝感興趣的讀者對各種漆器的製作工藝有所瞭解。而這些讀者則主要是愛好收藏漆器的文人雅士，他們不需要親自製作漆器，但通過《髹飾録》對各種漆器工具以及漆藝類型的介紹，他們得以瞭解如何選擇不同的漆器，尤其是書中對制漆過程中的各種戒、過、失、病等知識的説明，爲顧客在選購漆器時能知曉如何貨比三家提供了知識來源。

若如柯氏所説，《髹飾録》只是在晚明時代爲了迎合其時的奢侈品消費潮流而短暫地流傳於文化市場的一部漆器鑒賞指南。然而，回到《髹飾録》文本内容的字裏行間又會發現並不完全是。雖然在《髹飾録》的黄成原文部分，黄氏並未提及到其寫作目的是爲了傳授弟子，但在楊明所作的序言裏却指出其有「傳諸後進」之意。黄成的原文晦澀難懂，今人解讀《髹飾録》皆得靠楊明的注釋，因此楊明的解釋被認爲是闡釋黄成原文的最重要依據。或許從黄成原文的陳述方式、當中所表達的漆藝思想、對漆藝的分類描述、所記載漆藝知識的重心，以及漆藝優劣的評判標準，方方面面看來都更像是一部關於漆藝鑒賞書籍而不是髹飾操作指導文本。但細心的讀者可能會發現，其實若要分辨書中能夠被視作對漆藝製作有實際指導作用的内容，基本上集中於楊明後來的注釋内。因而，筆者以爲亦極有可能存在以下情況，即《髹飾録》的用途在誕生及傳播的過程中可能發生了變化：身處安徽新安的黄成完成《髹飾録》後，隨讀者之手傳到了浙江的漆藝中心嘉興西塘，生活於該地的漆工楊明意識到《髹飾録》的不足並憑藉自身優良的漆工藝造詣補充了黄成文本的寡薄，而且其目的並不只是針對黄成的行文艱澀而略作説明而已，而是給此書的讀者們補上了一些有關實踐方面的内容，從而使得該書對實踐者而言具有了更多的實用性。《髹飾録》回歸中國後一直被視爲工藝技術書籍，也因其確實具有一定的指導實踐作用所致。

五　校勘

髹〔一〕飾録序

漆之爲用也，始于書竹簡。而舜作食器，黑漆之。禹作祭器，黑漆其外，朱畫其内，於此有其貢。周制於車，漆飾愈多焉，於弓之六材，亦不可闕，皆取其堅牢於質，取其光彩於文也。後，王作祭器，尚之以著色塗金之文，雕鏤玉〔二〕珧之飾，所以增敬盛禮，而非如其漆城、其漆頭也。然復用諸樂器，或用諸燕器，或用諸兵仗，或用諸文具，或用諸宫室，或用諸壽器，皆取其堅牢於質，取其光彩於文。嗚呼！漆之爲用也，其大哉！又液葉共療疴，其益不少。唯漆身爲癩狀者，其毒耳。蓋古無漆工，令百工各隨其用，使之治〔三〕漆。固之，益於器而盛於世。别有漆工，漢代其時也。後漢申屠蟠，假其名也。然

〔一〕德川宗敬藏《髹飾録》抄本（下稱「德本」）封面題爲「鬆飾録」，内文用「髤」，壽碌堂主人批註亦用「髹」；木村蒹葭堂藏《髹飾録》抄本（下稱「蒹本」）用「髤」，朱氏丁卯刻本《髹飾録》均用「髤」。「鬆」、「髤」、「髤」爲異體字，《説文解字》中最早以「鬆」，現統一更作「髹」，下同。

〔二〕德本爲「玉」字，蒹本寫作「王」字。據上下文應爲「玉」字。「玉珧」爲專有名詞，意指蚌蛤的甲殼，漆器的飾料種類之一。

〔三〕德本、蒹本寫爲「迨」字。據上下文應爲「治漆」。

而今之工法，以唐爲古格，以宋元爲通法。又出國朝廠工之始製者殊多，是爲新式。於此千文萬華，紛然不可勝識矣。新安黄平沙，稱一時名匠，復精明古今之髹法，曾著《髹飾録》二卷，而文質不適者，陰陽失位者，各色不應者，都不載焉，足以爲法。今每條贅一言，傳諸後匠，爲工巧之一助云。

天啟乙丑春三月西塘楊〔一〕明撰

髹飾録乾集

平沙　黄成　大成　著
西塘　楊明　清仲　注

凡工人之作爲器物，猶天地之造化。此以有聖者，有神者，皆示以功以法。故良工利其器。然而利器如四時，美材如五行。四時行、五行全，而百物生焉。四善合、五采備，而工巧成焉。今命名附贊而示於此，以爲乾集。乾所以始生萬物，而髹具工則，乃工巧之元氣也。

〔一〕德本爲「楊」字、蒹本爲「揚」字。「楊」、「揚」古時通用，朱啟鈐、王世襄采「楊明」，索予明、長北采「揚明」。「楊」、「揚」二字實難求得統一，現據今見「楊茂造」款銘多以木字之「楊」而采「楊」字（見表一）。

乾德至〔一〕哉。

非利器美材，則巧工難爲良器，故列在於其首。

利用第一

天運，即旋床〔二〕。

有餘不足，損之補之。

其狀圜，而循環不輟，令椀、盒〔三〕、盆、盂，正圓無苦窳，故以天名焉。

日輝，即金。有泥、屑、麩、薄、片、綫之等。

人君有和，魑魅無犯。

太陽明於天，人君德於地，則螭魅不干，邪諂不害。諸器施之，則生輝光，鬼魅不敢干也。

月照，即銀。有泥、屑、麩、薄、片、綫之等。

〔一〕德本、蒹本寫作「至」字，德本中旁注：「一本至作大爲是」；蒹本中旁注：「一本、作大爲是」，「至」爲補字。「坤集」卷首有「坤德至哉」，現於此處補上「至」字。

〔二〕德本、蒹本寫作「牀」字。「牀」同「床」，「床」之異體字，《説文》收録「牀」而未收「床」，今常用其俗字。現更作「床」字，下同。

〔三〕德本、蒹本寫作「合」字。「合」是「盒」之初文，指有蓋之器皿。《説文》：「合，合口也。」後在金文中亦寫作「盍」（盍），在隸書中演變作「盒」，「合」字現多指匯合、合併、攏合之意。此處更作「盒」字。

寶臣維佐，如燭精光。

其光皎如月。又有燭銀。凡寶貨以金爲主，以銀爲佐，飾物亦然，故爲臣。

宿光，即蔕，有木、有竹。

明静不動，百事自安。

木蔕接牝梁，竹蔕接牡梁。其狀如宿列也，動則不吉，亦如宿光也。

星纏，即活架。牝梁爲陰道，牡梁爲陽道。

次行連影，陵乘有期。

牝梁有竅，故爲陰道。牡梁有筍，故爲陽道。麭數器而接架，其狀如列星次行。反轉失候，則淫泆冰解，故曰有期。又案，曰宿、曰星，皆指器物，比百物之氣皆成星也。

津横，即蔭室中之棧。

衆星攢聚，爲章於空。

天河，小星所攢聚也，以棧横架蔭室中之空處，以列衆器，其狀相似也。

風吹，即指光石並桴〔一〕炭。

輕爲長養，怒爲拔拆。

〔一〕德本、蒹本寫作「浮」字。據上下文「浮炭」應爲「桴炭」。《説文》：「桴，棟名。」「桴」本指房屋的次棟（二棟），「桴炭」指輕而易燃的木炭。漆器製作過程中「桴炭」可用作打磨的材料。此處更正爲「桴」。

此物其用與風相似也。其磨輕，則平面光滑無抓痕，怒則稜角顯灰，有玷瑕也。

雷同，即磚、石有粗細之等。

碾聲發時，百物應出。

髹器無不用瑳磨而成者。其聲如雷，其用亦如雷也。

電掣，即錯。有劍面、茅葉、方條之等。

施鞭吐光，與雷同氣。

施鞭，言其所用之狀；吐光，言落屑霏霏。其用似磨石，故曰與雷同氣。

雲彩，即各色料，有銀朱、丹砂、絳礬、赭石、雄黄、雌黄、靛花、漆緑、石青、石緑、韶粉、煙煤之等。

瑞氣鮮明，聚成花葉。

五色鮮明，如瑞雲聚成花葉者。黄帝華蓋之事，言爲物之飾也。

虹見，即五格揩筆覘。

燦映山川，人衣楚楚。

每格瀉合色漆，其狀如蝃蝀。又覘筆描飾器物，如物影之〔一〕相映，而暗有畫山水人物之意。

〔一〕德本寫作「之之」字，蒹本寫作「文」字。依上下文蒹本顯誤，現更作「之」。

霞錦，即螺鈿、老蚌、車螯、玉珧之類。有片有沙。

天機織貝，冰蠶失文。

天真光彩，如霞如錦，以之飾器則華妍，而康老子所賣，亦不及也。

雨灌，即髹刷。有大小數等及蟹足、踈鬣、馬尾、猪鬃，又有灰刷、染刷。

沛然不偏，絶塵膏澤。

以漆喻水，故蘸刷拂器，比雨。麭面無纇，如雨下塵埃不起爲佳。又漆偏則作病，故曰不偏。

露清，即罌子桐油。

色隨百花，滴瀝後素。

油清如露，調顔料則如露在百花上，各色無所不應也。後素，言露從花上墜時，見正色，而却至繪事也。

霜挫，即削刀並捲鑿。

極陰殺木，初陽斯生。

霜殺木，乃生萌〔一〕之初，而刀削樸，乃髹漆之初也。

〔一〕德本、蒹本寫作「萠」字。德本、蒹本明顯筆誤，「萠」爲姓氏，依上下文此處應爲「萌生」之「萌」。現更作「萌」。

雪下，即筒羅。

片片霏霏，疏疏密密。

筒有大小，羅有疏密，皆隨敹片之細粗，器面之狹濶而用之。其狀如雪之下而佈於地也。

霰布，即蘸子。用繒、絹、麻布。

蓓蕾下零，雨凍先集。

成花者爲雪，未成花者爲霰，故曰蓓蕾。漆面爲文相似也。其漆稠粘，故曰雨凍，又曰下零；曰先集，用蘸子打起漆面也。

雹墮，即引起料。

實粒中虛，跡痕如砲。

引起料有數等，多禾㲄之類，故曰實粒中虛，即雹之狀。又雹砲也，中物有跡也。引起料之痕跡爲文，以比之也。

雺籠，即粉筆並粉盞。

陽起陰起，百狀朦朧。

雺起於朝，起於暮。朱髹、黑髹，即陰陽之色，而器上之粉道百般，文圖輕疏，而如山水艸木，被籠於雺中而朦朧也。

時行，即挑子。有木、有竹、有骨。

百物斯生，水爲凝澤。

漆工審天時而用漆，莫不依挑子。如四時行焉，百物生焉。漆或爲垸、或爲當、或爲糙、或爲麭，如水有時以凝，有時以澤也。

春媚，即漆畫筆。有寫象、細鉤、游絲、打界、排頭之等。

化工粧點，日懸彩雲。

以筆爲文彩，其明媚如化工之粧點於物，如春日映彩雲也。日，言金；雲言顔料也。

夏養。即雕刀。有圓頭、平頭、藏鋒、圭首、蒲葉、尖鍼、剞劂之等。

萬物假大，凸凹斯成。

千文萬華雕鏤者比描飾則似大也。凸凹即識款也。雕刀之功，如夏月生育，長養萬物矣。

秋氣，即帚筆並𦢊毬。

丹青施楓，金銀著菊。

描寫以帚筆乾傅各色，以𦢊毬施金銀，如秋至而草木爲錦。曰丹青、曰金銀、曰楓、曰菊，都言各色百華也。

冬藏，即濕漆桶並濕漆甕。

玄冥玄英，終藏閉塞。

玄冥玄英，猶言冬水。以漆喻水，玄言其色。凡濕漆貯器者，皆蓋藏，令不濂凝，更宜閉塞也。

暑溽，即蔭室。

大雨時行，濕熱鬱蒸。

蔭室中以水濕，則氣薰蒸。不然則漆難乾。故曰：大雨時行。蓋以季夏之候者，取濕熱之氣甚矣。

寒來，即杇，有竹、有骨、有銅。

已冰已凍，令水土堅。

言法絮漆、法灰漆、凍子等，皆以杇粘著而乾固之，如三冬氣，令水土冰凍結堅也。

晝動，即洗盆並帨。

作事不移，日新去垢。

宜日日動作，勉其事，不移異物，而去懶惰之垢，是工人之德也。示之以湯之盤銘意。

凡造漆器用力莫甚於磋磨矣。

夜静，即窨。

列宿兹見，每工兹安。

底、垸、糙、麭，皆納於窨而連宿，令内外乾固，故曰每工也。列宿，指成器，兼示工人晝勉事夜安身矣。

地載，即几。

維重維静，陳列山河。

此物重静，都承諸器，如地之載物也。山指捎盤，河指模〔一〕鑿。

土厚，即灰。有角、骨、蛤、石、甎及壞屑、磁屑、炭末之等。

大化之元，不耗之質。

黄者厚也，土色也，灰漆以厚爲佳。凡物燒之則皆歸土。土能生百物而永不滅，灰漆之體，總如率〔二〕土然矣。

柱〔三〕括，即布，並斮絮麻筋。

土下軸連，爲之不陷。

二句言布筋包裹捲榛，在灰下，而灰〔四〕漆不陷，如地下有八柱也。

山生，即捎盤並髹几。

〔一〕德本、蒹本寫作「摸」字。「摸」應爲「模」字，文中「模鑿」之「鑿」見《説文》：「穿木也。」作名詞即「鑿子」。《説文解字注》：「模，法也。」徐鍇《説文繫傳》：「以木爲規模也。」現更作「模」字，下同。

〔二〕德本、蒹本寫作「卒」字。「卒土」應爲「率土」。「率土」即「率土之濱」之省稱，謂境域之内，見《詩經·小雅·北山》。現更作「率」。

〔三〕德本寫作「柱」字，蒹本寫作「桂」字。據上下文意應爲「柱」字。《説文》：「柱，楹也。」裱於漆器底胎上之布，以加固及使漆器表面平整不凹陷，起到「支柱」作用。現更作「柱」。

〔四〕德本有「灰」字，蒹本無此字。「灰漆」乃描述漆器底胎刮灰工藝，此處或形容其效果。現增補「灰」字。

噴泉起雲，積土産物。

泉指㯮漆，雲指〔一〕色料，土指灰漆。共〔二〕用之於其上，而作爲諸器，如山之産生萬物也。

水積，即濕漆。生漆有稠、淳之二等。

熟漆有揩光、濃、淡、明膏、光明、黄明之六製。

其質兮坎，其力負舟。

漆之爲體，其色黑，故以喻水。復積不厚則無力，如水之積不厚，則負大舟無力也。

工者造作，勿吝〔三〕漆矣。

海大，即曝漆盤，並煎漆鍋。

其爲器也，衆水歸焉。

此器甚〔四〕大，而以製熱諸漆者，故比諸海之大，而百川歸之矣。

潮期，即曝漆挑子。

〔一〕　德本、蒹本句末補注「指」字。前有「泉指……」，與之對應「雲指……」。

〔二〕　德本寫作「共」字，蒹本寫作「其」字。因「山生」乃指擺放濾漆工具、色料、灰等用具和材料的捎盤及髹几，據上下文應更作「共」。

〔三〕　德本、蒹本寫作「恪」字。據上下文意應爲「吝」字。現更作「吝」。

〔四〕　德本、蒹本爲「共」字。據上下文意更作「甚」。

鰍〔一〕尾反轉，波濤去來。

鰍尾反轉，打挑子之貌。波濤去來，挑飜漆之貌。凡漆之曝熟有佳期，亦如潮水有期也。

河出，即模鑿，並斜頭刀、剉刀。

五十有五，生成千圖。

五十有五，天一至地十之總數。言蝒片之點、抹、鉤、條，總五十有五式。皆刀鑿刻成之，以比之河出圖也。

洛現，即筆覘，並揞筆覘。

對十中五，定位支書。

四方四隅之數皆相對，得十而五，乃中央之數。言描飾十五體，皆出於筆覘中，以比之龜書出於洛也。

泉湧，即濾車並㮰。

高原混混，回流涓涓。

漆濾過時，其狀如泉之湧，而混混下流也。濾車轉軸回緊，則漆出於布面，故曰回流也。

〔一〕德本、蒹本寫作「鰌」字。「鰌」爲「鰍」之異體字。現更作「鰍」，下同。

冰合，即膠。有牛皮、有鹿角、有魚鰾〔一〕。

兩岸相連，凝堅可渡。

兩岸相連，言二物縫合。凝堅可渡，言膠汁如冰之凝澤，而乾則有力也。

楷法第二

法者，制作之理也。知聖人之意而巧者述之，以傳之後世者，列示焉。

三法

巧法造化。

天地和同萬物生，手心應得百工就。

質則人身。

骨肉皮筋巧作神，瘦肥美醜文爲眼。

文象陰陽。

定位自然成凸凹，生成天質見玄黄。

法造化者，百工之通法也。文質者，髹工之要道也。

〔一〕　德本、蒹本寫作「膘」字。據文意應爲「魚鰾」，「魚鰾膠」俗稱「黄魚膠」，即將黄色的魚鰾通過加工處理後制得的膠料。

二戒

淫巧蕩心。

過奇擅艷，失真亡實。

行濫奪目。

共百工之通戒，而漆匠須尤嚴矣。

四失

制度不中。

不鬻市。

工過不改。

是謂過。

器成不省。

不忠乎。

倦懶不力。

不可雕。

三病

獨巧不傳。

國工守累世，俗匠擅一時。

巧趣不貫。

如巧拙造車，似男女同席。

文彩不適。

貂狗何相續，紫朱豈共宜。

六十四過

麭漆之六過

冰解。

漆稀，而仰俯失候，旁上側下，淫泆之過。

淚痕。

漆慢，而刷布不均之過。

皺散〔一〕。

漆緊，而蔭室過熱之過。

連珠。

隧棱，凹棱也；山棱，凸棱也。内壁下，底際也；齀際，齒根也。漆潦之過。

〔一〕 德本寫作「散」字，蒹本寫作「散」字。在麭漆过程中，漆内外乾固程度不一致而引起的皴散。現更作「散」。

類點。

髹時不防風塵，及不挑去飛絲之過。

刷痕。

漆過稠，而用硬毛刷之過。

色漆之二過

灰脆。

漆制和油多之過。

黯暗。

漆不透明，而用顔料少之過。

彩油之二過

柔黏。

油不辨真僞之過。

帶黄。

煎熟過焦之過。

貼金之二過

癜斑。

粘貼輕忽漫綴之過。

粉黄。

襯漆厚而浸潤之過。

罩漆之二過

點暈。

濾絹不密，及刷後不挑去纇之過。

濃淡。

刷之往來，有浮沉之過。

刷蹟之二過

節縮。

用刷澀滯，蚔行之過。

模糊。

漆不稠緊，刷毫軟之過。

蓓蕾之二過

不齊。

漆有厚薄，蘸起有輕重之過。

潰痿。

漆不粘稠急緊之過。

指磨之五過

露垸。

觚棱、方角，及平棱、圓棱，過磨之過。

抓痕。

平面車磨用力，及磨石有砂之過。

毛孔。

漆有水氣，及浮漚不拂之過。

不明。

揩光油摩，澤漆未足之過。

黴黕。

退光不精，漆制失所之過。

磨顯之三過

磋跡。

磨磋急忽之過。

蔽隱。

磨顯不及之過。

漸滅。

磨顯太過之過。

描寫之四過

斷續。

筆頭漆少之過。

淫侵。

筆頭漆多之過。

忽脱。

蔭而過候之過。

粉枯。

息氣未翳，先施金之過。

識文之二過

狹闊。

寫起輕忽之過。

高低。

稠漆失所之過。

隱起之二過

齊平。

堆起無心計之過。

相反。

物象不用意之過。

灑金之二過

偏纍。

下布不均之過。

刺起。

麩片不壓定之過。

綴蝒之二過

粗細。

裁斷不比視之過。

厚薄。

琢磨有過，不及之過。

款刻之三過

淺深。

剔法無度之過。

緜縷。

運刀失路之過。

齟齬。

縱横文不貫之過。

戧劃之二過

見鋒。

手進刀走之過。

結節。

意滯刀澀之過。

剔犀之二過

缺脱。

漆過緊，枯燥之過。

絲紅。

層髹失數之過。

雕漆之四過

骨瘦。

暴刻無肉之過。

玷缺。

刀不快利之過。

鋒痕。

運刀輕忽之過。

角棱。

磨熟不精之過。

裹衣〔一〕之二過

錯縫。

器衣不相度之過。

浮脱。

〔一〕德本此處有「衣」字，蒹本缺字。「裹衣」指給漆器底胎糊上皮、布、紙等。現增補「衣」字。

粘著有緊緩之過。

單漆之二過

燥暴。

襯底未足之過。

多纇。

樸素不滑之過。

糙漆之三過

滑軟。

製熟用油之過。

無肉。

製熟過稀之過。

刷痕。

製熟過稠之過。

垸〔一〕漆之二過

鬆脆。

〔一〕德本、蒹本寫作「丸」字。「丸漆」與「垸漆」同。現統一更作「垸」。

灰多漆少之過。

高低。

刷有厚薄之過。

布漆之二過

斜〔一〕瓦

貼布有急緩之過。

浮起。

粘貼不均之過。

捎當之二過

鹽惡。

質料多漆少之過。

瘦陷。

未乾固輒垸之過。

補綴之二過

〔一〕德本、蒹本寫作「邪」字。「邪」古同「斜」。據下文楊明所注「貼布有急緩」可知其爲貼布不整所導致布呈現出「邪瓦」之狀貌，形容如屋頂瓦片鋪設不正。現依其意更作「斜」。

愈毀。

無尚古之意之過。

不當。

不試看其色之過。

髤飾録乾集終

髹飾録坤集

平沙 黄成 大成 著
西塘 楊明 清仲 注

凡髹器，質爲陰，文爲陽；文亦有陰陽：描飾爲陽，描寫以漆。漆，木汁也，木所生者火，而其象凸，故爲陽；雕飾爲陰，雕鏤以刀，刀黑金也，金所生者水，而其象凹，故爲陰。此以各飾衆文皆然矣。今分類舉事而列於此，以爲坤集。坤所以化生萬物，而質體文飾，乃工巧之育長也。坤德至哉。

質色第三

純素無文者，屬陰以爲質者，列在於此。

黑髹。一名烏漆。一名玄漆。

即黑漆也。正黑光澤爲佳。揩光要黑玉，退光要烏木。

熟漆不良，糙漆不厚，細灰不用黑料，則紫黑。若古器，以透明紫色爲美。揩光欲黸滑光瑩，退光欲敦樸〔一〕古色。近來揩光有澤漆之法，其光滑殊爲可愛矣。

朱髹。一名硃紅漆，一名丹漆。

即朱漆也。鮮紅明亮爲佳，揩光者其色如珊瑚，退光者樸雅。又有礬紅漆甚不貴。

髹之春暖夏熱，其色紅亮；秋涼，其色殷紅；冬寒，乃不可。又其明暗在膏漆、銀朱調和之增減也。倭漆竊丹帶黄。又用丹砂者，暗且帶黄。如用絳礬，顔色愈暗矣。

黄髹。一名金漆。

即黄漆也。鮮明光滑爲佳。揩光亦好，不宜退光。共帶紅者美，帶青者惡。

色如蒸栗爲佳，帶紅者用雞冠雄黄，故好。帶青者用薰黄，故不可。

緑髹。一名緑沉漆。

即緑漆也，其色有淺深，總欲沉。揩光者，忌見金星，用合粉者，甚卑。

明漆不美，則色暗，揩光見金星者，料末不精細也。臭黄韶粉相和，則變〔二〕爲緑，謂之合粉緑，劣於漆緑太遠矣。

紫髹。一名紫漆。

〔一〕德本、蒹本寫作「朴」字。現隨本書字體更作繁體字「樸」，下同。
〔二〕德本、蒹本寫作「变」字。現隨本書字體更作繁體「變」，下同。

即赤黑漆也。有明暗淺深，故有雀頭、栗殼、銅紫、騂毛〔一〕、殷紅之數名，又有土朱漆。

此數色皆因丹黑調和之法，銀朱、絳礬異其色，宜〔二〕看之試牌，而得其所。又土朱者，赭石也。

褐髹。

有紫褐、黑褐、茶褐、荔枝色之等。揩光亦可也。

又有枯瓠、秋葉等，總依顔料調和之法爲淺深，如紫漆之法。

油飾。

即桐油調色也。各色鮮明，復髹飾中之一奇也。然不宜黑。

比色漆則殊鮮妍，然黑唯宜漆色，而白唯非油則無應矣。

金髹。一名渾金漆。

即貼金漆也。無癜斑爲美。又有泥金漆，不浮光。又有貼銀者，易黴黑也。黄糙宜於新，黑糙宜於古。

黄糙宜於新器者，養益金色故也。黑糙宜於古器者，其金處處摩殘黑斑〔三〕，以爲雅

〔一〕德本、蒹本寫作「騂」，今校爲「騂」。

〔二〕德本寫作「宐」字，蒹本寫作「冝」字。「宐」「冝」古同「宜」。現統一更作「宜」。

〔三〕德本寫作「斑」字，蒹本寫作「班」字。據上下文「黑班」明顯誤字，現更作「斑」字，下同。

賞也。瘢斑，見於貼金二過之下。

紋匏第四

匏面爲細紋，屬陽者，列在於此。

刷絲。

即刷跡紋也。纖細分明爲妙，色漆者大美。

其紋如機上經縷爲佳。用色漆爲難，故黑漆刷絲上，用色漆擦被，以假色漆刷絲，殊拙。其器良久，至色漆摩脱見黑縷，而文理分明，稍似巧也。

綺紋刷絲。

紋有流水、洄淵、連山、波疊、雲石皴、龍蛇鱗等，用色漆者亦奇。

龍蛇鱗者，二物之名。又有云頭、雨脚、雲波相接、浪淘沙等。

刻絲花。

五彩花文如刺絲。花色、地紋共纖細爲妙。

刷跡作花文，如紅花、黄果、緑葉、黑枝之類。其地或纖刷絲，或細蓓蕾。其色或紫或褐，華彩可愛。

蓓蕾漆。

有細粗，細者如飯糝，粗者〔一〕如米粒〔二〕，故有穠花、淪漪、海石皴之名，彩漆亦可用。

蓓蕾其文簇簇，穠花其文攢攢，淪漪其文鱗鱗，海石皴其文磊磊。

罩明第五

罩漆如水之清，故屬陰。其透徹底色明於外者，列在於此。

罩朱髹。一名赤底漆。

即赤糙罩漆也。明徹紫滑爲良，揩光者佳絶。

揩光者，似易成，却太難矣。諸罩漆之巧，更難得耳。

罩黄髹。一名黄底漆。

即黄糙罩漆也，糙色正黄，罩漆透明爲好。

赤底罩厚爲佳，黄底罩薄爲佳。

罩金髹。一名金漆。

即金底漆也。光明瑩徹爲巧，濃淡點暈爲拙。又有泥金罩漆，敦樸可賞。

金薄有數品，其次者用假金薄、或銀薄。泥金罩漆之次者，用泥銀或錫末，皆出於後

〔一〕德本、蒹本原句上無「者」字，「者」乃補注。与前文「細者」相應，此處應爲「粗者」。現增補「者」字。

〔二〕德本、蒹本寫作「粒米」。「粒米」指向單數，而「蓓蕾漆」中之「粗者」並非單數，現據其意更作「米粒」。

世之省略耳。濃淡點暈，見於罩漆之二過。

灑金。一名砂金漆。

即撒金也。麩片有細粗，擦敷有疏[一]密，罩髹有濃淡。又有斑灑[二]金，其文雲氣、漂霞、遠山、連錢等。又有用麩銀者。又有揩光者，光瑩眩目。

近有[三]用金銀薄飛片者甚多，謂之假灑金。又有用錫屑者，又有色糙者，共下卑也。

描飾第六

稠漆寫起，於文爲陽者，列在於此。

描金。一名泥金畫漆。

即純金花文也。朱地黑質共宜焉。其文以山水、翎毛、花果、人物故事等，而細鉤爲陽，疏理爲陰，或黑漆理，或彩金象。

疏理其理如刻，陽中之陰也。泥、薄金，色有黄、青、赤，錯施以爲象，謂之彩金象。

〔一〕德本、蒹本寫作「踈」字。「踈」同「疏」。現更作「疏」。

〔二〕德本、蒹本寫作「洒」字。現隨本書字体更作繁体「灑」字。

〔三〕德本、蒹本寫作「有」字。旁補注「一本作日」，即其他抄本有寫作「近日」的。「近日」即「近日有」，與「近有」相近。現隨德本、蒹本寫作「近有」。

又加之混金漆，而或填或暈。

描漆。一名描華。

即設色畫漆也。其文各物備色，粉澤燦然如錦繡，細鉤皴理以黑漆，或劃理。又有彤質者，先以黑漆描寫，而後填五彩。又有各色乾著者，不浮光。以二色相接爲暈處，多爲巧。

若人面及白花、白羽毛，用粉油也。填五彩者，不宜黑質，其外匡朦朧不可辨，故曰彤質。又乾著，先漆象，而後傅色料，比濕漆設色，則殊雅也。金鉤者見於婻爛門。

漆畫。

即古昔之文飾，而多是純色畫也。又有施丹青，而如畫家所謂没骨者，古飾所一變也。

今之描漆家不敢作。近有朱質朱文，黑質黑文者，亦樸雅也。

描油。一名描錦。

即油色繪飾也，其文飛禽、走獸、昆蟲、百花、雲霞、人物，一一無不備天真之色。其理或黑、或金、或斷。

如天藍、雪白、桃紅，則漆所不相應也。古人畫飾多用油，今見古祭器中，有純色油文者。

描金罩漆。

黑、赤、黄三糙皆有之，其文與描金相似。又寫意則不用黑理。又如白描亦好。

今處處皮市多作之。又有用銀者，又有其地假灑金者。又有器銘詩句等，以充〔一〕朱或黄者。

填嵌第七

五彩金鈿，其文陷於地，故屬陰，乃列在於此。

填漆。

即填彩漆也。磨顯其文。有乾色，有濕色，妍媚光滑。又有鏤嵌者，其地錦綾細文者，愈美艶。

磨顯填漆，麭前設文，鏤嵌填漆，麭後設文。濕色重暈者爲妙。又一種有黑質紅細紋者，其文異禽怪獸，而界郭空間之處皆爲羅文、細條、縠〔二〕縐、粟斑、疊雲、藻蔓、通天花兒等紋，甚精緻。其制原出於南方也。

綺紋填漆。

即填刷紋也。其刷紋黑，而間隙或朱、或黄、或緑、或紫、或褐。又文質之色互相反亦可也。

有加圓花文或天寶海珍圖者，又有刻絲填漆，與前之刻絲花可互考矣。

〔一〕德本無此字，蒹本壽補「充」字。據上下文又有在黑糙上描「器銘詩句」以充朱或黄糙。現增補「充」字。
〔二〕德本寫作「縠」字，蒹本寫作「縠」字。應作「縠」。

彰髹。

即斑文填漆也。有疊雲斑、豆斑、粟斑、蓓蕾斑、暈眼斑、花點斑、穠花斑、青苔斑、雨點斑、彣斑、彪斑、瑇瑁斑、犀花斑、魚鱗斑、雉尾斑、縐縠紋、石絡紋等，彩華瓌然可愛。

有加金者，璀璨〔一〕眩目，凡一切造物，禽羽、獸毛、魚鱗、介甲，有文彰者皆象之。而極仿〔二〕模之工，巧爲天真之文，故其類不可窮也。

螺鈿，一名蜔嵌，一名陷蚌，一名坎螺。

即螺填也。百般文圖，點、抹、鉤、條，總精細密緻，如畫爲妙。又分截殼色，隨彩而施綴者，光華可賞。又有片嵌者，界郭理皴，皆以劃文。又近有加沙者，沙有細粗。

殼片古者厚，而今者漸薄也。點、抹、鉤、條，總五十有五等，無所不足也。殼色有青、黄、赤、白也。沙者，殼屑，分粗、中、細，或爲樹下苔蘚，或爲石面皴文，或爲山頭霞氣，或爲汀上細沙。頭屑極粗者，以爲冰裂文，或石皴亦用。凡沙與極薄片，宜磨顯揩光，其色熠熠。共不宜朱質矣。

襯色蜔嵌。

即色底螺鈿也。其文宜花鳥草蟲，各色瑩徹焕然，如佛朗嵌。又加金銀襯者，儼似嵌

五 校勘

〔一〕德本、蒹本寫作「粲」字。現更作「璨」。

〔二〕德本、蒹本寫作「倣」字。「倣」同「仿」。現更爲「仿」字，下同。

金銀片子，琴徽用之亦好矣。

此制〔一〕多片嵌劃理也。

嵌金。

嵌銀。

嵌金銀。

右三種，片、屑、綫各可用。有純施者，有雜嵌者，皆宜磨現揩光。

有片嵌、沙嵌、絲嵌之别，而若濃淡爲暈者，非屑則不能作也。假製者，用鍮、錫，易生黴氣，甚不可。

犀皮，或作西皮，或犀毗。

文有片雲、圓花、松鱗諸斑。近有紅面者。共光滑爲美。

磚窊諸斑。黑面、紅中、黄底爲原法，紅面者，黑爲中，黄爲底。黄面，赤黑互爲中、爲底。

陽識第八

〔一〕德本、蒹本寫作「製」字。「製」用於具體的製造，「制」用於抽象的製作。據上下文此處應指「制式」，現更爲「制」。

其文漆堆，挺出爲陽中陽者，列在於此。

識文描金。

有用屑金者，有用泥金者，或金理，或劃文，比描金則尤爲精巧。

傅金屑者貴焉。倭製殊妙。黑理者爲下底。

識文描漆。

其著色，或合漆寫起，或色料擦抹。其理文或金、或黑、或劃。

各色乾傅，末金理文者爲最。

揸花漆。

其文儼如繡綉〔一〕爲妙，其質諸色皆宜焉。

其地紅，則其文去紅，或淺深別之。他色亦然矣。理鈎皆彩〔二〕，間露地色，細齊爲巧；

或以戧金亦佳。

堆漆。

〔一〕德本、蒹本寫作「繡綉」，朱本寫作「繢繡」。「繡」，指刺繡和繪畫設色，五彩俱備；或指刺繡，用絲綫等在布帛上刺成花紋圖像，也指有彩色花紋的絲織品，亦有華麗、精美之意。「綉」，指物數量名，綿一片爲綉，或指刺有彩紋的。「繡」時互通「綉」。

〔二〕德本、蒹本寫作「綵」字。「綵」是「彩」之異體字。現更作「彩」，下同。

其文以華〔一〕藻、香草、靈芝、雲鉤、絛環之類，漆淫泆不起立，延引而侵界者，不足觀。又各色重層者堪愛。金銀地者愈華。

寫起識文，質與文互異其色也。淫泆延引，則須漆却焉。複色者要如剔犀。共不用理鉤，以與他之文爲異也。淫泆侵界，見於描寫四過之下淫侵。

有平起，有綫起。其色有通黑，有通朱。共文際忌爲連珠。識文。

平起者用陰理，綫起者陽文耳。堆漆以漆寫起，識文以灰堆起。堆漆文質異色，識文花地純色。以爲殊别也。連珠見於魏漆六過之下。

堆起第九

其文高低，灰起加雕琢，陽中有陰者，列在於此。

隱起描金。

其文各物之高低，依〔二〕天質灰起，而棱角圓滑爲妙。用金屑爲上，泥金次之，其理

〔一〕德本寫作「華」字，蒹本寫作「萃」字。据上下文應作「華」。

〔二〕德本、蒹本寫作「倣」字，朱氏丁卯本寫作「依」字。據前後文之「高低」與「天質」可見「依」更爲符合其前後描述關係。

或金或刻。

屑金文刻理爲最上。泥金象金理次之。黑漆理蓋不好，故不載焉。又漆凍模脱者，似巧無活意。

隱起描漆。

設色有乾、濕二種，理鉤有金、黑、刻三等。

乾色泥金理者妍媚，刻理者清雅，濕色黑理者近俗。

隱起描油。

其文同隱起描漆而用油色耳。

五彩間色，無所不備。故比隱起描漆則最美。黑理鉤亦不甚卑。

雕鏤第十

雕刻爲隱現，陰中有陽者，列在於此。

剔紅。

即雕紅漆也。髹層之厚薄、朱色之明暗，雕鏤之精粗，大甚有巧拙。唐制多如〔一〕印

〔一〕德本、蒹本寫作「多印板」。此處所描述對象「剔紅」。「唐制多印板刻平錦」按字面理解意爲模印與刻錦紋。據上下文應爲比喻形容其雕刻效果，因而增「如」字。

板刻平錦，朱色，雕法古拙可賞。復有陷地黄錦者。宋、元之制，藏鋒清楚，隱起圓滑，纖細精緻。又有無錦紋者，共有象旁刀跡見黑綫者，極精巧。又有黄錦者、黄地者次之。又鏨胎者不堪用。

唐制如上説，而刀法快利，非後人所能及。陷地黄錦者，其錦多似細鉤雲，與宋、元以來之剔法大異也。藏鋒清楚，運刀之通法。隱起圓〔一〕滑，壓花之刀法。纖細精緻，錦紋之刻法。自宋、元至國朝，皆用此法。古人精〔二〕造之器，剔跡之紅間露黑綫一、二帶；一綫者，或在上、或在下；重綫者，其間相去或狹或闊無定法，所以家家爲記也。黄錦〔三〕，黄地亦可賞。鏨胎者，鏨朱重漆，以銀朱爲面，故剔跡殷暗也。又近琉球國産，精巧而鮮紅，然而工趣去古甚遠矣。

金銀胎剔紅。

宋内府中器，有金胎、銀胎者，近日有鍮〔四〕胎、錫胎者，即所假效〔五〕也。

〔一〕德本寫作「圓」字，蒹本寫作「圖」字。「圓滑」指渾圓滑溜。「圖」字明顯錯誤。現更作「圓」。
〔二〕德本寫作「精」字，蒹本寫作「積」字。「精造之器」指經過精雕細琢製作之器物。「積」字明顯錯誤。現更作「精」。
〔三〕德本寫作「錦」字，蒹本寫作「綿」字。「黄錦」指黄色的錦地。現更作「錦」字。
〔四〕德本、蒹本寫作碖字。「鍮」指鍮石，一種黄色有光澤的礦石，即黄銅或自然銅。碖，像玉石一樣的美石。金屬校玉石作爲更常見的漆器胎體，故此處更作「鍮」。
〔五〕德本、蒹本寫作「傚」字。現更作「效」，下同。

金銀胎，多文間見其胎也。漆地刻錦者，不漆器内。又通漆者，上掌則太重。鍮錫胎者多通漆。又有磁胎者、布漆胎者，共非宋制也。

剔黄。

制如剔紅而通黄。又有紅地者。

有紅錦者，絶美也。

剔緑。

制與剔紅同而通緑，又有黄地者、朱地者。

有朱錦者、黄錦者、殊華也。

剔黑。

即雕黑漆也。制比雕紅則敦樸古雅。又朱錦者，美甚。朱地、黄地者次之。

有錦地者、素地者，又黄錦、緑錦、緑地亦有焉，純黑者爲古。

剔彩，一名雕彩漆。

有重色雕漆，有堆色雕漆。如紅花、緑葉、紫枝、黄果、彩雲、黑石，及輕重雷文之類，絢艶恍目。

重色者，繁文素地，堆色者，疏文錦地，爲常具〔一〕。其地不用黄黑二色之外，侵奪

〔一〕德本、蒹本寫作「俱」字。據上下文意此處更作「具」。

壓〔一〕花之光彩故也。重色俗曰横色，堆色俗曰竪色。

複色雕漆。

有朱面，有黑面，共多黄地子，而鏤錦紋者少矣。

髹法同剔犀，而錯緑色爲異。雕法同剔彩，而不露色爲異也。

堆紅。一名罩紅。

即假雕紅也。灰漆堆起，朱漆罩覆，故有其名。又有木胎雕刻者，工巧愈遠矣。

有灰起刀刻者，有漆凍脱印者。

堆彩。

即假雕彩也。制如堆紅，而罩以五彩〔二〕爲異。

今有飾黑質，以各色凍子隱起團堆，杇頭印劃不加一刀之雕鏤者，又有花様，錦紋，脱印成者。俱名堆錦。亦此類也。

剔犀。

有朱面，有黑面，有透明紫面。或烏間朱綫，或紅間黑帶，或雕黸等複，或三色更疊。

其文皆疏刻劍環、絛環、重圈、回文、雲鉤之類。純朱者不好。

〔一〕德本寫作「壓」字，蒹本寫作「厭」字。據上下文意，此處應作「壓」字。

〔二〕德本寫作「綵」字，蒹本寫作「緑」字。「緑」字明顯錯誤。此處更作「彩」。

此制原於犀〔一〕毗，而極巧致精，複色多且厚，用款刻，故名。三色更疊，言朱、黃、黑錯重也。用綠者非古制。剔法有仰瓦，有峻深。

鐫蜔。

其文飛、走、花果、人物百象，有隱現爲佳。殼色五彩自備，光耀射目，圓滑精細、沉重緊密爲妙。

殼色，鈿螺、玉珧、老蚌等之殼也。圓滑精細，乃刻法也。沉重緊密，乃嵌法也。

款彩。

有漆色者，有油色者，漆色〔二〕宜乾填，油色宜粉襯。用金銀爲絢者，倩盼之美愈成焉。又有各色純用者，又有金銀純雜者。

陰刻文圖，如打本之印板，而陷衆色，故名。然各色純填者，不可謂之彩，各以其色命名而可也。

〔一〕德本寫作「犀」字，蒹本寫作「錐」字。曹昭《格古要論·古漆器》中有「古犀毗」，「犀毗」爲漆器之一種。都穆《聽雨紀談》：「犀皮當作犀毗。毗者，臍也。犀牛皮堅而有文，其臍四旁，文如饕餮相對。中一圓孔，坐臥磨礪，色極光潤，西域人割取以爲腰帶之飾。曹操以犀毗一事與人是也。後人髹器效而爲之，遂襲其名。」此處應寫作「犀」。

〔二〕德本、蒹本上原句無「色」字。而補注中有加之，且前文有「漆色者」。此處增「色」字。

戧劃第十一

細鏤嵌色，於文爲陰中陰者，列在於此。

鎗金。鎗或作戧，或作創。一名鏤金。

戧銀。

朱地黑質共可飾細鉤纖皴，運刀要流暢而忌結節。物象細鉤之間，一一劃刷絲爲妙。

又有用銀者，謂之戧銀。

宜朱黑二質，他色多不可。其文陷以金薄，或泥金，用銀者，宜黑漆，但一時之美，久則黴暗。余間見宋、元之諸器，稀有重漆劃花者；戧跡露金胎或銀胎文，圖燦爛分明也。戧金銀之制，蓋源於此矣。結節見於戧劃二過下。

戧彩。

刻法如戧金，不劃絲。嵌色如款彩，不粉襯。

又有純色者，宜以各色稱焉。

編斕第十二

金銀寶貝，五彩〔一〕斑斕者，列在於此。總所出於宋、元名匠之新意，而取二飾、三飾，可相適者，而錯施爲一飾也。

描金加彩漆。

描金中加彩色者。

金象色象，皆黑理也。

描金加蚼。

描金雜螺片者。

螺象之處，必用金雙鈎也。

描金加蚼錯彩漆。

描金中加螺片與色漆者。

金象以黑理，螺片與彩漆以金細鈎也。

描金殺沙金。

描金中加灑金者。

加灑金之處，皆爲金理鈎。倭人製金象，亦爲金理也。

描金錯灑金加蚼。

〔一〕德本、蒹本寫作「采」字。「五綵」亦作「五采」。此處更作「彩」。

描金中加灑金與螺片者。

金象以黑理，灑金及螺片皆金細鈎也。

金理鉤描漆。

其文全〔一〕描漆，爲金細鉤耳。

又有爲金細鈎而後填五彩者，謂之金鈎填色描漆。

描漆錯蚼。

彩漆中加蚼片者。

彩漆用黑理，螺象用劃理。

金理鉤描漆加蚼。

金細鉤、描彩漆雜〔二〕螺片者。

五彩、金鈿〔三〕並施，而爲金象之處多黑理。

金理鉤描油。

金細鈎彩油飾者。

〔一〕德本寫作「全」字，兼本改作「金」字，而其旁邊又補「全」字。「金描漆」與前「描金（漆）」不相應，應爲「全描漆」而以「金細鉤」。現更爲「全」。

〔二〕德本、兼本寫作「褋」字，朱氏丁卯本寫作「雜」字。現隨本書統一爲「雜」。

〔三〕德本寫作「鈿」字，兼本寫作「細」字。應作「鈿」。

又金細鉤填油色，漬、皴、點亦有焉。

金雙鉤螺鈿。

嵌蚌象，而金鉤其外框〔一〕者。

朱黑二質共用。蚌象皆劃理，故曰雙鉤。又有用金細鉤者，久而金理盡脱落，故以劃理爲佳。

填漆加蜔。

填彩漆中錯蚌片者。

又有嵌襯色螺片者，亦佳。

填漆加蜔金銀片。

彩漆與金銀片及螺片雜嵌者。

又有加蜔與金，有加蜔與銀，有加蜔與金、銀，隨製異其稱。

螺鈿加金銀片。

嵌螺中加施金銀片子者。

又或用蜔與金，或用蜔與銀。又以錫片代銀者，不耐久也。

襯色螺鈿。

〔一〕德本、蒹本寫作「匡」字。「匡」古通「框」。現更作「框」。

見於填嵌第七之下。

鎗金細鈎描漆。

同金理鉤描漆，而理鉤有陰陽之别耳。又有獨色象者。

獨色象者，如朱地黑文、黑地黄文〔一〕之類，各色互用焉。

鎗金細鉤填漆。

與戧金細〔二〕鉤描漆相似，而光澤滑美。

有其地爲錦紋者，其錦或填色，或戧金。

雕漆錯鑴蜔。

黑質上雕彩漆及鑴螺殼爲飾者。

雕漆有筆寫厚堆者，有重髹爲板子而雕嵌者。

彩油泥金加蜔金銀片。

彩油繪飾，錯施泥金、蜔片、金銀片等，真設文富麗者。

或加金屑，或加灑金亦有焉。此文宣德以前所未曾有也。

百寶嵌。

〔一〕 德本原句無此「文」字，蒹本原句有此「文」字。「黑地黄文」與「朱地黑文」相對應，現增補「文」字。

〔二〕 德本、蒹本缺「細」字。前有「戧金細鉤描漆」，依文意此處應補上「細」字。

珊瑚、琥珀、瑪瑙、寶石、玳瑁、鈿螺、象牙、犀角之類，與彩漆板子，錯雜而鐫刻鑲嵌者，貴甚。

有隱起者，有平頂者，又近日加窰花燒色代玉石，亦一奇也。

複飾第十三

美其質而華其文者，列在於此。即二飾重施也。復宋、元至國初，皆巧工所述作也。

灑金地諸飾。

金理鈎螺鈿。描金加蚼。金理鈎描漆加蚌。金理鈎描漆。識文描金。識文描漆。嵌鐫螺。雕彩錯鐫螺。隱起描金。隱起描漆。雕漆。

所列諸飾，皆宜灑金地，而不宜平、寫、款、戧之文。沙金地亦然焉。今人多假灑金上設平寫、描金或描漆，皆假仿此製也。

細斑地諸飾。

識文描漆。識文描金。識文描金加蚼。雕漆。嵌鐫螺。雕彩錯鐫螺。隱起描金。隱起描漆。金理鉤嵌蚌。戧金鉤描漆。獨色象戧金。

所列諸飾皆宜細斑地。而其斑，黑、緑、紅、黄、紫、褐，而質色亦然，乃六色互用。又有二色、三色錯雜者。又有質斑同色，以淺深分者。總揩光填色也。

綺紋地諸飾。

壓文同細斑地諸飾。

即綺紋填漆地也，彩色可與細斑地互考。

羅紋地諸飾。

識文劃理/金理描漆。識文描金。揸花漆。隱起描金。隱起描漆。雕漆。

有以羅爲衣者，有以漆細起者，有以刀雕刻者，壓文皆宜陽識。

錦紋戧金地諸飾。

嵌鐫螺。雕彩錯鐫蚼。餘同羅紋地諸飾。

陰文〔二〕爲質地，陽文爲壓花。其設文〔三〕大反而大和也。

紋間第十四

文質齊平，即填嵌諸飾及戧、款互錯施者，列在於此。

戧金間犀皮。

〔一〕德本、蒹本寫作「紋」字。文中多處「紋」與「文」互用，現統一將描述到具體紋樣的用「紋」，涉及到抽象的紋飾時用「文」。此處作「文」。

〔二〕德本原句無此「文」字，蒹本原句有此「文」字。現依上下文增補「文」字。

即攢犀也。其文宜折枝花、飛禽、蜂、蝶，及天寶、海珍〔一〕圖之類。

其間有磨斑者，有鑽斑者。〔二〕

款彩間犀皮。

似攢犀而其文款彩者。

今謂之款文攢犀。

嵌蚌間填漆。

填漆間螺鈿。

右二飾，文間相反者，文宜大花，而間宜細錦。

細錦復有細斑地、綺紋地也。

填蚌間戧金。

鈿花文戧細錦者。

此製文間相反者不可。故不録焉。

嵌金間螺鈿。

片嵌金花，細填螺錦者。

〔一〕德本、蒹本寫作「珎」字。「珎」同「珍」，現統一爲「珍」。

〔二〕德本、蒹本寫作「鑽斑」。曹昭《格古要論·鑽犀》：「戧金人物景致，用鑽鑽空閑處，故謂之鑽犀。」

又有銀花者，有金銀花者，又有間地沙蚌者。

填漆間沙蚌。

間沙有細粗疏密。

其間有重色眼子斑者。

裹衣第十五

以物衣器而爲質，不用灰漆者，列在於此。

皮衣。

皮上糙麭，二髹而成，又加文飾。用薄羊皮者，棱角接合處，如無縫絨，而漆面光滑。

又用縠紋皮亦可也。

用縠紋皮者不宜描飾，唯色漆三層，而磨平，則隨皮皺露色爲斑紋，光華且堅而可耐久矣。

羅衣。

羅目正方，灰絨平直为善。羅與絨必異色，又加文飾。

灰絨，以灰漆壓器之棱，緣羅之邊端而爲界域者。又加文飾者，可與複飾第十三羅紋地諸飾互攻。又等複色數疊而磨平爲斑紋者，不作絨亦可。

紙衣。

貼紙三四重，不露胚胎之木理者佳。而漆漏燥或紙上毛茨爲纇者，不堪用。

是韋衣之簡製，而褾以倭紙薄滑者好，且不易敗也。

單素第十六

榛器一髹而成者，列在於此。

單漆。

有合色漆及髹色，皆漆飾中尤簡易而便急也。

底法不全者，漆燥暴也。今固柱梁多用之。

單油。

總同單漆而用油色者。樓、門、扉、窗〔一〕，省工者用之。

一種有錯色重圈者，盆、盂、碟〔二〕、盒〔三〕之類。皿底、盒内多不漆，皆堅木所車旋，蓋南方所作，而今多效之。亦單油漆之類，故附於此。

〔一〕　德本、蒹本寫作「牕」，現統一寫作「窗」字。

〔二〕　德本寫作「楪」字，蒹本寫作「褋」字。「楪」古通「碟」。「褋」指單衣、禪衣。現統一更作「碟」。

〔三〕　德本、蒹本寫作「合」字。「合」是「盒」之初文，指有蓋之器皿。現統一寫作「盒」。

黄明單漆。

即黄底單漆也。透明鮮黄光滑爲良。又有單〔一〕漆墨畫者。

有一髹而成者、數澤而成者。又畫中或加金，或加朱。又有揩光者，其面潤滑，木理燦然。

宜花堂之瓶桌〔二〕也。

罩朱單漆。

即赤底單漆也。法同黄明單漆。

又有底後爲描銀，而如描金罩漆者。

質法第十七

此門詳質法，名目順次而列於此，實足爲法也。質乃器之骨肉，不可不堅實也。

棬榡。一名坯胎，一名器骨。

方器有旋題者、合題者。圓器有屈木者、車旋者，皆要平、正、薄、輕，否則布灰不厚。

〔一〕　德本、蒹本寫作「罩」字。「罩漆墨畫」與「單素」不相應，應作「單漆」，意爲黄底單漆上以黑漆描畫。現改作「單」，後同。

〔二〕　德本、蒹本寫作「卓」字。「卓」古同「桌」，現改爲「桌」。

布灰不厚，則其器易敗，且有露脈〔一〕之病。

又有篾胎、藤胎、銅胎、錫胎、窑胎、湅子胎、布心紙胎、重布胎，各隨其法也。

合縫。

兩板相合，或面旁底足，合爲全器，皆用法漆而加捎當。

合縫粘著〔二〕，皆匾條縛定，以木楔令緊，合齊成器，待乾，而捎當焉。

捎當。

凡器物先刳剗縫會之處，而法漆嵌之，及通體生漆刷之，候乾，胎骨始固，而加布漆。

器面窳缺、節眼等深者，法漆中加木屑、斮絮嵌〔三〕之。

布漆。

捎當後，用法漆衣麻布，以令麭面無露脈，且棱角縫合之處不易解脱。而加垸漆。

古有用革韋衣，後世以布代皮，近俗有以〔四〕麻筋及厚紙代布。制度漸失矣。

垸漆。一名灰漆。

〔一〕德本、蒹本寫作「脉」字。「脉」爲「脈」之異體字。現隨本書統一更作繁體字「脈」。

〔二〕德本寫作「著」字，蒹本寫作「者」字。依上下文意「粘著」與其後描述「縛定」等操作内容更匹配。現更作「著」。

〔三〕德本寫作「嵌」字，蒹本寫作「散」字，旁補有「嵌」字。現統一勘正爲「嵌」。

〔四〕德本、蒹本原句上無「以」字，壽箋補有此字。以文意，現增補「以」字。

用角灰、磁屑爲上，骨灰、蛤灰次之，甎灰、壞屑、砥灰爲下。皆篩過，分粗、中、細，而次第布之如左。灰畢而加糙漆。

用坯〔一〕屑、枯木炭，和以厚糊、豬血、藕泥、膠汁等者，今賤工所爲，何足用。又有鰻水者勝之。鰻水，即灰膏子也。

第一次粗灰漆。

要薄而密。

第二次中灰漆。

要厚而均。

第三次作起棱角，補平窳缺。

共用中灰爲善，故在第三次。

第四次細灰漆。

要厚薄之間。

第五次起綫緣。

〔一〕德本、蒹本寫作「坏」字。「坏屑」不良，應作「坯」。

匳〔一〕窗邊棱爲綫緣或界緎者，於細灰磨了後，有以起綫堆起者，有以法灰漆爲縷粘絡者。

糙漆。以之實垸，腠滑灰面，其法如左。糙畢而加麭漆爲文飾，器全成焉。

第一次灰糙。

要良厚而磨宜正平。

第二次生漆糙。

要薄而均。

第三次煎糙。

要不爲皺皵。

右三糙者，古法，而髹琴必用之。今造器皿者，一次用生漆糙，二次用曜糙而止。又有〔二〕赤糙、黄糙，又細灰後以生漆擦之代一次糙者，肉愈薄也。

漆際。

〔一〕德本、蒹本寫作「唇」字。「唇窻（窗）」不可解。古有「匳窗」，意爲大蛤殼磨薄後鑲嵌以透明的窗子。清和邦額《夜譚隨録·韓樾子》：「閨中位置，精奇雅潔，又爲改觀。几案皆檀楠，爐瓶悉金玉，北設鈿榻，南列匳窗，東壁懸古畫，西壁懸合歡圖也。」此處意爲以膏泥漆灰起線於漆胎上作邊緣。現勘作「匳」。

〔二〕德本寫作「有」字，蒹本寫作「者」字。「又有赤糙、黄糙（者）」更爲通順，現更爲「有」。

素器貯水，書匣防濕等用之。

今市上所售器，漆際者多不和斮絮，唯垸際漆界者，易解脱也。

尚古第十八

一篇之大尾名尚古者，蓋黄氏之意在於斯。故此書總論成飾，而不載造法，所以温古知新也。

斷紋。

髹器歷年愈久，而斷紋愈生，是出於人工而成於天工者也。古琴有梅花斷，有則寶之；有蛇腹斷，次之；有牛毛斷，又次之。他器多牛毛斷；又有冰裂斷、龜紋斷、亂絲斷、荷葉斷、縠紋斷。凡揩光牢固者，多疏斷；稀漆脆虚者，多細斷，且易浮起，不足珍賞焉。

又有諸斷交出；或一旁生彼、一旁生是；或每面爲衆斷者。天工苟不可窮也。

補綴。

補古器之缺，剥擊痕尤難焉。漆之新古、色之明暗，相當爲妙。又修綴失其缺片者，隨其痕而上畫雲氣，黑髹以赤、朱漆以黄之類。如此，五色金鈿，互異其色，而不擠痕跡，却有雅趣也。

補綴古器，令縫痕不覺者，可巧手以繼拙作，不可庸工以當精製，此以其難可知。又補處爲雲氣者，蓋好事家效祭器，畫雲氣者作之，今玩賞家呼之曰雲綴。

仿效。

模擬歷代古器及宋元名匠所造，或諸夷倭製等者，以其不易得，爲好古之士備玩賞耳，非爲賣古董者之欺人貪價者作也。凡仿效之所巧，不必要形似，唯得古人之巧趣，與土風之所以然爲主。然後考〔一〕歷歲之遠近，而設骨剥斷紋及去油漆之氣也。

要文飾全不異本器，則須印模後，熟視而施色。如雕鏤識款，則蠟〔二〕、墨乾打之，依紙背而印模，俱不失毫氂。然而有款者〔三〕模之，則當款旁復加一款曰：某姓名仿造。

髹飾録坤集終

〔一〕德本、蒹本寫作「攻」字。據前「仿效之所巧」得「古人之巧趣」及其後「設骨剥斷紋及去油漆之氣」，可知其意指爲獲得古漆器之「巧」而要考究所仿效古器之歷史長短，並據此以處理其「骨」、「紋」、「氣」。現依文意改爲「考」。

〔二〕德本、蒹本寫作「蠇」字。「蠇」为「蠟」之俗字，現寫作「蠟」。

〔三〕德本、蒹本寫作「者」字。旁边補注有「一本作『而』」。

六　箋注

《髹飾録》[一]考證未備焉，有經目則補之可也，如色料、利器者别有集解矣。——壽

碌堂主人

髹飾録序

髹飾

《周禮·宗伯》曰：「駹車、雚蔽、然榠髹飾。鄭玄謂：駹車邊側有漆飾也。」

髹飾之字，蓋取於此。

漆之爲用也始於竹書簡

杜林於西川得漆書，《古文尚書》一卷，科斗即壞。

《仇池筆記》[二]曰：「孔壁、汲冢竹簡科斗，皆漆書。」

[一] 壽箋将「髹」寫作「髤」，現統一更作「髹」，下同。

[二] 原德川宗敬藏《髹飾録》抄本（下稱「德本」）壽注寫作《仍池筆記》，原木村蒹葭堂藏《髹飾録》抄本（下稱「蒹本」）寫作《佩池筆記》。應作《仇池筆記》。

《學古編》曰：「科斗爲字之祖。上古無筆墨，以竹挺點漆書竹上。竹硬漆膩，畫不能行，故頭粗尾細，似其形耳。」

舜作食器黑漆之

《事物紀原》〔一〕載，韓非子曰：「舜作食器，黑漆其上，禹作祭器，黑漆其外，朱畫其内。」《説苑》同。

於此有其貢

《尚書·禹貢》曰：「厥貢漆絲。」

周制於車漆飾愈多焉

《周禮》所謂「草路、木路、輂車、駹車、漆車」〔二〕等，皆有漆飾故言此。

於弓之六材亦不可闕

《周禮·考工記》曰：「弓人爲弓，取六材，又曰漆也者，以爲受霜露也。」

後王作祭器

《事物紀原》載：「《礼記·明堂位》曰：夏后以揭豆。注曰：無異物之飾也。凡造物之初，

〔一〕德本壽箋寫作《事物紀原》，蒹本寫作《事物紀源》，應爲前者。
〔二〕德本、蒹本壽箋寫作「攏車」，應爲「駹車」。

未始不本於樸素，後王以爲未足以致誠敬，故因加文焉。」〔一〕

漆城

《史記·滑稽列傳》曰：「秦二世立，又欲漆其城。」〔二〕

漆頭

《史記》曰：「趙襄子最怨智伯，漆其頭以爲飲器。」〔三〕

諸樂器

諸器皆有漆飾不遑記。

諸宫室

《前漢書·趙皇后傳》曰：「中庭彤朱，而殿上髹漆。」

諸壽器

《礼記·檀弓》曰：「君即位而爲椑，歲一漆之。」

液葉共療痾

《抱朴子》曰：「漆葉黏，凡藪之草也。樊阿服之，壽得二百歲。」案：液，濕漆也，

〔一〕德本壽箋「故因加文焉」、蒹本壽箋寫作「故固加文焉」，應作前者。
〔二〕壽箋寫作「滑稽傳」，此處補「列」字。
〔三〕德本壽箋寫作「趙襄子最怨智伯」、蒹本寫作「趙襄子最然智伯」，應爲前者。

功用詳于諸本草。

漆身爲癩狀者

《史記》曰：「豫讓，又漆身爲厲。注：古多假『厲』爲『賴』，今之『癩』字從病。」〔一〕

申屠蟠

《後漢書》曰：「申屠蟠，字子龍，家貧，傭爲漆工。郭林宗見而奇之。」

新安黄平沙

《遵生八箋》〔二〕曰：「穆宗時，新安黄平沙造剔紅，可比果園廠。花果人物之妙，刀法圓滑清朗。」

西塘楊明撰

《格古要論·古犀毗》下曰：「元朝嘉興府西塘楊滙，新作者雖重數，多剔得深峻者，其膏子少。」案：楊明恐楊滙之裔乎？

髹飾録乾集

工人之作

〔一〕德本壽箋寫作「漆身爲厲」及「古多假厲」、蒹本壽箋寫作「漆身爲屬」及「古多假屬」，應爲前者。

〔二〕德本、蒹本壽箋寫作《遵生八牋》，「牋」同「箋」。現統一爲寫作「箋」，下同。

《書經・皋陶謨》〔一〕曰：「天工人其代之。」

聖者

《五雜組》〔二〕曰：「大約百工技藝，俱有至極，造其極者謂之聖，不可知者謂之神。」

良工利其器

《論語》之語。

四善合五采備

《考工記》曰：「天有時，地有氣，材有美，工有巧，合此四者，然後可以爲良。注：良，善也。」

乾所以始生萬物

《易經・乾卦・彖》曰：「大哉乾元，萬物資始，乃統天。」

利用第一

天運

〔一〕德本壽注寫作「皋陶讀」、蒹本壽注寫作「皋陶謨」，應爲後者。

〔二〕德本壽注寫作《五雜俎》，蒹本壽注寫作《五雜組》，《五雜俎》爲俗寫，現更作《五雜組》。

朱子《大學序》曰：「天運，循環無往不復。」〔一〕

旋床

《輟耕録》曰：「於旋床上膠黏而成，名棬素。」案：今見華産漆器，灰漆黑光共用之，磨者多矣。

有餘不足

《老子》曰：「天之道，其猶張弓乎？高者抑之，下者舉之，有餘者損之，不足者補之。」〔二〕

苦窳

《史記·五帝記》注曰：「苦，音古，麤也。窳，音庾，病也。」〔三〕

月照

《徐氏筆精》曰：「陰不可抗陽，臣不可敵君，故於文闕者爲月。」〔四〕

寶臣惟佐

《楚書》曰：「楚國無以爲寶，惟善以爲寶。朱注言：寶，善人也。」

如燭精光

〔一〕壽箋寫作「大学」，現統一更作「大學」，下同。
〔二〕德本壽注寫作「下者攀之」，蒹本壽注寫作「下者拳之」，應爲「下者舉之」。
〔三〕德本、蒹本壽注「窳，音庾」，應爲「窳，音庾」。
〔四〕德本壽注寫作「故於文闕者」、蒹本壽注寫作「故於文閔者」，應爲前者。

《爾雅》注曰：「銀有精光，如燭也。」〔一〕

星纏

駱賓王《帝京篇》曰：「五緯連影集星纏。」

次行連影

《五車韻瑞》曰：「星之纏，次星所次行也。」

陵乘有期

《登壇必究》曰：「星在下而上曰陵，在上而下曰乘。」

津横

《爾雅》曰：「析木謂之津，横即天河也。」〔二〕

衆星攢聚

《天經或問》曰：「天河寶是小星，攢聚一帶，爲一真白練焉。」

爲章於空

《詩經》曰：「倬彼雲漢，爲章於天。」

揩光石

〔一〕 壽箋寫作《尔雅》，現統一更爲《爾雅》，下同。

〔二〕 德本壽注寫作「析木」、蒹本壽注寫作「折木」，應爲前者。

《輟耕録》曰：「用揩光石磨去漆中纇（雷，上声，即雞肝石也）。」〔一〕

桴炭

《琴經·退光出光法》曰：「水楊木燒爲桴炭，又用砂杉木。」〔二〕

輕爲長養怒爲拔拆

《五雜組》曰：「風之微也，一紙之隔，則不能過；及其怒也，拔木拆屋。百物之生，非風不能長養。」

雷同

《曲禮》曰：「毋雷同。注曰：雷之發声物，無不同時應者。」〔三〕

磚石

《輟耕録》曰：「磚石，車磨去之髹法。」

碾聲發時百物應出

《釋名》曰：「雷，硍也。如轉物有所碾。」〔四〕

電掣

〔一〕德本壽注有「雷，上聲」小字、蒹本壽注無此小字。
〔二〕德本壽注寫作《琴經》、蒹本寫作《栞經》，現統一改爲《琴經》，下同。
〔三〕壽箋寫作《曲礼》，現統一改作《曲禮》，下同。
〔四〕壽箋寫作《釈名》，現統一改作《釋名》，下同。

東坡詩曰：「電光時掣紫金蛇。」

施鞭吐光

揚雄賦曰：「霹靂列缺，吐火施鞭。」〔一〕

與雷同氣

《埤雅》曰：「電，陰陽激耀，与雷同氣。」〔二〕

雲彩

韓愈《賀慶雲表》曰：「五采五色，光華不可偏觀。」〔三〕

瑞氣鮮明

《西京雜記》曰：「五色雲爲瑞。」

聚成花葉

《三才圖會》曰：「黄帝与蚩尤戰于涿鹿之野，常有五色雲氣、金枝玉葉，止於帝上，成花藹之象，因作華蓋。」

虹見

〔一〕德本壽注寫作「楊雄」、兼本壽注寫作「揚雄」。

〔二〕兼本壽箋中有「電」字，德本壽箋中「電」字爲後補。

〔三〕壽箋「韓愈」缺「愈」字。

《月令》曰：「季春月，虹始見。」

燦映山川人衣楚楚

《詩經》曰：「衣裳楚楚。注：楚楚，鮮明貌。」〔一〕

每格瀉合色漆其狀如蝃蝀

《説文》曰：「霓，屈虹青赤或白色。」

霞錦

劉禹錫詩曰：「餘霞張錦帳。」

天機

顔服膺詩曰：「天孫機上絢光華。」

織貝

《禹貢》曰：「其筐織貝。鄭注云：貝，錦名也。」

冰蠶

《山海經》曰：「東海有冰蠶，其繭五色織爲文飾。」〔二〕

康老子

〔一〕壽箋中「鮮明兒」應爲「鮮明貌」。

〔二〕壽箋寫作「蚕」，現統一寫作「蠶」，下同。

《拾遺記》曰：「康老子嘗賣一錦，遇有一波斯見之曰：此冰蠶所織也。」

雨灌

《淮南子》曰：「春雨之灌萬物也，洋然而流，沛然而施。」〔一〕

沛然不偏

《史記・五帝本紀》注曰：「如百穀之仰膏雨。」〔二〕

露清

《博物志》曰：「氣之清者莫如露。」

後素

《論語》曰：「繪事後素。」

霜挫

《孝經援神契》曰：「霜以挫物。」

極陰殺木

《春秋元命苞》曰：「霜以殺木。」〔三〕

〔一〕　壽箋中寫作「萬」，「万」爲「萬」之省作，現繁體字作「萬」。
〔二〕　德本壽箋寫作「五帝紀」，兼本壽箋寫作「五帝記」，應爲「五帝本紀」。
〔三〕　壽箋寫作「包」，應爲「苞」。

初陽斯生

《歲時記》曰：「冬至一陽生。」

片片

李白詩曰：「雪片大如席。」

霏霏

《詩經》曰：「雨雪霏霏。」

疏疏

黄山谷《春雪詩》曰：「夜聽疏疏還密密。」〔一〕

霰布

《五雜組》曰：「霰，雪之未成花者。」〔二〕案：「蓓蕾」蓋因此。

蓓蕾下零

韋應物詩曰：「微霰下庭寒雀喧。」〔三〕

雨凍先集

〔一〕壽箋中寫作「踈踈」，「踈」即「疏」，現統一寫作「疏」，下同。
〔二〕德本壽箋寫作「組」、兼本壽箋寫作「俎」，現統一更作前者。
〔三〕壽箋寫作「維霰下零寒雀啅」，「維」應爲「微」，「零」應爲「庭」，「啅」應爲「喧」。

雹墮

《詩經》曰：「先集維霰。」〔一〕

《埤雅》曰：「陰包陽爲雹，形似半珠，其粒三出。雪六出成花，雹三出成實。」〔二〕

實粒中虚

《五雜組》曰：「雹中虚，以其激結之驟，包氣于中也。」

痕跡如砲

《本草綱目》曰：「雹者，炮也，中物如炮。」〔三〕

時行

《論語》曰：「四時行焉，百物斯生。」

水爲凝澤

《考工記》曰：「水有時以凝，有時以澤，此天時也。注：言百工之事，當審其時也。」

春媚

「春景」曰「媚景」。

〔一〕德本壽箋寫作「霰」、蒹本壽箋寫作「散」，應爲前者。

〔二〕壽箋寫作「阴」、「阳」，現統一寫作「陰」、「陽」。

〔三〕壽箋寫作「砲中物如砲也」應爲「炮也，中物如炮」。

化工粧點

徐玉泉詩曰：「化工粧點物華敷，到處芳叢白間朱。」

夏養

董仲舒《策》曰：「陽居大夏，以生育長養爲事。」

萬物假大

《律歷志》曰：「夏，假也。萬物假大、乃宣平也。」

冬藏

《千字文》曰：「秋收冬藏。」〔一〕

玄冥

《月令》曰：「冬，其神玄冥。」

玄英

《爾雅》曰：「冬爲玄英，氣黑而清英也。」

終藏

漢《律歷志》曰：「冬，終也。物終藏乃可称。」

閉塞

〔一〕壽箋寫作《千文》，缺字，應爲《千字文》。

《月令》曰：「天地不通，閉塞而成冬。」

暑溽

《月令》曰：「季夏之月，土潤溽暑，大雨時行。」《玉篇》曰：「溽，濕暑也。」

蔭室

《史記・滑稽列傳》曰：「二世立，又欲漆其城。優旃曰：顧難爲蔭室。」

寒來

《千字文》曰：「寒來暑往。」〔一〕

已冰已凍

《月令》曰：「孟冬之月，水始冰，地始凍。」

日新去垢

《大學》：「湯之《盤銘》曰：苟日新，日日新，又日新。朱注云：湯以人之洗濯其心以去惡，如沐浴其身以去垢。」

地載

《字彙》曰：「称地爲后土，取厚載之義。」

維重維静陳列山河

〔一〕　壽箋寫作《千文》，缺字，應爲《千字文》。

《说文》曰：「元氣初分，重濁陰爲地，萬物所陳列也。」

土厚

《風俗通》曰：「黄者，光也，厚也，中和之色德，四季与地同功。」

大化之元

《圖書編》曰：「水、火、土，天地之大化也。」《説文》曰：「元始也。」

不耗之質

《五雜組》曰：「土，永不耗。」

柱括

《河圖括地象》：「地下有八柱，廣十萬里，有三千六百軸互相牽制。」

莂絜

《史記・張釋之傳》曰：「以北山石爲槨，用紵絮莂陳，絮漆其間。注：《漢書音義》曰：莂絮以漆著其間。」

山生

《釋名》曰：「山，産也。言産生萬物也。」

捎盤

案：捎盤猶髹盤。《漢書》注：「師古曰：今關東俗，器物一再著漆者謂之捎漆。捎，即髹之轉重耳。」

水積

《莊子》曰：「水之積也不厚，則負大舟也無力也。」

黄明

《本草綱目》曰：「廣浙一種漆物，黄澤如金。《唐書》所謂黄漆者也。」〔一〕

其質兮坎

《易·説卦傳》曰：「坎爲水。」

海大

《莊子》曰：「天下之水莫大於海，百川歸之。」〔二〕

其爲器也

《玄虚海賦》曰：「其爲器也，包乾之奥，括坤之區。」

潮期

《水經》曰：「鰌魚長數十里，穴居海底。魚入穴，則潮上；出，則潮退。魚入有節，故潮水有期。」

〔一〕壽箋寫作「沢」，現統一改作「澤」。

〔二〕德本壽箋中「大」字後補，兼本壽箋原句有「大」字。

河出

《易·繫辭》曰：「河出圖，洛出書。聖人則之。」〔一〕

吾十有五

同曰：「凡天地之數，五十有五。」

泉湧

《孟子》曰：「原泉混混，不舍晝夜。」〔二〕

回流涓涓

《歸去來辭》曰：「泉涓涓始流。」

冰合

《後漢書·王霸傳》曰：「光武擊王郎至滹沱河。吏曰無舩。霸跪曰：『冰堅可渡。北河河冰已合。』」〔三〕

楷法第二

〔一〕兼本壽箋「河出圖」寫作「河出固」，兼本壽箋「洛出書」寫作「洛出畫」，「聖人」寫作「垩人」。

〔二〕德本壽箋寫作「不舍晝」，兼本寫作「不舍晝」。

〔三〕壽箋缺「書」字，現補上。

巧者述之

《考工記》曰：「知者創物，巧者述之守之，世謂之工。」

巧法造法

《莊子》曰：「輪扁曰：『斲輪徐則甘而不固，疾則苦而不入，不徐不疾，得之於手，應之於心，口不能言，有數存焉。』」

淫巧

《禮記·月令》曰：「毋或作爲淫巧，以蕩上心。」《廣義》云：「淫巧過奇，摇動君心，則奢侈。」

行濫

《唐律》曰：「諸造器用之物及絹布之屬，有行濫短狹而賣者，各杖六十。注云：不牢謂之行，不真謂之濫。」

制度不中

《禮記·王制》曰：「用器不中度，不鬻於市。」

工過不改、器成不省、倦懶不力

案：此三條共借用《論語》之字。

獨巧不傳

《尹文子》曰：「爲巧使人不能得從，此獨巧也。」

國工

《考工記·輪人》注曰：「國之名工。」

巧拙造車

《考工記》曰：「一器而工聚焉者，車爲多。」

貂狗何相續

晉趙王倫簒位，奴卒亦加爵位。貂不足，狗尾續。

紫朱

《論語》曰：「惡紫之奪朱也。」

髹漆

《説文》曰：「髹漆，垸已，復漆之也。」

漆稀

《輟耕録》曰：「膠漆調和，令稀稠得所。」又曰：「若緊再晒，若慢加生漆。」

泪痕

《遵生八箋》曰：「定窑俱白骨，加以泑水，有如淚痕者。」案：漆器亦有此狀，而爲過。

纇點

《輟耕録》曰：「磨去漆中纇。」案：《説文》：「纇，絲節也。」《琴經》所謂：「蓓蕾也。」

刷痕

同曰：漆器物上不要見刷痕。

模糊

《玉篇》曰：「模糊漫貌。」〔一〕

鋒痕、角稜

《遵生八箋·剔紅》下曰：「雲南以此爲業，奈用刀不善藏鋒，又不磨熟稜角。」

垸漆

案：「丸」与「垸」同。

髹飾録坤集

漆木汁也

〔一〕 壽箋寫作「摸糊」，現更爲「模糊」。

《說文》曰：「漆本作桼，木汁可以髹物。其字象水滴而下之形也。」〔一〕

坤所以化生萬物

《易經・坤卦・彖》曰：「至哉坤元，萬物資生，乃順承天。」

質色第三

黑髹

《前漢書・外戚傳》注曰：「髤，或作髹。今關西俗云黑髹盤、朱髹盤。」

烏漆

《南史・蔡道恭傳》曰：「用四石烏漆大弓。」《燕翼詒謀録》〔二〕曰：「未仕者烏漆素鞍。」

玄漆

《元史・祭祀志》曰：「匵趺並用玄漆。」杜氏《通典》同。案：玄墀、玄甲皆漆色也。一名皂漆。《晉書・輿服志》曰：「皂輪車，但皂漆輪轂上加青油。」

〔一〕壽箋寫作「木汁可以髼物」，「髼」同「髹」，現統一寫作「髹」。又，德本壽箋寫作「其字象水滴」，兼本壽箋寫作「其字象水滳」，應爲前者。

〔二〕見宋代王栐《燕翼詒謀録》卷一。壽箋寫作《燕翼貽謀》。

揩光要黑玉

案：揩光，乃「光漆」也。《類書纂要》亦言「揩光」。〔一〕《遵生八箋》曰：「器底光黑漆。」《事林廣記》曰：「畫匣外漆以黑光。」又《琴經》有「出光」之法。

退光

《文房器具箋》曰：「研匣，退光漆者爲佳。又云墨匣黑退光漆亦佳。」

烏木

《清秘藏》曰：「琴漆光退盡，黯黯如海船所貨烏木者爲古。」

黸滑光瑩

与「玈」同。《説文》曰：「黑色也。」「盧」亦同。《書經》曰：「盧弓，一盧矢百。」《左傳》曰：「玈弓矢千。杜注：黑弓也。」楊子作彤弓、黸矢。《集韻》：「黸，黑甚。」

澤漆之法

案：《抱朴子》曰：「石芝黑者如澤漆，物異而字義相似。」

朱髹

見於前「黑髹」之下。

朱紅

〔一〕　蒹本壽箋寫作《類纂要》，缺「書」字，應爲《類書纂要》。

《救急方》曰：「治白禿瘡：以破朱紅漆器，剥取漆朱燒灰油調傅之。」《大明會典》曰：「朱紅漆柳箱。」

「硃」、「朱」通用。

丹漆

《新語》曰：「飾以丹漆。」《説苑》曰：「丹漆不文。」

紅漆

《遵生八箋》曰：「有金邊紅漆三替撞盒。」《三才圖會》曰：「黄蓋今制紅漆直柄。」

赤漆

《三禮圖》曰：「赤漆者曰彤弓。」

朱漆

《吴子》曰：「掩以朱漆。」《居家必備》曰：「用朱漆漆之。」

䵜丹帶黄

《續字彙補》曰：「䵜，古淺字。䵜丹，淺赤也。」

黄漆

《三禮圖》曰：「後鄭云：黄彝謂黄目，以黄金爲目。」《郊特牲》曰：「黄目，鬱氣之上尊也。黄者，中也，目者，氣之清明者也，言酌於中，而清明於外也。其彝與舟，並以金漆通漆。」案：據此見之，則所謂「金漆」即「黄漆」，又有「金漆樹」與之不同。

金漆

《夢溪筆談》曰：「小木罌，以色綾木爲之，如黄漆。」案：黄門、黄閤，皆言漆色也。

緑髹

《春明退朝録》曰：「緑髹器，始於王冀公家。祥符、天禧中，每爲會，即盛陳之。然製自江南，頗質樸。慶曆後，浙中始造，盛行於時。」〔一〕

緑沉漆

《筆經》曰：「近有人以緑沉漆竹管及鏤管。」案：緑沉弓、緑沉槍，皆言漆色也。增：一名青漆。《南史》曰：「武帝興光樓上施青漆，世人謂之青樓。」

緑漆

魏武帝令内中婦曾置嚴具緑漆，甚華好。

欲沉

《考工記・弓人》曰：「絲欲沉。注：如在水中時色。」〔二〕案：緑沉，言光澤鮮明。《野

〔一〕　蒹本壽箋寫作「漸中始造盛行於時」，應爲「浙中始造盛行於時」。

〔二〕　壽箋寫作「如在水中時也」，應爲「如在水中時色」。

客叢書》云：「物色之深者，皆爲緑沉。杜律注：以爲西瓜色。」〔一〕

紫漆

《寄園寄所寄》曰：「已有紫漆棺，而丹漆書其前方，漆凸起木上炯炯。」出于耳談。

雀頭

《周禮》曰：「漆車藩蔽，豻禊雀飾。注：雀，黑多赤少之色。」〔二〕

栗殻

《清秘藏》曰：「烏玉（名琴），大中五年，處士金儒斲。其色赤如新栗殻。」

殷紅

《左傳·成公二年》注：「殷紅赤黑。」《天工開物》曰：「代赭石，殷紅色。」

油飾

《類書纂要》曰：「油飾。注：油漆粉飾。」明令曰：「一品二品，其門緑油。三品至五品，其門黑油。」《三禮圖》曰：「鈃，以木爲之，紅油畫之銅字，恐相傳爲誤。」

金鬃

《弘簡録》曰：「百濟上金鬃鎧，士被以從，甲光炫目。」

〔一〕兼本壽箋無此句。
〔二〕兼本壽箋寫作「漆車蕃蔽」，應爲「漆車藩蔽」。

渾金漆

《三才圖會》曰：「椅，今制木胎，渾金飾之。」

貼金漆

《七修類稿》曰：「古有貼金而無描金、灑金。」〔一〕

《大明會典》：「紫方傘柄及貼金木葫蘆。」

紋匏第四

刷絲

《洞天清録》所謂：「歙硯，刷絲如髮密，亦象形，命名如此。」〔二〕

綺紋刷漆

其様言宋鮑照詩曰「清潭圓翠會，花薄緣綺紋」然矣。〔三〕

刻絲花

〔一〕　壽箋寫作《七種類稿》，書名應爲《七修類稿》。

〔二〕　見宋代趙希鵠《洞天清録》：「歙溪羅紋如羅之紋，細潤如玉；刷絲如髮之密。」又明代高濂《遵生八箋・燕閑清賞箋》之「論硯」。壽箋以歙硯刷絲比如紋匏刷絲。

〔三〕　德本壽箋寫作「其様言」，兼本壽箋寫作「其様猶」。詩見宋代鮑照《三日遊南苑詩》：「清潭圓翠會，花薄緣綺紋。」壽箋寫作「花傅緑綺紋。」

「刻絲」作元織物之名，此物法之。〔一〕

蓓蕾漆

蓓蕾，始華也。《張氏醫通》：「傷寒，舌上生紅點，名紅蓓蕾。」《琴經》：「以漆顆爲蓓蕾。其言細點，又有粗者，如小瘡膿疱，謂之蓓蕾。」〔二〕

罩明第五

底漆

底，讀如《琴經》言：「玉徽並蚌徽，須先用膠粉爲底之，底後仿此。」〔三〕

赤底

赤底，麭厚爲佳；黄底，麭薄爲佳。〔四〕

金漆

《老學庵筆記》曰：「元豐中，王荊公居半山，好觀佛書，每以故金漆版書。」〔五〕《文

〔一〕「刻絲」爲織物之名，此物製作自宋代已十分精湛。原文中如「刻絲」，蒹本寫作「如刺絲」。

〔二〕查《琴經》未見此句。德本壽箋寫作「共言細點」，蒹本壽箋寫作「其言細黑」，據上下文應爲「其言細點」。

〔三〕見明代張大命《琴經·安徽法》：「凡綴玉徽幷蚌徽，須先用膠粉爲底，庶得徽不黑。」

〔四〕蒹本有而德本無此條。

〔五〕德本壽箋寫作「好好佛書」，蒹本壽箋寫作「好觀佛書」，應爲後者。見宋代陸游《老學庵筆記》卷三。

獻通考》曰：「金漆竹槍者恐此物。」

灑金

《大明會典》曰：「灑金文臺，日本貢物。又灑金手箱。」〔一〕

砂金

《遵生八箋》曰：「如效砂金倭盒，胎輕漆滑。」〔二〕

漂霞

同曰：有漂霞、蚼嵌、堆漆等製，又見於《七修類稿》。〔三〕

飛片

《帝京景物略》曰：「蔣用飛金片、點，徧薄模糊耳。」〔四〕蔣氏名回回。〔五〕

〔一〕見《大明會典》卷一百五。

〔二〕見明代高濂《遵生八箋・燕閑清賞箋》之「論剔紅倭漆雕刻鑲嵌器皿」。壽箋中寫作「如効砂金倭盒」，「効」同「效」，現統一更作「效」。

〔三〕德本壽箋寫作《七種類稿》，應爲《七修類稿》。蒹本壽箋缺「又見於《七修類稿》」之句。

〔四〕見明代劉侗及于奕正撰《帝京景物略》。壽箋寫作《帝城景物畧》，「畧」同「略」。現統一寫作「略」，下同。

〔五〕見明代高濂《遵生八箋・燕閑清賞箋》之「論剔紅倭漆雕刻鑲嵌器皿」：「若吳中蔣回回者，制度造法極善，模擬用鉛鈴口，金銀花片，鈿嵌樹石，泥金描彩，種種克肖，人亦稱佳。」

描飾第六

描金

《大明會典》曰：「描金雲鳳沉香木匣一箇。」〔一〕《明令》曰：「庶民鞍，不得描金。」〔二〕

泥金畫漆

《皇明文則·楊義士傳》曰：「宣德間曾遣人至倭國，傳泥金画漆之法。」〔三〕

描漆

《帝城景物略》曰：「正統中，楊塤之描漆。」〔四〕《遵生八箋》同。〔五〕

描華

〔一〕見《大明會典》卷之六十九。壽箋寫作「一箇」，「箇」同「個」。
〔二〕壽箋寫作「庶民」，「庶」同「庶」。
〔三〕見明代慎蒙輯《皇明文則》卷十二《楊義士傳》。
〔四〕見明代劉侗及于奕正撰《帝京景物略》卷三。蒹本壽箋寫作「正統中揚塤之描漆」，應爲「正統中楊塤之描漆」。
〔五〕見明代高濂《遵生八箋·燕閑清賞箋》之「論剔紅倭漆雕刻鑲嵌器皿」：「國初有楊塤描漆、汪家彩漆，技亦稱善。余家藏有一二物件，真勝他器。漆描用粉，數年必黑。而楊畫《和靖觀梅圖》屏，以斷紋，而梅花點點如雪，其用色之妙可知。宣德有填漆器皿，以五彩稠漆，堆成花色，磨平如鏡，似更難制，至敗如新，今亦甚少。」

《遵生八箋》曰：「如黑漆描花方匣何文如之。」〔一〕

彩漆畫

《晉書·輿服志》曰：「以彩漆画輪轂，故名曰：画輪車。」〔二〕《鄴中記》曰：「石虎雲母五明金薄莫難扇，薄打純金如蟬翼，二面彩漆画。」〔三〕

漆畫

《三礼圖》：「㔶尊，漆尊畫爲㔶形。概尊漆尊以朱帶者，酒壺有畫飾，爵畫赤雲氣，觚畫青雲氣，梡畫青雲氣，菱苕華飾。」〔四〕古今省出於此依本書而考。《風俗通》曰：「婦人始嫁，作漆畫屐。」〔五〕《東宫舊事》曰：「太子納妃，有漆畫手巾熏籠。」〔六〕

描油

一名「油畫」。

〔一〕見明代高濂《遵生八箋·燕閑清賞箋》卷中之「圖書匣」：「新安制有堆漆描花蜪嵌圖匣，精者可愛，近日市者惡甚。又如黑漆描花方匣，何文如之？亦堪日用。」

〔二〕見《晉書》卷二十五《輿服志》。

〔三〕見晉代陸翽《鄴中記》：「石虎作雲母五明金薄莫難扇，此一扇之名也。薄打純金如蟬翼，二面彩漆畫列仙、奇鳥、異獸。」兼本壽箋寫作「石虎雲世五明金薄」，應爲「石虎雲母五明金薄」。

〔四〕兼本壽箋寫作「㔶遵，漆遵畫爲㔶形」，據上下文應爲「㔶尊，漆尊畫爲㔶形」。

〔五〕見漢代應劭《風俗通》。

〔六〕「薰籠」應爲「熏籠」，亦作「燻籠」，一種覆蓋於火爐上供熏香、烘物和取暖用的器物。

《三禮圖》曰：「洗其外油，畫水文菱花及魚以飾之，又曰雞彝，此舟漆赤中唯局足内青油畫雞爲飾。」〔一〕

雪白

《遵生八箋》曰：「楊画《和靖觀梅圖》屏，以斷紋，而梅花點點如雪，其用色之妙可知。」〔二〕

填嵌第七

磨顯

《遵生八箋》曰：「宣德有填漆器皿，以五彩稠漆堆成花色，磨平如畫。似更難製，至敗如新。」〔三〕

鏤嵌

〔一〕見宋代聶崇義《三禮圖集注》卷十四。

〔二〕見明代高濂《遵生八箋·燕閑清賞箋》之「論剔紅倭漆雕刻鑲嵌器皿」。蒹本壽箋中寫作「揚畫」，「揚」指「楊塤」，現更作「楊」。

〔三〕見明代高濂《遵生八箋·燕閑清賞箋》之「論剔紅倭漆雕刻鑲嵌器皿」。

《帝京景物略》曰：「填漆刻成花鳥，彩填稠漆，磨平如畫，久愈新也。」〔一〕

彰髹

《説文》曰：「彰，文章也。」《字彙》曰：「鳥獸羽毛之文。」

螺鈿

《通鑑・陳紀》曰：「上性儉素，私宴用瓦、器蚌盤。注曰：蚌盤者，髹器，以蚌爲飾，今謂之螺鈿。」〔二〕《游宧紀聞》曰：「螺鈿筆匣，高麗國所進。」〔三〕《韻學集成》曰：「鈿，蕩練切，音甸，以寶貝飾器。」

蚼嵌

《遵生八箋》曰：「廣中滇南蚼嵌琵琶。」〔四〕

陷蚌

《洪武正韻》曰：「陷蚌曰螺鈿。」

螺填

〔一〕見明代劉侗及于奕正撰《帝京景物略》卷三。壽箋寫作《帝城景物畧》，應爲《帝京景物略》。「彩填稠漆」，壽箋缺「稠」字。

〔二〕見《資治通鑑・陳紀・陳武帝永定三年》。壽箋寫作《通鑑・陳記》，應爲《通鑑・陳紀》。

〔三〕德本壽箋寫作《遊官紀聞》，兼本壽箋寫作《遊宮紀聞》，應爲《遊宧紀聞》。

〔四〕見明代高濂《遵生八箋・燕閑清賞箋》之「古琴新琴之辨」。

方勺《泊宅編》曰：「螺鈿填器本出倭國，物象百態頗極工巧，非若今市人所售者。」〔一〕《詩經》曰：「貝胄朱綅。」〔二〕《周禮》曰：「翟車貝面。」〔三〕雖其製与螺鈿異，以介甲飾器，其來也尚矣。又《唐史·王鉷傳》曰：「以寶鈿爲井，幹者亦此類矣。」〔四〕

色底螺鈿

《琴經》曰：「蚌徽，須先用膠粉爲底，庶得徽不黑。」〔五〕

嵌金、嵌銀、嵌金銀

《遵生八箋》曰：「金銀片嵌光頂圓盒，又云嵌金銀片于酒盤。」〔六〕

三代有金銀片中嵌絲，嵌鼎彝而後仿之。此製恐原于此。《宋史》曰：「蜀中雷氏琴最上者玉徽，次金徽，次螺蚌徽。其金徽者，即所謂嵌金也。」〔七〕

犀皮

《因話録》曰：「髹器稱之西皮者，世人誤以爲犀角之犀，非也。乃西方馬韉，自黑而丹，

〔一〕見宋代方勺《泊宅編》卷三。蒹本壽箋寫作「方金」，德本壽箋寫作「方匀」。應爲「方勺」。
〔二〕見《詩經·頌》之《魯頌·閟宫》。
〔三〕見《周禮·春官》。
〔四〕見《新唐書》卷一百四十七《王鉷傳》。
〔五〕見明代張大命《太古正音·琴經》。以膠粉爲底，可使琴徽不會透出底漆黑色，因而「徽不黑」。
〔六〕蒹本壽箋寫作「金欽片嵌光頂圓盒」，應爲「金銀片嵌光頂圓盒」。
〔七〕蒹本壽箋寫作「蜀中雷氏琴最上者三徽」，應爲「蜀中雷氏琴最上者玉徽」。

自丹而黃，時復改易五色相疊。馬鐙磨擦有凹處粲然成文遂，以髹器仿爲之。」〔一〕《席上腐談》曰：「漆器有所謂犀皮者，出西昆國，訛而爲犀皮。」〔二〕

犀毗

「皮」、「毗」相通。《漢書》所謂「犀毗」《史記》作「胥紕」。《戰國策》作「師比，胡革帶鈎之名」而未詳其製，書以待博物之君子。〔三〕

陽識第八

陽識

《輟耕録·論古銅器》曰：「漢以來或用陽識，其字凸。」〔四〕

識文

即「陽識」見於後之「識文」。

揸花漆

〔一〕見唐代趙璘撰《因話録》。壽箋寫作《同話録》，應爲《因話録》。壽箋寫作「目丹而黃」，應爲「自丹而黃」。
〔二〕見宋代俞琬撰《席上腐談》。
〔三〕蒹本壽箋缺此條壽案。德本壽箋「革帶鈎」缺「胡」字，應爲「胡革帶鈎」。
〔四〕見元代陶宗儀《南村輟耕録》卷十七「古銅器」。

《品字箋》曰：「揸，刺也。北地以刺繡爲揸花。此製象之。」〔一〕

堆漆 《遵生八箋》曰：「堆漆等製，以新安方信川爲佳。」〔二〕《帝京景物略》〔三〕同。

漆却 《五車韻瑞》曰：「前輩詩云：削圓方竹杖，漆却斷紋琴。」〔四〕

識文 《史記·封禪書》注：「識，猶表識。」〔五〕《游宦紀聞》曰：「識是挺出者。」〔六〕

堆起第九

隱起 《史記索隱》注曰：「白金三品：其一龍文隱起，肉好皆圜；其二肉好皆方，隱起馬形；

〔一〕兼本壽箋寫作「楂」，應爲「揸」。
〔二〕見明代高濂《遵生八箋·燕閑清賞箋》之「論剔紅倭漆雕刻鑲嵌器皿」。壽箋缺「等」字。
〔三〕壽箋寫作《帝城景物畧》，應爲《帝京景物略》。
〔四〕壽箋寫作「規圓方竹杖」，應作「削圓方竹杖」。
〔五〕見《史記》卷二十八《封禪書》，又《索隱》：「識猶表識。」
〔六〕德本壽箋寫作《遊宧紀聞》，兼本壽箋寫作《遊官紀聞》。

其三肉圜好方，皆爲隱起龜甲文。」〔一〕

雕鏤第十

剔紅

《格古要論》曰：「剔紅器皿無新舊，但看朱厚色鮮、紅潤而堅重者爲好。」〔二〕

珠雕

《遵生八箋》曰：「珠雕茶橐，亦可。」〔三〕《續字彙補》曰：「珠与朱通。」

雕紅漆

《遵生八箋》曰：「宋人雕紅漆器。」

藏鋒

〔一〕見《史記索隱》曰：「白金三品：其一龍文隱起，肉好皆圜，又作雲霞之象；其二肉好皆方，隱起馬形，在好之下。又有連珠文者；其三肉圜好方，皆爲隱起龜甲文。」壽箋寫作「皆圓」、「共二」，應爲「皆圜」、「其二」。

〔二〕見明代曹昭《格古要論·古漆器論》之「剔紅」條。壽箋寫作「無薪舊」，更爲「無新舊」；壽箋缺「而」字，補；「取看」應爲「但看」。

〔三〕見明代高濂《遵生八箋·起居安樂箋》之「香櫞盤橐」。壽箋寫作「彫」，現統一寫作「雕」，下同。

同「剔紅」下曰：「雲南以此爲業，奈用刀不善藏鋒。」〔一〕

黄地

《遵生八箋·剔紅》下曰：「有蠣地者，紅花黄地，二色炫觀。」蠣地即黄地，以色名耳。《格古要論》曰：「若黄地子剔山水人物及花木飛走者，雖用工細巧，容易脱起。」

礬胎

同曰：「有僞造者，礬朱堆起雕鏤，以朱漆蓋覆二次。」〔二〕

金銀胎剔紅

《遵生八箋》曰：「宋人雕紅漆器如宫中用盒，多以金銀爲胎，以朱漆厚堆至數十層，始刻人物、樓臺、花草等像，刀法之工、雕鏤之巧，儼若畫圖。」〔三〕《格古要論》曰：「宋朝内府中物多是金銀作素。」〔四〕

錫胎

《遵生八箋·剔紅》下曰：「有錫胎者。」〔五〕

〔一〕見明代高濂《遵生八箋·燕閑清賞箋》之「論剔紅倭漆雕刻鑲嵌器皿」。
〔二〕同前。
〔三〕同前。
〔四〕見明代曹昭《格古要論·古漆器論》之「剔紅」條。
〔五〕見明代高濂《遵生八箋·燕閑清賞箋》之「論剔紅倭漆雕刻鑲嵌器皿」。

雕黑漆

《遵生八箋》曰：「墨匣有雕紅黑漆匣亦佳。」〔一〕言雕紅、雕黑二物。

朱錦者

同「剔紅」下曰：「以朱爲地，刻錦；以黑爲面，刻花。錦地壓花，紅黑可愛。」〔二〕

紅花緑葉

《遵生八箋》曰：「有用五色漆胎，刻法深淺，隨妝露色，如紅花、緑葉、黄心、黑石之類，奪目可觀傳世甚少。」〔三〕

輕重雷文

《博古圖》：「有漢輕重雷紋豆，其文可見。」〔四〕

罩紅

《格古要論》曰：「假剔紅用灰團起，外用硃漆漆之，故曰堆紅，又曰罩紅。」〔五〕以

〔一〕見明代高濂《遵生八箋・燕閑清賞箋》之「墨匣」。
〔二〕見明代高濂《遵生八箋・燕閑清賞箋》之「論剔紅倭漆雕刻鑲嵌器皿」。
〔三〕同前。蕪本壽箋末缺「少」字。
〔四〕見《古今圖書集成・經濟彙編・考工典・籩豆部彙考・三禮圖》「漢輕重雷紋豆圖考」：「以雷紋爲飾，或輕或重，非他紋之比。」
〔五〕見明代曹昭《格古要論・古漆器論》之「堆紅」條。

灰堆起故曰「堆紅」。罩籠也以朱漆包籠也。

剔犀

「剔犀」即剔犀皮之略語。

透明紫面

《格古要論》曰：「古剔犀器皿以滑地紫犀爲貴，如膠棗色俗謂之棗兒犀。福州舊做者，色黄滑地圓花兒者，謂之福犀。」〔一〕《香祖筆記》曰：「滑地紫犀，元時禾郡西塘楊匯所作。」〔二〕

《稗史類編》曰：「今之黑朱漆而刻畫而爲之以作器皿，名曰犀皮，意海犀之皮，必不如是。」〔三〕《演繁露》曰：「今世用朱黄黑三色漆，沓冒而雕刻，今其文層見疊出，

〔一〕見明代曹昭《格古要論·古漆器論》之「古犀毗」：「古剔犀器以滑地紫犀爲貴。底如仰瓦，光澤而堅薄，其色如棗色，俗謂之棗兒犀。亦有剔深峻者，次之。福州舊做，色黄滑地圓花兒者多，謂之福犀，堅且薄，亦難得。嘉興西塘楊匯新作者，雖重數兩，剔得深峻，其骨子少有堅者，但黄地者最易浮脱。」

〔二〕見清代王士禛《香祖筆記》卷三：「古剔犀器，以滑地紫屏爲貴，底如仰瓦，光澤而堅薄，色如膠棗，曰棗兒犀，元時禾郡西塘楊匯所作。」

〔三〕見《格致鏡原》卷三十六「古漆器」：「《稗史類編》：髹器稱西皮者，世人誤以爲犀角之犀者，非也。乃西方馬韉，自黑而丹，自丹而黄時，複改易五色相疊，爲鐙磨擦有凹處燦然成文，遂以髹器效爲之。今之黑朱漆而刻畫而爲文以作器皿，名曰犀皮，意海犀之皮，必不如是。」

名犀皮，与虎刺同。此二書以雕刻爲文，爲犀皮者即剔犀皮也。」〔一〕

有仰瓦有峻深

《格古要論·剔犀》下曰：「底如仰瓦、光澤，又曰有剔深峻者。」〔二〕

鐫蜔

《遵生八箋》曰：「如蜔殼鐫刻觀音、普陀坐像，山水、樹石，視若遊絲白描。」〔三〕

玉珧

《卓氏藻林》曰：「以蛤骨飾弓曰珧。」〔四〕是亦類耳詳于《尔雅註疏》。

款彩

《史記·封禪書》注：「曰款刻也。」《遊宧紀聞》曰：「款謂陰字，是凹入者，刻畫成之。」〔五〕

〔一〕蒹本壽箋寫作「此二書次雕刻設文」，應爲「此二書以雕刻爲文」。

〔二〕壽箋寫作「剔犀」，據其後文應在「古犀皮」。

〔三〕見明代高濂《遵生八箋·燕閑清賞箋》之「論剔紅倭漆雕刻鑲嵌器皿」。

〔四〕蒹本壽箋寫作「桃」，應爲「珧」。

〔五〕見宋代張世南《遊宧紀聞》卷五：「所謂款識，乃分二義，款爲陰字，是凹入者，刻畫成之。識爲陽字，是挺出者。」

戧劃第十一

戧金、戧銀

《輟耕録》曰：「戧金、戧銀法，凡器用什物先用黑漆爲地，以針刻畫，用新羅漆嵌所刻縫罅，以金薄或銀薄（右省文）。」〔一〕

鏤金

《大明會典》曰：「朱紅戧金皮箱十五對。」〔二〕

《小窗别紀》曰：「遣取丹陽公主鏤金函枕。」王應麟《玉海》吕頌謝賜鏤金牙尺，是雖非漆器其工趣同。

煸爛第十二

煸爛

〔一〕見元代陶宗儀《南村輟耕録》：「嘉興斜塘楊匯髹工戧金戧銀法：凡器用什物，先用黑漆爲地，以針刻畫，或山水樹石，或花竹翎毛，或亭臺樓宇，或人物故事，一一完整，然後用新羅漆，若戧金則調雌黄，若戧銀則調韶粉，日曬後，角挑挑嵌所刻縫罅。以金薄或銀薄，依銀匠所用紙糊籠罩，罩金銀薄在内，遂旋細切取，鋪已施漆上，新綿揩拭牢實，但著漆者自然粘住，其餘金銀都在綿上。於熨斗中燒灰，坩鍋内熔煅，渾不走失。」

〔二〕見《大明會典》卷六十八。

《字彙》曰：「煸爛，色不純也。」〔一〕

描金加彩漆

《遵生八箋》曰：「仿效倭器，泥金描彩種種克肖。（右省文）」〔二〕

金銀蚼嵌

一名「金銀蚼嵌」。

《遵生八箋》曰：「有金銀蚼嵌山水禽鳥倭几，又曰香几，面以金銀蚼，嵌《昭君圖》，精甚。」〔三〕

嵌銅綫螺鈿。《格古要論》曰：「螺鈿或有嵌銅綫者，甚佳。」〔四〕

彩油錯泥金加蚼金銀片

〔一〕「煸爛」，即「斑爛」。

〔二〕見明代高濂《遵生八箋・燕閑清賞箋》之「論剔紅倭漆雕刻鑲嵌器皿」：「近之仿效倭器，若吴中蔣回回者，製度造法，極善模擬，用鉛鈐口。金銀花片，蚼嵌樹石，泥金描彩，種種克肖。人亦稱佳。」

〔三〕見明代高濂《遵生八箋・燕閑清賞箋》之「論剔紅倭漆雕刻鑲嵌器皿」：「有金銀蚼山水禽鳥倭几，長可二尺，闊尺二寸餘，高二寸者。有高二尺香几，面以金銀蚼嵌《昭君圖》，精甚。」兼本壽箋「香兒」寫作「香元」，「昭君圖」作「昭君箱」，「精甚」缺「精」字。

〔四〕見明代曹昭《格古要論・古漆器論》之「鈿螺」條：「舊做及宋内府中物，俱是堅漆。或有嵌銅綫者，甚佳。江西吉州府新造者，多用料灰，乃豬血和桐油，不堅，易做易壞。」

《皇明文則·張汝弼楊義士傳》〔二〕曰：「宣德間嘗遣人至倭國，傳泥金畫漆之法以歸，楊塤遂習之而自出己意，以五色金鈿並施，不止舊法純用金之也。故物色各称，天真爛然，倭人見之亦齚指称嘆，以爲不可及。」〔三〕

百寶嵌

《西京雜記》曰：「漢制天子筆管以錯寶爲跗。」〔三〕《遵生八箋》曰：「如雕刻、寶嵌、紫檀等器，其費心思工。」〔四〕

複飾第十三

〔一〕張弼，字汝弼，其《楊義士傳》原載正德十四年（1519）《東海張先生文集》卷二，後又收入慎蒙《皇明文則》。

〔二〕見明代慎蒙輯《皇明文則》卷十二之張弼《楊義士傳》：「楊塤，云塤，字景和，其先某處人，父爲漆工。宣德間嘗遣人至倭國，傳泥金畫漆之法以歸，塤遂習之而自出己意，以五色金鈿並施，不止舊法純用金也。故物色各稱，天真爛然，倭人見之亦齚指稱嘆，以爲不可及。蓋其天姿敏悟，于書法詩格不甚習而往往有造妙處，故其藝亦絶出古今。」蒹本壽箋「楊塤」寫作「楊損」，「遂習之」寫作「遂習文」，又「倭人見之亦齚」寫作「倭人見之亦齡」。

〔三〕見漢代劉歆《西京雜記》卷一：「天子筆管，以錯寶爲跗，毛皆以秋兔之毫。」蒹本壽箋「跗」寫作「跖」，現更爲「跗」。

〔四〕見明代高濂《遵生八箋·燕閑清賞箋》之「論剔紅倭漆雕刻鑲嵌器皿」。

複飾

《玉篇》曰：「複，重衣也。」

紋間第十四

攢犀

《格古要論》曰：「戧金人物景致，用鑽鑽空閑處，故謂之攢犀。」〔一〕

裹衣第十五

皮衣

《居家必備》曰：「備具匣，以輕木爲之，外加皮包厚漆。」〔二〕

單素第十六

〔一〕見曹昭《格古要論・古漆器論》之「鑽犀」條：「多是宋朝舊做。戧金人物景致，用鑽鑽空閑處，故謂之鑽犀。」壽箋寫作「鑽攢」，「鑽」指以鑽子之類的器具在物體旋轉穿洞，「攢」指拼湊、聚合。依「攢犀」的視覺特徵來看，「攢」從字面意思更符合其外貌，今從《髹飾録》作「攢犀」。

〔二〕同見《古今圖書集成・經濟彙編・考工典・櫃櫝部匯考・備具匣》。

單油

考證出于「質色第三・油飾」。

質法第十七

棬榛

《輟耕録》曰：「凡造椀、碟、盤盂之屬，其胎骨名曰：棬榛。」〔一〕《孟子正義》曰：「器皿杯棬之樸曰素，俗作榛。」〔二〕《四書蒙引》曰：「杯棬，即今杉杯也。」〔三〕《正字通》曰：「棬，屈木盂也。」〔四〕

布心紙胎

《月令廣義》曰：「諸棄爛紙可浸滾，以製盆盎之類。」〔五〕

合縫

〔一〕見元代陶宗儀《南村輟耕録》卷三十「髹器」條：「凡造椀、碟、盤之屬，其胎骨則梓人以脆松劈成薄片，於旋床上膠黏而成，名曰：棬榛。」壽箋寫作「棬素」。
〔二〕見《孟子注疏》卷十一《告子章句上》：「棬，屈木盂也，所謂器似升屈木作是也。」
〔三〕見明代蔡清撰《四書蒙引》卷十三：「桮棬，似棬杉合子。棬杉，即今杉杯也。杞柳爲桮棬者，必是柳薄板。」
〔四〕蒹本壽箋《正字通》寫作《正通》，缺「字」。
〔五〕明代馮應京撰《月令廣義》。

《輟耕録》曰：「梓人以脆松劈成薄片，於旋床上膠縫乾成，名曰：棬榛。」〔一〕

合縫粘著

《琴經》曰：「凡合縫，用上等生漆入黄明膠水調和，挑起如綫，細骨灰拌匀如錫，然後塗於縫。用繩縛定，以木楔楔令緊，縫上漆出隨手刮去。」〔二〕

捎當

《輟耕録》曰：「棬榛，刀刳膠縫，却煬牛皮膠和生漆，微嵌縫中，名曰：捎當。（當去声）」〔三〕捎髹也，當底也。

布漆

〔一〕見元代陶宗儀《南村輟耕録》卷三十「髹器」條：「凡造椀、碟、盤之屬，其胎骨則梓人以脆松劈成薄片，於旋床上膠黏而成，名曰：棬榛。」

〔二〕見明代張大命輯《太古正音·琴經》卷七：「凡合（縫），用上等生漆入黄明膠水調和，挑起如綫，細骨灰拌匀如錫，然後塗於縫。頭、尾勘定，相合齊整。於腰、項處用軟繩縛定，次於額、天地、柱、中、徽、尾六處，以木楔楔令緊。縫上漆出，隨手刮去，入窨候乾，以七日爲度，日久愈佳。」《琴經》缺「縫」字。蒹本壽箋「以木楔楔令緊」寫作「以木揳揳令緊」。

〔三〕見元代陶宗儀《南村輟耕録》：「髹工買來，刀刳膠縫，乾淨平正。夏月無膠泛之患，卻煬牛皮膠，和生漆，微嵌縫中，名曰：梢當。」「捎」亦有破除、割除之意，今多從《髹飾録》以作「捎當」。

《琴經》曰：「一應漆器多用布，漆琴則不用。」〔一〕

革韋衣

《考工記》：「賈疏曰：革鞔轂訖，漆之。」〔二〕

麻筋

《輟耕録》曰：「以麻筋代布。」〔三〕

垸漆

《説文》曰：「垸，以桼和灰而髹也。」〔四〕故復名「灰漆」。《集韻》曰：「垸或通作丸。」〔五〕髋《考工記》注：「作丸漆。」又司徒教官之職，角人，注骨入漆涴者，故從骨作髋骨。〔六〕

〔一〕見明代張大命輯《太古正音・琴經》之「古琴辨」：「一應漆器無斷紋，而琴獨有之者，蓋器多用布漆，琴則不用；他器安閑，而琴日夜爲絃所激，又歲久桐腐而漆相離破，斷紋隱處雖經磨礪至再重加光漆，其紋愈見。」

〔二〕見《周禮注疏》卷三十九《冬官考工記第六》。

〔三〕見元代陶宗儀《南村輟耕録》卷三十「髤器」條：「如髤工自家造賣低歹之物，不用膠漆，止用豬血厚餬之類，而以麻筋代布，所以易壞也。」

〔四〕見《説文解字》：「垸，以桼和灰而髼也。」「髼」同「髤」。

〔五〕見《説文解字注》：「桼者、木汁可以髼物也。丸者、圜也。傾側而轉者。髼者、髼桼也。……灰者、燒骨爲灰也。……《通俗文》曰：燒骨以漆曰垸。」

〔六〕蒹本壽箋「司徒教官之職」寫作「司徒教宮之職」。

角灰

即骨灰也，「浣」恐「垸」字。

《琴經》曰：「鹿角灰爲上，牛角灰次之，或雜銅、鍮等屑，尤妙。」〔一〕

篩過

《輟耕録》曰：「灰乃磚瓦搗屑篩過，分粗、中、細。」〔二〕

厚糊

《輟耕録》曰：「如髹工自家造賣低歹之物，不用膠漆，止用豬血厚糊之類。」〔三〕《格古要論》曰：「用藕泥其賤不可當。」〔四〕

鰻水

〔一〕見明代張大命《太古正音·琴經·灰法》。

〔二〕見元代陶宗儀《南村輟耕録》卷三十「髹器·黑光」。蕭本壽箋「灰乃磚瓦搗屑」寫作「灰乃磚瓦描屑」。

〔三〕見元代陶宗儀《南村輟耕録》卷三十「髹器」條：「如髹工自家造賣低歹之物，不用膠漆，止用豬血厚糊之類，而以麻筋代布，所以易壞也。」

〔四〕見明代王佐《新增格古要論·古漆器論》之「螺鈿」條：「今廬陵新做者，多用作料灰、豬血和桐油，不堅而易壞，甚者又用藕泥，其賤不可當，然好者須在家自作，方爲堅固。」

《輟耕録》曰：「鰻水，好桐油煎沸，如蜜之狀，却取磚灰、石灰、細麪和匀。」〔一〕此法詳于本書，今略出於此。

灰漆

《琴經・灰法》曰：「第一次灰粗而薄，第二次中灰匀而厚，次用細灰緯邊，作稜角，第四次灰補平。」〔二〕

糙漆

《輟耕録》曰：「細灰車磨，方漆之，謂糙漆。」〔三〕車，磋也。糙，讀如「粗糙」之糙。

灰糙

《琴經》曰：「第一次糙用生漆入灰，第二次糙亦用好生漆，第三用煎糙（省文。本書有煎糙法）。」〔四〕

〔一〕見元代陶宗儀《南村輟耕録》卷三十「髹器・鰻水」：「好桐油煎沸，以水試之，看躁也。方入黄丹、膩粉、無異名、煎一滚，以水試之，如蜜之狀。令冷，油、水各等分，杖棒攪匀。卻取磚灰一分、石灰一分、細麵一分和匀，以前項油、水攪和，調黏灰器物上，再加細灰，然後用漆，並如黑光法。或用油亦可。」。

〔二〕見明代張大命《太古正音・琴經》之「灰法」。壽箋寫作「灰補乎」，應爲「灰補平」。

〔三〕見元代陶宗儀《南村輟耕録》卷三十「髹器・黑光」：「再加細灰，並如前。又停日久，磚石車磨，去灰漿。潔净一二日，候乾燥，方漆之，謂之糙漆。」

〔四〕見明代張大命《太古正音・琴經》之「糙法」：「第一次糙用上等生漆，於向日暖處，令漆浸潤入灰，往來刷之，以多爲妙。候乾，以水磨洗。第二次糙亦用好生漆，候乾，磨洗過，安徽，正嶽，刻冠綫。第三次用煎糙。」

曜糙

《琴經》曰：「以上等生漆入烏雞子清用，漆工謂之耀糙。」〔一〕「曜」、「耀」同。

漆際

《酉陽雜俎》曰：「五品以上漆棺，六品以下但得漆際。」〔二〕

尚古第十八

斷紋

《琴經》曰：「古琴以斷紋爲證。有蛇腹斷，其紋横截如蛇腹下紋；又有細紋斷，即牛毛斷，如髮千百條；又有梅花斷，其紋如梅花片。」〔三〕《琴箋》曰：「有龍紋斷其紋圓大，

〔一〕見明代張大命《太古正音・琴經》之「煎糙」：「生漆半斤，先下火煎數沸，入焰硝一分，以文武火煎至四、五食時，用柳枝攪起，視其色光焰爲度。傾入瓷器内，以紙覆之，入地窟三宿，取出，以綿濾過三五次，候日色晴明則糙，往來刷之，以久爲佳，糙畢入窨。今人衹以上等生漆入烏雞子清用，漆工謂之耀糙，取有肉也。」

〔二〕見唐代段成式《酉陽雜俎》卷十三「屍穸」。壽箋「六品以下但得漆際」寫作「六品以下只得漆際」。

〔三〕見明代張大命《太古正音・琴經》卷六：「古琴以斷紋爲證。琴不歷五百歲不斷，愈久，則斷紋愈多。斷有數等：有蛇腹斷，其紋横截琴面，相去或寸，或二寸，節相似，如蛇腹下紋；又有細紋斷（即牛毛斷），如髮千百條，亦停匀，多在琴之兩旁，而近嶽處則無之；又有面與底皆斷者；又有梅花斷，其紋如梅花片，此非千餘載不能有也。」

有龜紋冰、裂紋者。」〔一〕《清秘藏》曰：「烏玉，［琴名］，斷紋隱起如蛇虬，奇物也。」〔二〕

倭制

《七修類稿》曰：「天順間，有楊塤者精明漆理，各色俱可，合而於倭漆尤妙。其漂霞山水、人物，神氣飛動，真描寫之不如，愈久愈鮮也，世號楊倭漆。」〔三〕

〔一〕見明代屠隆《考槃餘事·琴箋》：「古琴以斷紋爲證，不歷數百年不斷。……有龍紋斷，其紋圓大；有龜紋、冰裂紋者，未及見之。」

〔二〕見明代張應文《清秘藏》：「烏玉，琴名，斷紋隱起如蛇虬，奇物也。」

〔三〕見明代郎瑛《七修類稿》卷四十七《事物類·楊塤》：「天順間，有楊塤者，精明漆理，各色俱可合，而於倭漆尤妙。其漂霞山水、人物，神氣飛動，真描寫之不如，愈久愈鮮也。世號楊倭漆。」壽箋《七修類稿》寫作《七種類藁》。

七　補論

髹飾録序

《髹飾録序》爲黄成原書所没有，在《髹飾録》成書後，由西塘漆工楊明所加。在該序言當中，展現出了明代人對中國古代漆藝史的認知，包括了對髹漆的起源、漆藝的利用、漆工的誕生，並且對黄成及其著作作了推介。

關於髹漆的起源，《髹飾録序》中認爲「漆之爲用也，始於書竹簡」。此乃傳自「漆書」之説，如《輟耕録》中有謂：「上古無墨，竹挺點漆而書。」[一]古代以竹簡編聯成書卷。《後漢書·宦者傳·蔡倫》：「自古書契多編以竹簡，其用縑帛者謂之爲紙。」[二]以漆書竹木簡者，《東觀漢記·杜林傳》：「杜林，字伯山，扶風人，於河西得漆書《古文尚書經》一卷。」[三]又唐張彦遠《歷代名畫記·叙畫之興廢》：「嗟爾後來，尤須斬固，

〔一〕［元］陶宗儀：《南村輟耕録》（四部叢刊三編·吴潘氏滂憙齋藏元刊本）卷二十九《墨》。
〔二〕［南朝宋］范曄：《後漢書》（武英殿二十四史）卷一百八《宦官列傳第六十八·蔡倫傳》。
〔三〕［漢］劉珍：《東觀漢記》（欽定四庫全書）卷十三《杜林傳》。

宜抱漆書而興歎，莫將棐柿以藩身。」〔二〕元吾丘衍《學古篇》：「上古無筆墨，以竹梃點漆書竹簡上。」1977至1978年，浙江省文物考古隊在杭州灣南岸河姆渡遺址中發掘出一批漆器殘骸，其中最爲著名的是一件朱紅漆碗。這件漆碗經中國科學院化學研究所分析鑒定其紅外綫光譜圖與馬王堆漢墓出土的漆皮裂解光譜圖相似。因此，這件來自河姆渡文化的漆碗被許多學者引爲證據，將中國漆器文化的發源追溯至距今約七千年以前。1990年發現的跨湖橋遺址，歷經三次挖掘，發現了大量的陶器、石器、骨器、木器等文物，特别是當中的一件丹漆木弓，又在物證方面將中國漆藝的歷史向前延伸至八千年前。

關於漆藝的利用，《髹飾録序》中記「舜作食器，黑漆之。禹作祭器，黑漆其外，朱畫其內，於此有其貢。周制於車，漆飾愈多焉，於弓之六材，亦不可闕，皆取其堅牢於質，取其光彩於文也。後王作祭器，尚之以著色塗金之文、雕鏤玉珧之飾，所以增敬盛禮，而非如其漆城、其漆頭也。然復用諸樂器，或用諸燕器，或用諸兵仗，或用諸文具，或用諸宮室，或用諸壽器，皆取其堅牢於質，取其光彩於文。嗚呼，漆之爲用也，其大哉！」其中，「舜作食器，黑漆之，禹作祭器，黑漆其外，朱畫其內，於此有其貢」因襲了《韓非子·十過》中的記載：「堯禪天下，虞舜受之，作爲食器，斬山木而材之，削鋸修其跡，流漆墨其上，

〔一〕［唐］張彥遠：《歷代名畫記》（欽定四庫全書）卷一《叙畫之興廢》。

輸之於宫以爲食器……舜禪天下而傳之於禹，禹作爲祭器，墨染其外，而硃畫書其内。」〔一〕劉向《説苑》中之「反質」又引證了《韓非子》的這個典故：「堯釋天下，舜受之，作爲食器，斬木而裁之，銷銅鐵，修其刃，猶漆黑之以爲器……舜釋天下而禹受之，作爲祭器，漆其外而朱畫其内。」〔二〕此説的來源基礎即《周易》中所謂「備物致用，立功成器，以爲天下利，莫大乎聖人」〔三〕之説。《考工記》便發展了《周易》中的聖人創物説，曰：「知者創物，巧者述之守之，世謂之工。百工之事，皆聖人之作也。爍金以爲刃，凝土以爲器，作車以行陸，作舟行水，此皆聖人之所作也。」〔四〕今所見《考工記》便是輯録於曾經獨尊儒術的漢代，並被編入《周禮》，以補缺失了的《冬官》篇。《考工記》中所透露出的聖人創物説影響了《髹飾録》的寫作。此外，當中「周制於車，漆飾愈多焉，於弓之六材，亦不可闕，皆取其堅牢於質，取其光彩於文也」。《考工記》中便有「輿人爲車」之「飾車欲侈」。關於「弓」的製作：「弓人爲弓，取六材必以其時，六材既聚，巧者和之。幹也者，以爲遠也；角也者，以爲疾也；筋也者，以爲深也；膠也者，以爲和也；絲也者，

〔一〕［先秦］韓非：《韓非子》（四部叢刊初編·上海涵芬樓藏景宋鈔校本）卷第三《十過》。
〔二〕［漢］劉向：《説苑》（四部叢刊初編·平湖葛氏傳補堂藏明鈔本）卷第二十《反質》。
〔三〕［晉］韓康伯 注、［唐］陸德明 音義、孔穎達 疏：《周易注疏》（武英殿十三經注疏）卷十一《繫辭上》。
〔四〕［漢］鄭玄 注、［唐］陸德明 音義：《周禮》卷第十一《考工記》（四部叢刊初編·景長沙葉氏觀古堂藏明翻宋岳氏刊本）第六。

以爲固也；漆也者，以爲受霜露也。」在制弓過程中要用到漆作加工。若周代没有設立專職的漆工，最大的可能乃是由於漆器製作的步驟過程基本上已經被其他工種所囊括。《考工記》中的「攻木之工」就能製作漆器所用各種木胎，而「攻金之工」則能製作釦器的金屬配件，「設色之工」能從事漆器的裝飾塗繪，「刮摩之工」從事漆器打磨的工序。序言中所謂「後王作祭器，尚之以著色塗金之文、雕鏤玉珧之飾，所以增敬盛禮，而非如其漆城、其漆頭也」中的「漆城」、「漆頭」，即用漆塗刷的城牆。典出《史記·滑稽列傳》：「二世立，又欲漆其城。優旃曰：『善。主上雖無言，臣固將請之。漆城雖於百姓愁費，然佳哉！漆城蕩蕩，寇來不能上。即欲就之，易爲漆耳，顧難爲蔭室。』」〔一〕又王闓運《上征賦》：「昔人譏夫城郢兮，恃登陴以自嬰。顧下策以扞民兮，子無謳夫漆城。」〔二〕又「漆頭」，典出《史記·刺客列傳》：「豫讓者，晉人也。故嘗事范氏及中行氏，而無所知名。去而事智伯，智伯甚尊寵之。及智伯伐趙襄子，趙襄子與韓、魏合謀滅智伯；滅智伯之後而三分其地。趙襄子最怨智伯，漆其頭以爲飲器。」〔三〕

關於漆的醫療作用及性狀，序言中謂「液葉共療屙，其益不少。唯漆身爲癩狀者，其

〔一〕〔漢〕司馬遷：《史記》（武英殿二十四史本）卷一百二十六《滑稽列傳第六十六》。

〔二〕〔清〕王闓運：《湘綺樓詩文集》（湘湖文庫叢書）第一卷，長沙：嶽麓書社，2008年。

〔三〕〔漢〕司馬遷：《史記》（武英殿二十四史本）卷八十六《刺客列傳第二十六》。

毒耳」。《説文》：「療，治也。」「屙，病也。」〔一〕《三國志・華佗傳》：「阿從佗求可服食益於人者，佗授以漆葉青黏散。漆葉屑一升，青黏屑十四兩，以是爲率，言久服去三蟲，利五藏，輕體，使人頭不白。阿從其言，壽百餘歲。漆葉處所而有，青黏生於豐、沛、彭城及朝歌云。」〔二〕又明李時珍《本草綱目》「木部・漆條」大明曰：「乾漆入藥，須搗碎炒熟。不爾損人腸胃。若是濕漆煎乾更好。亦有燒存性者……」「生漆毒烈，人以雞子和服之去蟲，猶自齧腸胃也。畏漆人乃致死者。外氣亦能使身肉瘡腫，自有療法。」大明曰：「毒發，飲鐵漿并黄櫨汁、甘豆湯、吃蟹，並可制之。」〔三〕

關於漆工的出現，序言中説「蓋古無漆工，令百工各隨其用，使之治漆，固有益於器而盛於世。別有漆工，漢代其時也。後漢申屠蟠，假其名也」。楊明認爲，周代大概没有專門的事漆工匠，蓋因爲《考工記》上没有「漆工」的記録。其所提及後漢漆工「申屠蟠」，乃源自《後漢書・申屠蟠》：「蟠家貧，傭爲漆工。郭林宗見而奇之。同郡蔡邕深重蟠，乃被州辟，乃辭讓之曰：『申屠蟠稟氣玄妙，性敏心通，喪親盡禮，幾於毀滅。至行美義，人所鮮能。安貧樂潛，味道守真，不爲燥濕輕重，不爲窮達易節。方之於邕，以齒則長，

〔一〕［漢］許慎撰、［宋］徐鉉等校定：《説文解字》，北京：中華書局，2013年。
〔二〕［晉］陳壽：《三國志・魏志》（武英殿二十四史本）卷二十九《華佗傳》。
〔三〕［明］李時珍：《本草綱目》（欽定四庫全書）卷三十五上《木之二・漆》。

以德則賢。』後郡召爲主簿，不行。」[一]由此可見，楊明的論述其實是建立在流傳於晚明時代的古典讀物記載之上。就現今從考古發掘的資料顯示，有關專門的「漆工」設置，實際上早在戰國時代的銘文之中就已經出現。在1975至1976年間，出土於湖北雲夢睡虎地秦墓的帶銘文漆器以及秦簡成爲迄今研究漢代以前漆工情況極爲重要的材料。在出土著名的「雲夢秦律」的睡虎地秦墓M11裏，同時還出土了一百四十多件漆器，所出土漆盛上烙印有「亭上」、「告」、「包」、「素」諸字，並針刻有「安里皇」等字；出土漆盂上則烙印有「亭」字，針刻有「上造□」諸字；出土漆奩上烙印有「亭上」、「告」、「咸亭包」、「咸□」諸字，針刻有「錢里大女子」等字。

楊明還在序中描述了累世積累發展至明朝漆藝的面貌，謂「然而今之工法，以唐爲古格，以宋元爲通法。又出國朝廠工之始，制者殊多，是爲新式。於此千文萬華，紛然不可勝識矣。」當中的「國朝工廠」即指明代永宣時期建立的官營漆器作坊果園廠。永樂遷都北京後建有果園廠，專造皇家漆器。明人張爵《京師五城坊巷衚衕集》云：「中城，在正陽門裏，皇城兩邊……積慶坊……皇牆西北角……甲乙丙丁戊字形檔……經廠、果園廠、洗白廠、暖閣廠、冥器廠……」[二]又明劉若愚《酌中志》中「大內規制紀略」云：「玉河橋玉熙宮

[一]［南朝宋］范曄：《後漢書》（武英殿二十四史本）卷八十三。

[二]［明］張爵：《京師五城坊巷衚衕集》，北京：北京古籍出版社，2000年，第7–8頁。

迤西曰櫺星門。櫺星門迤西曰西酒房、曰西花房、曰大藏經廠。又西曰洗帛廠，曰果園廠。」〔一〕明人高濂在《遵生八箋》中説道：「果園廠制，漆朱三十六遍爲足，時用錫胎木胎，雕以細錦者多，然底用黑漆，針刻『大明永樂年制』款文，似過宋元，宣德時制同永樂，而紅則鮮妍過之。」〔二〕

最後，楊明介紹了本書及其作者的寫作意圖：「新安黄平沙稱一時名匠，複精明古今之髹法，曾著《髹飾録》二卷，而文質不適者，陰陽失位者、各色不應者，都不載焉，足以爲法。今每條贅一言，傳諸後匠，爲工巧之一助云。」關於黄成，高濂曾在《遵生八箋》中提到：「穆宗時，新安黄平沙造剔紅可比果園廠，花果人物之妙刀法圓活清朗。」明穆宗朱載垕，1567至1572年在位，年號隆慶。高濂約生於嘉靖初年，創作生活於萬曆年前後，即約1573至1620年。作爲與黄成同一世代的人物，高濂的記載應具有相當的可信性。如果此時黄成正值盛年，則可推測其出生於正德（1506–1521）至嘉靖（1522–1566）年間。而在楊明作注《髹飾録》之時（1625），黄成概已年事既高，或許早已撒手塵寰。此外，黄成所著「《髹飾録》二卷」，乃因書中所記載内容龐雜，爲了歸納統領全文，而分列爲「乾集」與「坤集」兩卷，以使文本内容各歸其位。中國古人習慣以書報來標明書籍册數，

〔一〕［明］劉若愚：《酌中志》（海山仙館叢書）卷之十七《大内規制紀略》。
〔二〕［明］高濂：《遵生八箋・燕閑清賞箋》（欽定四庫全書）卷十四《論剔紅倭漆雕刻鑲嵌器皿》。

最爲常見是以漢字數字來分册，同時還形成了一套相沿相習的分册辦法，即以固定的漢字組合拆解來分册。如册數衆多的會借用到《詩韻》或《千字文》中的「天、地、玄、黄、宇、宙、洪、荒……」來安排；十二册的採用「地支」；十册採用「天干」；五册用「金、木、水、火、土」；四册用「春、夏、秋、冬」；三册用「上、中、下」；兩册用「上下」、「天地」、「乾坤」，諸如此類。《髹飾録》二卷便記爲「乾」、「坤」二册。此處是黄成爲「乾集」所「附贊」，行就「總文理」之力。劉勰《文心雕龍・附會》謂：「附會，謂總文理，統首尾，定與奪，合崖際，彌綸一篇，使雜而不越者也。」〔一〕還有，對於「文質不適者，陰陽失位者，各色不應者，都不載焉，足以爲法。今每條贅一言，傳諸後匠，爲工巧之一助云」，這很可能是一種修辭手法。傳諸「後匠」的「法」是個抽象的概念，「爲工巧之一助云」也不一定就是漆工本身，因爲工匠作爲漆器的製作者，而使用者往往又另有其人。如《天工開物》在序言中便有所謂：「且夫王孫帝子，生長深宫，御廚玉粒正香，而欲觀耒耜，尚宫錦衣方剪，而想像機絲。當斯時也，披圖一觀，如獲重寶矣。」〔二〕從表面看來，其讀者似乎指向的是長居深宫中的王公貴胄，但此書所進行的知識傳播活動却超越了這種設想，並廣泛流行於民間。因而，這種説明更似是一種修辭手法，而不是作者真正的意圖。

〔一〕〔漢〕劉勰：《文心雕龍》（四部叢刊初編・上海涵芬樓藏明刊本），《附會第四十三》。

〔二〕〔明〕宋應星：《天工開物》（喜咏軒叢書本・甲編），《天工開物卷序》。

由此推測，《髹飾録序》中所謂「傳諸後匠」、「爲工巧之一助云」之説很可能也只是種順勢而爲的推銷手段，以藉此强調出該書的專業性與實用性。

序言末尾署明了寫作的日期及注者資訊——「天啟乙丑春三月西塘楊明撰」。天啟五年三月，即1625年暮春。據此可知，《髹飾録》最晚出現並開始流行的日期在此時之前。但其出現的具體時間至今未明，若依前述爲據可推測其出現時間約在十六世紀後半葉。關於序言作者楊明的情況則缺載。除了從署名中得知他來自浙江嘉興西塘之外，便未再發現與其有關的其他任何信息。在壽碌堂主人的箋注（序頁第十七條案語）中記，據《格古要論》「古犀皮」下曰：「（元朝）嘉興府西塘楊匯新作者，雖重數兩，剔得深峻，其膏子少。」並由此猜測「楊明恐楊匯之裔乎？」〔一〕

髹飾録乾集

兩卷《髹飾録》在每卷卷首分别寫有「附贊」，以點明該卷内容歸納之依據。如「乾集」卷首謂：「凡工人之作爲器物，猶天地之造化。此以有聖者、有神者，皆示以功以法，故良工利其器，然而利器如四時，美材如五行。四時行，五行全，而百物生焉。四善合，五采備，而工巧成焉。今命名《附贊》而示於此以爲『乾集』。乾所以始生萬物，而髹具工則乃工

〔一〕〔明〕曹昭：《格古要論》（夷門廣牘本），《古漆器論·古犀毗》。

巧之元氣也。乾德至哉！」

其中「四善合」，見《考工記》：「天有時、地有氣、材有美、工有巧，合此四者然後可以爲良。」〔一〕又「乾所以始生萬物，而髹具工則乃工巧之元氣也」，見《周易・説卦》云：「乾，天也，故稱乎父。」〔二〕製作器物猶如乾坤（天地／父母）所造就化生，《莊子・大宗師》則云：「以天地爲大爐，以造化爲大冶。」〔三〕黄成於此表明漆器的製作就像天地的造化，因而將文章内容分爲「乾」、「坤」二集。黄成謂「乾所以始生萬物」乃《周易・彖傳》：「大哉乾元，萬物資始，乃統天。」〔四〕乾元之氣是萬物創始化生的動力，黄成謂「髹具工則乃工巧之元氣也」，繼而將髹具工則編排於「乾集」之内。

在此「附贊」末對「乾德至哉」中「至」字有補注「一本『至』作『大』爲是」。此外，還有「坤集」罩明第五灑金條「近有用金銀薄飛片」在「有」字處，寫有「一本作『日』」。「坤集」編斕第十二描金加蚼條「螺象之處」在「處」字旁，寫有「一本作『邊』」。「坤集」尚古第十八仿效條楊明注釋「有款者模之」的「者」字處，寫有「一本作『而』」。由此看來，當年黄成原文及楊明注釋的抄本流傳到日本，被人傳移抄寫，曾出現多個版本。

〔一〕〔漢〕鄭玄注、〔唐〕賈公彦疏：《周禮注疏》（摛藻堂四庫全書薈要）卷三十九《冬官・考工記第六》。
〔二〕〔晉〕韓康伯注、〔唐〕陸德明音義、孔穎達疏：《周易注疏》（武英殿十三經注疏）卷十三《説卦》。
〔三〕〔晉〕郭象注、〔唐〕陸德明音義：《莊子》（續古逸叢書）内篇《大宗師第六》。
〔四〕〔魏〕王弼注：《周易》（四部叢刊初編・上海涵芬樓藏宋刊本），《上經・乾卦第一》。

利用第一

《髹飾録》「乾」、「坤」兩卷共分十八門，第一爲「利用」門，當中收録了各種髹飾工具和材料信息。楊注曰：「非利器、美材，則巧工難爲良器，故列於首。」見《荀子·王霸》曰：「上不失天時，下不失地利，中得人和，而百事不廢。」[一]天時、地利，正是「利用」的核心意義所在，黄成在「乾集」《附贊》中謂：「此以有聖者，有神者，皆示以功以法。故良工利其器。」爲此，甚至不惜將各類工具、材料命名套入「利用」之下，以應和天時、地利的觀念。與此同時，又得之以與「乾」、「坤」二集的劃分相匹配。在「利用」門之中，各條首字爲：天、日、月、宿、星、津、風、雷、電、雲、虹、霞、雨、露、霜、雪、霰、雹、雩、時、春、夏、秋、冬、暑、寒、晝、夜、地、土、柱、山、水、海、潮、河、洛、泉、冰。明顯是套用了八卦萬物類象的比類方法，將每條內容排列了起來：「天」——日、月、宿、星、津、風、雷、電、雲、虹、霞、雨、露、霜、雪、霰、雹、雩；「時」——春、夏、秋、冬、暑、寒、晝、夜；「地」——土、柱、山、水、海、潮、河、洛、泉、冰。

天運

[一]［唐］楊倞注：《荀子》（四部叢刊初編·上海涵芬樓藏黎氏景宋刊本）卷第七《王霸篇第十一》。

「天運」即旋床，亦作車床。利用輪軸旋轉的工具可加工漆器的底胎。旋床兩端有軸，將木棍嵌於中間，用皮條牽引使之旋轉，另以一鉋子形式之刀，刮之便妥。凡是圓柱形之木質物而有粗細種種花樣者，均歸此旋成。元人陶宗儀在《輟耕録》中所謂：「凡造碗碟盤之屬，其胎骨則梓人以脆松劈成薄片，於旋床上膠縫幹成。」〔一〕黄成此處以旋轉運行的天象爲比喻，將旋床比擬爲「天運」。朱子《大學章句序》云：「天運循環，無往不復。」〔二〕中國古代漆器以木胎爲主，特别是在漢代以前，木胎漆器是主要傳統。至漢代，漆器木胎制法變得更加多種多樣。西漢早期的漆器多爲斫木胎和旋木胎，即用斫剜、削、鑿、刨等方法制出的胎型，或用旋床旋出外壁和底部。到西漢晚期，卷木薄胎亦相當流行。此後，木胎漆器總體上形成了由厚向薄、由重向輕向的發展趨勢。

日輝　月照

金銀材料各式各樣，是漆器常見的裝飾用料，黄成將各式的金銀材料比擬爲「日輝」、「月照」。金銀片或綫較爲粗厚，泥、屑、麩則細碎輕薄，更適於在未乾的色漆上進行撲灑裝飾。「泥金」之法自先秦時代已出現，泛指以金薄和膠水研磨而成的金色飾料，常見有黄、青、赤諸種。近代以降，「泥金」所稱有多種解釋：一是指研磨極細之金粉飾料，多用於書畫、

〔一〕〔元〕陶宗儀：《南村輟耕録》（四部叢刊三編·吴潘氏滂憙齋藏元刊本）卷三十《髹器·黑光》。

〔二〕〔宋〕朱熹：《四書章句集注·大學章句序》（欽定四庫全書會要）。

髹漆等物；二是指研製泥金的技法及製作過程，亦稱之爲「泥金」；三是同時亦指「渾金」。後來「泥金」不僅指真金的製作，而涵盖效果呈現金色，技法與「泥金」一致的製作。《髹飾録》在「坤集」中將「描金」亦稱爲「泥金漆畫」。此於日本稱之爲「蒔繪」，以灑金銀丸粉黏附於漆器之上，形成瑰麗的圖案裝飾。據記，明朝漆工楊塤，承父業，明漆理，父爲漆工，自日本傳回「泥金漆畫」。又學者研究日本之「蒔繪」乃源自唐代之時傳去的「末金鏤」。該詞出自《東大寺獻物帳》，其謂「金銀鈿裝大刀……鞘上末金鏤作」。同時，亦有日本學者認爲「蒔繪」與「末金鏤」並非同類技藝。〔一〕

宿光　星纏　津横

蔭房之内有放置漆器半成品的設備，黄成將之稱爲「宿光」、「星纏」及「津横」。漆器在塗漆的過程中需要全器上塗，當此時就需要特製的工具來支撐住剛塗完漆器的底部。這部分通常用竹竿來製作，即名爲「蔕」；而「梁」則指蔭室中之梁架，有「牝」有「牡」。所謂「牝梁」，即是指梁架上本來鑿有孔，可以裝上「蔕」；「牡梁」，即在梁上預先安

〔一〕　吉野富雄：《蒔絵源流論——末金鏤と蒔絵の関係》，《漆と工芸》374號，日本漆工會，1932年；田川真千子：《〈東大寺献物帳〉の記載にみる工芸技術につ「鏤」、「鈿」、「作」、「荘」、「裁」の用例から》，『人間文化研究科年報』第18號，奈良女子大学，2002年；室瀬和美：《金銀鈿荘唐大刀の鞘上装飾技法について》，《正倉院紀要》33號，宮内庁正倉院事務所，2011年，第2頁。

上木椿，上可與「帶」的空腔相承接。「星纏」即「活架」，見駱賓王《駱臨海集·卷之一》所謂：「五緯連影集星躔，八水分流横地軸。」〔一〕又凌稚隆《五車韻瑞》：「徐曰：星之躔，次星所履行也。」〔二〕固定好的漆器不能隨便亂動，因而楊明謂之「動則不吉」。

待乾的漆器以帶與牤梁、牤梁組合而成的活架搭配起來，爲了防止漆器上所髹塗漆液往下滴漏致使漆層厚薄不均，需要經常將牤梁、牤梁經常翻轉。每每翻轉的時間要有一定規律，有如天上星宿運動有次序規律一樣，故謂之「陵乘有期」。見黄鳴鶴《登壇必究·天文總圖説》：「凡星居之……在下而上曰陵，在上而下曰乘，周匝曰繞，東西曰鈎，南北曰紀，星月爛渡，醜滄七寸以内光芒相及曰犯，居其宿日守守之而久曰復、曰還。」〔三〕

蔭室的棚棧上放滿了正在乾燥的漆器，猶如「衆星攢聚，爲章於空」。《毛詩·大雅·蕩之什·雲漢》：「倬彼雲漢，昭回於天。」《傳》：回，轉也。《箋》云：雲漢，謂天河也。昭，光也。倬然天河水氣也，精光轉運於天。時旱渴雨，故宣王夜仰視天河，望其候焉。」〔四〕

〔一〕［唐］駱賓王：《駱臨海集》（北京大學圖書館藏本）卷之一。
〔二〕［明］凌稚隆：《五車韻瑞》（日本愛知縣西尾市立圖書館藏本）卷二十五。
〔三〕［明］黄鳴鶴：《登壇必究》（北京大學圖書館藏本）卷之一《天文總圖説》。
〔四〕［漢］毛亨傳、［漢］鄭玄箋、［唐］孔穎達疏：《毛詩注疏》（武英殿十三經注疏）卷二十五《大雅·蕩之什·雲漢》。

又游藝《天經或問·天漢》：「天河，實是小星之隱而不現者，然微而甚多，攢聚一帶，蓋因天體通明映徹，受諸星之光並合爲一直白練焉，故名爲天河。」〔一〕

風吹

黄成將細磨的工具揩光石及桴炭稱爲「風吹」。見《五雜組》：「風之微也，一紙之隔，則不能過；及其怒也，拔木折屋，掀海摇山，天地爲之震動，日月爲之蔽虧。」〔二〕輕輕地打磨，則平面光滑而没有抓痕；過於用力推磨，則棱角磨顯底灰盡露，帶有玷瑕。又陶宗儀《輟耕録》謂：「揩光石，雞肝石也。」〔三〕進一步推磨則以桴炭爲之。後至今又有所謂「灰條」之法，即以磚灰揉條吹乾後作打磨漆器用，可以不至於在器物上磨出道子來。

張大命《琴經·退光出光法》記曰：「水楊木燒爲桴炭，入瓶中罨煞，搗爲末，羅過。却用黄膩石蘸水，輕手遍揩，磨去琴上蓓蕾。次以細熟布蘸灰末，用手來往揩擦，光瑩即止。洗拭令乾，以手點麻油並新瓦灰擦拭，其光自然瑩澈。垂楊木斷如雞子大，濕燒，旋去桴炭罨煞。次用砂杉木准前燒桴炭。等分爲末。以手點油，遍塗琴上。却摻炭末，以手掌或軟布揩擦，候光彩即止。以皂角揉水，洗拭令乾，再用手揩擦。皂角、刺炭、桑木炭、

〔一〕［清］游藝：《天經或問》（欽定四庫全書）卷三《天漢》。
〔二〕［明］謝肇淛：《五雜組》（吴航寶樹堂藏板）卷一《天部一》。
〔三〕［元］陶宗儀：《南村輟耕録》（四部叢刊三編·吴潘氏滂憙齋藏元刊本）卷三十《髹器·黑光》。

清石末各等分，以水調，塗琴上，用手力磨，去其翳，自然光焰法也。」〔一〕此還補充了瓦灰點油進行推磨，令漆器表面更爲細膩自然。

雷同

「雷同」，即磨磚或磨石，有粗細各等。各種漆器皆由磨磚、磨石磋磨而成，致使表面得以平整光滑。在磨礪之時，其聲如雷，是爲「雷同」。《禮記·曲禮上》謂：「毋剿説，毋雷同。注：雷之發聲，物無不同時應者，人之言當各由己，不當然也。孟子曰：『人無是非之心，非人也。』」〔二〕漆器無不用以磋磨而成就之，漆器經一磨再磨能令表面變得光彩照人。

今天用於漆器打磨的工具和材料多樣，除了磨石和桴炭、灰條之類的傳統推磨用品之外，亦多有採用水磨砂布和砂紙，其粗細有多種，可按漆器需要選用相應目數的砂布及砂紙進行打磨。此外，還有手提式電動打磨機，尤其是在底胎打磨上加快了速度。

電掣

漆器髹飾並乾燥後再進行修飾及打磨。黃成將修整漆器的銼稱爲「電掣」。見蘇軾《望

〔一〕［明］張大命：《太古正音·琴經》（續修四庫全書）卷七《退光出光法》。
〔二〕［漢］鄭玄注、［唐］孔穎達疏：《禮記注疏》（武英殿十三經注疏）卷二《曲禮上》。

湖樓晚景五絶》之二：「横風吹雨入樓斜，壯觀應須好句誇。雨過潮平江海碧，電光時掣紫金蛇。」[一]黄成把修整漆器過程中錚亮的銼刀不停地晃動的情形比喻爲電光閃現的瞬間，形象地表達出對工匠修整漆器時淩厲作業的情形。

楊明謂之「其用似磨石」、「與雷同氣」。在實際操作中，打磨的工具各種各樣，如北方漆工用銼來打磨木胎，較少用之來磨漆灰。除了極少部分較爲狹小的轉角位置，尤其是磨石難以磨及的地方，亦偶會利用之。但由於銼的打磨快利，容易磨損漆器，並且漆灰性黏，容易將銼牙膩塞，銼不善於退磨漆器表面。

雲彩

黄成將各種色料比擬爲「雲彩」。在此，黄成列出各色可與漆調和的色料，包括銀硃、丹砂、絳礬、赭石、雄黄、雌黄、靛花、漆緑、石青、石緑、韶粉、煙煤等。由此可見，在明代之時入漆的色料至少也有十二種之多。

關於這些色料的用法，《髹飾録》並没有系統的記録，只有一些相關的零散描述穿插於文中各處。例如，在「坤集」的「質色」門中，黄成在「黑髹」條謂：「正黑光澤爲佳。揩光要黑玉，退光要烏木。」楊明注曰：「熟漆不良，糙漆不厚，細灰不用黑料，則紫黑。

[一]［宋］王十朋：《蘇東坡詩集注》（清康熙朱从延文蔚堂刊本）卷第二《游覽上》。

若古器，以透明紫色爲美。揩光欲黧滑光瑩，退光欲敦樸古色。近來揩光有澤漆之法，其光滑殊爲可愛矣。」在「朱髹」條中，黄成謂：「鮮紅明亮爲佳，揩光者其色如珊瑚，退光者樸雅。」楊明注曰：「髹之春暖夏熱，其色紅亮；秋涼，其色殷紅；冬寒，乃不可。又其明暗在膏漆、銀朱調和之增減也。倭漆竊丹帶黄。又用丹砂者，暗且帶黄。如用絳礬，顔色愈暗矣。」在「黄髹」條中，黄成謂：「鮮明光滑爲佳。揩光亦好，不宜退光。共帶紅者美，帶青者惡。」楊明注曰：「色如蒸栗爲佳，帶紅者用雞冠雄黄，故好。帶青者用薑黄，故不可。」在「緑髹」條中，黄成謂：「其色有淺深，總欲沉。揩光者，忌見金星，用合粉者，甚卑。」楊明注曰：「明漆不美，則色暗，揩光見金星者，料末不精細也。臭黄韶粉相和，則變爲緑，謂之合粉緑，劣於漆緑大遠矣。」在「紫髹」條中，黄成謂：「即赤黑漆也。有明暗淺深。」楊明注曰：「此數色皆因丹黑調和之法，銀朱、絳礬異其色，宜看之試牌，而得其所。又土朱者，赭石也。」在「褐髹」條中，黄成謂：「揩光亦可也。」楊注曰：「總依顔料調和之法爲淺深。」在「油飾」條中，黄成謂：「然不宜黑。」楊注曰：「比色漆則殊鮮研，然黑唯宜漆色，而白唯非油則無應矣。」在「金髹」條中，黄成謂：「無癜斑爲美。又有泥金漆，不浮光。又有貼銀者，易黴黑也。黄糙宜於新，黑糙宜於古。」楊明注曰：「黄糙宜於新器者，養宜金色故也。黑糙宜於古器者，其金處處摩殘黑斑，以爲雅賞也。」

除了「質色」門中各條的記録之外，其他各門中也記録到不少色漆應用的知識。另，《太平御覽》載《西京雜記》曰：「瑞雲曰『慶雲』。［雲五色曰『慶』］」〔一〕又《三才圖會・華蓋》：「按崔豹《古今注》曰：華蓋黄帝所作。黄帝與蚩尤戰於涿鹿，常有五色雲氣金枝玉葉止於帝上，成花蘤之象，因作華蓋。」〔二〕楊明在對「雲彩」條的注釋中所謂「五色鮮明，如瑞雲聚成花葉者」，當中的「五色」就明顯地帶有附會的修辭趣味。撇開「五色」與「五行」之間的邏輯聯繫而論，青、赤、黄、白、黑，五種顔色一直被古代中國人作爲對顔色進行歸類的傳統知識。「五色」爲「正色」，彼此之間又有「間色」之分。從《髹飾録》的文本記録中可以看到，作者所採用的各種對色彩的命名或描述是多種多樣的。

虹見

各色漆色置於揩筆硯上，隨畫筆蘸取，黄成稱五格揩筆硯爲「虹見」。見《禮記・月令・季春之月》：「季春之月，日在胃，昏七星中，旦牽牛中。其日甲乙。其帝大皞，其神句芒。其蟲鱗。其音角，律中姑洗。其數八。其味酸，其臭羶，其祀户，祭先脾。桐始華，田鼠化爲鴽，虹始見，萍始生。」〔三〕所謂「燦映山川，人衣楚楚」，見《詩經・曹風・蜉蝣》：

〔一〕［宋］李昉等：《太平御覽》（四部叢刊三編・東京静嘉堂文庫藏宋刊本）卷第八《天部八・雲》。

〔二〕［明］王圻、王思義：《三才圖會》（明萬曆己酉刊本）「儀制」卷四《華蓋》。

〔三〕［漢］鄭玄注、［唐］孔穎達疏：《禮記注疏》（武英殿十三經注疏）卷十五《月令・季春之月》。

「蜉蝣之羽，衣裳楚楚。注：楚楚，鮮明貌。」〔一〕楊明注曰「每格瀉合色漆，其狀如蝃蝀」，見《説文解字·雨部》：「霓，屈虹青赤或白色陰氣也。」〔二〕

高濂《遵生八箋·燕閑清賞箋》：「筆覘，有以玉碾片葉爲之者。古有水晶淺碟，亦可爲此。惟定窯最多扁坦小碟，宜作此用，更有奇者。」〔三〕五格揞筆覘恰好有五格，正與五色相應，但前面説到色料已不止五種，加上各色料調配又可獲得更多色彩。

霞錦

黄成提到了漆器裝飾所用的各種螺鈿，並比擬爲「霞錦」。唐劉禹錫《七夕二首》：「餘霞張錦幛，輕電閃紅綃。非是人間世，還悲後會遥。」〔四〕《尚書·禹貢》：「厥篚織貝。」鄭玄云：貝，錦名。」〔五〕此處所謂「螺鈿」，實爲用於漆器髹飾之貝殼類材料總稱。

黄成謂「天機織貝，冰蠶失文」。見晉王嘉《拾遺記·員嶠山》：「有冰蠶長七寸，黑色，有角有鱗，以霜雪覆之，然後作璽，長一尺，其色五彩，織爲文錦，入水不濡，以之投火，

〔一〕［漢］毛亨傳、［漢］鄭玄箋、［唐］孔穎達疏：《毛詩注疏》（武英殿十三經注疏）卷十四《國風·曹風》。
〔二〕［漢］許慎撰、［宋］徐鉉等校定：《説文解字》（四部叢刊初編·景日本岩崎氏静嘉堂藏北宋刊本）文十七《重三》。
〔三〕［明］高濂：《遵生八箋》（欽定四庫全書）卷十五《燕閑清賞箋·論文房器具》。
〔四〕［清］康熙：《御定全唐詩》（欽定四庫全書薈要）卷三百五十七《七夕二首》。
〔五〕［漢］孔安國傳、［唐］孔穎達疏：《尚書注疏》（武英殿十三經註疏）卷五《禹貢》。

經宿不燎。」〔一〕又《樂府雜録》：「康老子者，本長安富家子，酷好聲樂，落魄不事生計，常與國樂游處。一旦家産蕩盡，因詣西廊，遇一老嫗，持舊錦褥貨鬻，乃以半千獲之。尋有波斯見，大驚，謂康曰：『何處得此至寶？此是冰蠶絲所織，若暑月陳於座，可致一室清涼。』即酬價千萬。康得之，還與國樂追歡，不經年復盡，尋卒。後樂人嗟惜之，遂製此曲，亦名《得至寶》。」〔二〕

鈿片的制作，一般是先將蚌、貝殼皮去掉，然後用特製的鋸鋸成薄片，鑲嵌時根據需要再磨薄。各種螺鈿硬料，有片狀有粒狀。又可經斜頭刀、銼刀對螺鈿進行裝飾加工，可點、抹、鉤、條，形形色色。

雨灌

對於漆器上大面積的髹塗，需要用到髹刷。黄成將各大小髹刷比擬作「雨灌」。《淮南子·泰族》謂：「春雨之灌萬物也，渾然而流，沛然而施，無地而不澍。」〔三〕小的髹刷也可當漆畫筆使用，但筆頭偏扁。大的髹刷可進行大面積的髹塗，也用於髹塗全器、素

〔一〕［宋］李昉等：《太平御覽》（四部叢刊三編·京都東福寺東京静嘉堂文庫藏宋刊本）卷八百二十五《資産部五》。
〔二〕［唐］段安節：《樂府雜録》（守山閣叢書本）《康老子》。
〔三〕［漢］許慎：《淮南鴻烈解》（四部叢刊初編·上海涵芬樓藏景鈔北宋本）卷第二十《泰族訓》。

髹或者用於髹塗厚作各式雕漆器的漆層。還有灰刷及染刷，均根據所用刷毛的軟硬而用。但作髹刷的毛料一般不會太柔軟，例如馬尾或豬鬃；若羊毛則太軟，多以乾用。

《與古齋琴譜》謂：「漆刷，取豬頸脊背上鬃毛，洗净，曬乾，齊平，須用牛膠水粘接長四五寸。另取薄竹木片二，長四五寸，闊一二寸，厚半分餘，即以鬃用膠水匀鋪其上，約厚一分。將竹木片夾緊，外纏以綢，用漆調面灰粘固，或用綫密紮緊。外加漆，待乾，然後以利刀於夾片頭上刮去夾片數分，毋刮損鬃毛，以露出之鬃，即爲刷也。熱水泡去鬃内膠水，則柔軟便用。」〔一〕今福州漆工仍將漆刷分爲：灰刷、糙漆刷、麭漆刷、罩透明漆刷、厚料漆刷等，其中厚料漆刷最爲考究，使用和保養也最爲重要。

露清

漆工爲了調得更爲鮮豔的顔色，有時會直接與較濕漆更爲透明的桐油進行調合。黄成將桐油比擬爲「露清」。漢張衡《西京賦》有謂：「立脩莖之仙掌，承雲表之清露。」〔二〕又三國曹植《承露盤銘》：「大形見者莫如高，物不朽者莫如金，氣之清者莫如露，盛之安者莫如盤。乃詔有司，鑄銅建承露盤於芳林園。」〔三〕桐油清澈，以桐油調各色料，各

〔一〕［清］祝鳳喈：《與古齋琴譜》（北京大學圖書館藏本）卷二。
〔二〕［唐］李善：《文選注》（同治重刊胡克家嘉慶原本）卷一《兩都賦二首·西都賦》。
〔三〕［唐］徐堅：《初學記》（古香齋袖珍十種本）卷二《天下部》。

色鮮妍如百花，正色顯現，有如子曰「繪事後素」之意。〔一〕又《考工記》謂：「畫繢之事後素功。」〔二〕謂先以粉地爲質，而後施五彩，猶人有美質，然後可加文飾。又唐張仲素《繪事後素賦》：「畫繪之事，彰施於文。表其能，故散彩而設；雜其暈，故後素而分。」〔三〕

油的使用並非明代所特有，中國從古代開始就有這種做法。王世襄收集了關於油的使用變化資料，推測出荏子油在殷、周、戰國時代被使用的可能性很高；到了魏、晉、南北朝時代，人們又使用胡麻油和胡桃油；到了宋代以後，使用桐油成爲主流。因爲關於各個時代的用油資料很少，再加上現在還没有開始相關分析，尚不能確定明代的用油情況。日本漆藝家田川真川子根據文獻記録的調製方法，將油煮熟後，再加入漆中，使之變黑。並將煮熟後的桐油、胡麻油以及荏子油與未經煮熟的桐油、胡麻油和荏子油進行了比較，並得出結論：「在實驗中，無論是哪種油，調配的量越多，含油漆的塗膜顏色就越淺，透明度增加，對塗膜的硬化程度也有很大的影響。而且，通過往漆裏加入少量的油，塗膜的光澤度變好了。對照以上的實驗結果，我們重新閲讀《髹飾録》，發現記載的内容與實驗結

〔一〕〔宋〕朱熹 集注：《論語集注》（摛藻堂四庫全書薈要）卷二《八佾第三》。
〔二〕〔漢〕鄭玄 注、〔唐〕陸德明 音義：《周禮》（四部叢刊初編·景長沙葉氏觀古堂藏明翻宋岳氏刊本）卷第十一《考工記第六》。
〔三〕〔唐〕張仲素：《繪事後素賦》（欽定四庫全書）《文苑英華》卷一百十四。

果是一致的。」〔一〕

霜挫

在胎骨製成並補綴後，須以削刀作切削修整。黄成將削刀比擬爲「霜挫」。《春秋元命苞》曰：「霜以殺木，露以潤草。」〔二〕削刀即在鏇床上用以鏇制漆器木胎的小刀，一般有圭角形和圓頭形兩種。削刀的刀口扁平，用於切削胎骨平面，而卷鑿則刀口圓卷，用於切削圓面。

「初陽」，古謂冬至一陽始生，因以冬至至立春以前的一段時間爲「初陽」。《吕氏春秋·有始》：「冬至日行遠道，周行四極，命曰玄明。」〔三〕又明王鏊《震澤長語·象緯》：「冬至之日，一陽自地而升。」〔四〕黄成將切削修整胎骨視爲漆器得以成形的最初步驟，因而謂之「初陽斯生」。漆器的製作，一般要先從木胎做起，所以楊明在對「霜挫」的注釋裏稱：「霜殺木乃生萌之初，而刀削樸乃髹漆之初也。」意謂霜雪墜壓樹木，乃是生機萌動之開始，而金屬刀具削挖木胎，乃是髹漆的開始。這裏所謂「霜挫」其實並不僅指削刀偕同卷鑿，

〔一〕田川真千子：《〈髹飾録〉の実験的研究》，奈良：奈良女子大学松岡研究室，1992–1997年，第33頁。
〔二〕［清］黄奭：《春秋元命苞》（續修四庫全書·册一二〇八），上海：上海古籍出版社，2002年，第629頁。
〔三〕［戰國］吕不韋 彙編、［漢］高誘 注：《吕氏春秋》（四部叢刊初編·景上海涵芬樓藏明刊本）第十三卷《有始覽第一·有始》。
〔四〕［明］王鏊：《震澤長語》（指海本第一集）卷上《象緯》。

亦泛指切削修整漆器胎骨的各樣金屬刀具，其與旋床同是製作胎骨時使用的工具，亦是製作漆器最先用到的工具。

雪下

色粉及金銀粉要以筒羅加工，黄成將筒羅比擬爲「雪下」。《詩・小雅・采薇》有謂：「今我來思，雨雪霏霏。」[二] 色粉、金粉通過筒羅而落，猶如雨雪紛紛片片而下狀。筒羅可以將色粉、金銀粉、螺鈿粉以羅眼疏密分成各種粗細大小，可以分好後備用，也可直接在髹漆未乾之時直接搗灑於其上，但從所需。

日本漆工稱「筒羅」爲「粉筒」。一般用幼細的竹材枝幹截成小段，並將兩端削成斜面，一端貼絹，另端裝金粉。「粉筒」有大有細，所貼絹片亦粗細各異，依據所裝載粉末的粗細而不同。極細者又有以粗鵝毛管制成，將兩端削成斜口，一端包上一張細絹，另一端盛入金銀細粉。

霰布

做漆器底地裝飾的常用工具還有蘸子，黄成稱之爲「霰布」。蘸子，即是用繒、絹、麻布等布料團起的撲子。在未乾的漆面上以蘸子打起蓓蕾狀花紋。《釋名》曰：「霰，星也。

[一]［漢］毛亨傳、鄭玄箋、［唐］孔穎達疏：《毛詩正義》（武英殿十三經注疏本）卷十六《小雅・采薇》。

水雪相搏，如星而散也。」[一]又《詩·小雅》：「如彼雨雪，先集維霰。」[二]明謝肇淛《五雜組》：「霰，雪之未成花者，今俗謂之米粒雪，雨水初凍結成者也。」[三]

「蓓蕾」是指漆面上故意使其凸起花蕾般的小顆粒。《髹飾録》坤集中「紋匏」之「刻絲花」有「細蓓蕾紋」，「填嵌」中有「蓓蕾斑填漆」，俱是可以蘸子打起蓓蕾花紋。蓓蕾花紋除了可作底地裝飾之外，也可作單獨裝飾，因而《髹飾録》坤集中「紋匏」門又有「蓓蕾漆」條。

雹墮

除了以蘸子打起蓓蕾紋，還有引起料作爲起紋工具，黄成將之稱爲「雹墮」。引起料大多是禾殼之類。在髹漆未乾之時，將禾殼投撒於漆面，漆乾後除去禾殼，留下凹痕，其狀如雹粒，故而比成「雹墮」。《大戴禮記·曾子天圓》曰：「陽之專氣爲雹。」[四]又《禮記·月

[一] [漢]劉熙：《釋名》（四部叢刊初編·景江南圖書館藏明翻宋書棚本）卷第一《釋天第一》。

[二] [漢]毛亨傳、[漢]鄭玄箋、[唐]孔穎達疏：《毛詩正義》（武英殿十三經注疏本）卷二十一《小雅·鴛鴦》。

[三] [明]謝肇淛撰：《五雜組》（北京大學圖書館藏本）卷一《天部一》。

[四] [漢]戴德撰、[北周]盧辯注：《大戴禮記》（四部叢刊初編·景無錫孫氏小緑天藏明袁氏嘉趣堂刊本），《曾子天圓第五十八》。

令》謂：「仲夏行冬令，則雹凍傷穀。」[一]《本草綱目》云：「雹者，炮也，中物如炮也。」[二]

在漆器的漆面上印陷出各種痕跡後，再在痕跡上，施以不同顏色的漆層，研磨後，便會顯露出天然的紋理。漆工在禾穀之外，亦採用各種各樣的材料作爲漆面痕跡的引起料，包括：紙屑、松針、棕絲、樹葉、碎荷葉、絲瓜絡等等。現代亦有用塑膠薄膜的，可控制其粗細厚薄，效果殊美。

至此，關於製作底紋的工具黄成此處只列舉了這三樣，分别代表了灑、打、挖三種常用的底紋做法。往後起紋的種種變化與採取用具的不同，其起紋的原理皆源出這三種做法。

雺籠

漆器裝飾首先是要用粉筆與粉盞起稿，黄成將之稱爲「雺籠」。《爾雅・釋天》：「天氣下，地不應曰雺。」[三]又杜牧詩《泊秦淮》：「煙籠寒水月籠沙。」[四]楊明謂之「雺起於朝，起於暮」。粉筆與粉盞用於描定漆器上裝飾圖案的位置。此是漆器裝飾常用工具，鑲嵌、雕鏤、描錦皆會用到。但凡裝飾繁複或大件漆器表面圖案經營則缺此不可。粉筆可

〔一〕［漢］鄭玄注、［唐］孔穎達疏：《禮記注疏》（武英殿十三經注疏）卷十四《月令》。
〔二〕［明］李時珍：《本草綱目》（欽定四庫全書）卷五《水部》。
〔三〕［晉］郭璞注、［宋］邢昺疏：《爾雅注疏》（武英殿十三經注疏）卷五《釋天第八》。
〔四〕吴在慶：《杜牧論稿》，廈門：廈門大學出版社，1991年，第57頁。

直接描圖於器胎表面，而圖稿描畫於薄紙之上，也可蘸粉於紙背複描於器胎上。複雜的圖案，粉道交織，朦朦朧朧，視若「雺籠」。

古代漆工在漆器上打稿多半用粉，依紙樣花紋在紙的背面勾畫一次，將紙粉刷上胡粉，再反過來鋪在漆器上再勾勒一遍，花紋便過到漆器上。現今漆工亦常採用以蘸粉於紙背複描於器胎上的方法，多用鈦白粉。近年又流行以拷貝紙複寫畫稿於器胎之上，趁拷貝紙油墨未乾前抹上銀粉或白粉，畫稿亦細膩清晰。

時行

曝漆所用的挑子有大小長短各式，視乎用法不同而形態有異。黄成將各種各樣的挑子比擬爲「時行」。《易・坤》：「坤道其順乎，承天而時行。」〔一〕《論語・陽貨》：「天何言哉。四時行焉，百物生焉。天何言哉。」指四時運行。〔二〕又《禮記・月令》：「（季夏之月）是月也，土潤溽暑，大雨時行。孔穎達疏：大雨應時行也。行，降也。」〔三〕

挑子，即漆刮。挑子用木、竹或骨、角製成，漆工髹漆，無論打底、作灰漆、糙漆、髹上塗漆，莫不要挑子。挑子有時挑稠厚的漆灰，有時挑稀飄的漆，好像四時運轉，百物

〔一〕［魏］王弼、［晉］韓康伯注、［唐］孔穎達疏：《周易正義》（武英殿十三經注疏）卷二。
〔二〕［魏］何晏集解、［宋］邢昺疏：《論語注疏》（武英殿十三經注疏）卷十七《陽貨第十七》。
〔三〕［漢］鄭玄注、［唐］孔穎達疏：《禮記注疏》（武英殿十三經注疏）卷十六《月令・季夏之月》。

萌生，製造漆器就從挑漆開始，所以托其名爲「時行」。挑子還有專用於起綫緣的起綫挑子，以及起花的起花挑子。現今的漆工亦按需採用鐵刮代替挑子。

春媚

以粉筆或粉盞在漆胎表面起好圖稿後，以畫筆依稿描漆。黄成將畫筆比擬爲「春媚」，「有寫像、細鈎、遊絲、打界、排頭之等」。南朝宋鮑照有《芙蓉賦》曰：「爍彤輝之明媚，粲雕霞之繁悦。」〔一〕形容其姿貌富麗華茂，此處用以之比喻畫筆對於漆器裝飾的用途。

裝飾所用於描漆之畫筆多種多樣，據所需粗幼軟硬選用。有專用於漆畫的筆，即漆畫筆，還有勾筋筆，以及更細的紅毛筆。打界筆，則用於畫直綫。排頭筆，是幾支筆連綴成一排，用於刷大面積用的筆。不同地方又有不同材質製作的漆畫筆，如福州漆工描繪漆器用鼠毛來製作畫筆。

夏養

除了模鑿、斜頭刀、銼刀外，黄成還列出了各種雕刀，並稱之爲「夏養」。黄成所謂「萬物假大，凸凹斯成」。《釋名》曰：「假也。寬假萬物，使生長也。」〔二〕又《漢書・董

〔一〕任繼愈：《漢魏六朝百三家集選》，長春：吉林人民出版社，1998年，第314頁。
〔二〕［漢］劉熙：《釋名》（四部叢刊初編・景江南圖書館藏明翻宋書棚本）第一卷《釋天第一》。

仲舒傳》：「天道之大者在陰陽，陽爲德，陰爲刑。刑主殺而德主生。是故陽常居大夏而以生育養爲事，陰常居大冬而積於空虛不用之處。」〔一〕

雕刀有圓頭，有平頭，有的鋒刃較純，有的形似玉圭，有的形似蒲葉，有的形似尖針，還有剞劂刀等，有在木胎上雕，有在漆胎上雕，有在漆面上刻。雕刀的用途廣泛，鑲嵌蚼片的加工可以用到雕刀，堆紅、雕漆、款彩、戧劃等技藝皆採用各種雕刀。而且作者將雕鏤與描錦並列，並指出其裝飾原理大致相仿，皆是凹凹凸凸形成各種各樣的圖案紋飾。

秋氣

黄成提到的帚筆則大多毛軟，用於乾傅各色，被稱之爲「秋氣」。《吕氏春秋·義賞》：「春氣至則草木産，秋氣至則草木落。」〔二〕黄成又謂「丹青施楓，金銀著菊」。丹青，原指丹砂和青雘，可作顔料。《周禮·秋官·職金》：「掌凡金玉錫石丹青之戒令。」〔三〕又《史

〔一〕［漢］班固 撰、［唐］顔師古 注：《漢書》（武英殿二十四史本）卷五十六《董仲舒傳第二十六》。

〔二〕［戰國］吕不韋 彙編、［漢］高誘 注：《吕氏春秋》（四部叢刊初編·景上海涵芬樓藏明刊本）第十四卷《孝行覽第二》。

〔三〕［漢］鄭玄 注、［唐］陸德明 音義：《周禮》（四部叢刊初編·景長沙葉氏觀古堂藏明翻宋岳氏刊本）卷第九《秋官司寇第五》。

記·李斯列傳》："江南金錫不爲用，西蜀丹青不爲采。"[一]又《漢書·司馬相如列傳》："其土則丹青赭堊。顏師古注：張揖曰：丹，丹沙也。青，青雘也。……丹沙，今之朱沙也。青雘，今之空青也。"[二]因而丹青又指紅色和青色，亦泛指絢麗的色彩。

用於乾傅各色，除帚筆外還有藹球。帚筆與藹球皆乾用，不蘸濕漆。漆畫筆描畫圖案後，可以帚筆乾傅各色漆粉；藹球即棉球，用以在未乾的色漆上撲灑金銀粉或箔。柔軟的帚筆及藹球不但可以在描畫的濕漆上乾傅色粉及金銀粉，在大面積髹塗漆液未乾的漆器表面也可以大號的帚筆、藹球撲灑金銀粉於其上。如《髹飾録》坤集中複飾之灑金地諸飾，灑金地便是在漆器底漆上撲灑金銀粉作背景裝飾，帚筆乃是必備工具。

冬藏

經過濾漆、曝漆而精製而成的漆液被儲存於漆甕之内待用，黄成將存放漆液的器皿稱之爲"冬藏"。《墨子·三辯》："春耕夏耘，秋斂冬藏。"[三]《禮記·樂記》："春作夏長，仁也；秋收冬藏，義也。"[四]黄成所謂"玄冥玄英，終藏閉塞"。"玄冥"本

[一]［漢］司馬遷撰、［宋］裴駰集解：《史記》（武英殿二十四史本）卷八十七《李斯列傳第二十七》。
[二]［漢］司馬遷撰、［宋］裴駰集解：《史記》（武英殿二十四史本）卷一百十七《司馬相如列傳第五十七》。
[三]［春秋戰國］墨翟：《墨子》（摛藻堂四庫全書薈要本）卷一《三辯第七》。
[四]［漢］鄭玄注、［唐］孔穎達疏：《禮記注疏》（武英殿十三經注疏）卷三十七《樂記》。

指水神。《左傳·昭公十八年》：「禳火於玄冥、回禄。杜預注：玄冥，水神。」〔二〕又

漢張衡《思玄賦》：「前長離使拂羽兮，委水衡乎玄冥。」〔一〕又指冬神。《禮記·月令》：「〔孟冬、仲冬、季冬之月〕其帝顓頊，其神玄冥。」〔三〕而「玄英」則是指純黑色。《爾雅·釋天》：「冬爲玄英。邢昺疏：言冬之氣和則黑而清英也。」〔四〕又《楚辭·七諫·怨世》：「服清白以逍遥兮，偏與乎玄英異色。王逸注：玄英，純黑也，以喻貪濁。」〔五〕又有謂冬天。

木桶一般用於採集、運輸或存放量大、時長的漆液；陶瓷甕則多用於裝存量少、常用的漆液。無論是桶還是甕，在載漆後都必須加蓋油紙，以確保漆液表面與空氣隔絶，利於減慢漆液因與空氣接觸而乾結的速度。

暑溽

從髹漆至鑲嵌或描畫，以至底紋裝飾各加工步驟完成以後要入蔭待乾。黄成將存放待

〔一〕〔晉〕杜預注、〔唐〕孔穎達疏：《左傳注疏》（武英殿十三經注疏本）卷四十八。
〔二〕〔南朝宋〕范曄 撰、〔唐〕李賢 等注：《後漢書》（武英殿二十四史本）卷九十八《張衡列傳第四十九》。
〔三〕〔漢〕鄭玄注、〔唐〕孔穎達疏：《禮記注疏》（武英殿十三經注疏本）卷十七《月令》。
〔四〕〔晉〕郭璞注、〔宋〕邢昺 疏：《爾雅注疏》（武英殿十三經注疏本）卷五《釋天第八》。
〔五〕〔漢〕王逸注：《楚辭章句》（欽定四庫全書）卷十三《七諫章句第十三》。

乾漆器的蔭室稱之爲「暑溽」。《禮記·月令》：「〔季夏之月〕土潤溽暑，大雨時行。」[一]又《後漢書·張衡傳》：「溽暑至而鶉火棲，寒冰沍而鼃鼂蟄。」[二]《宋史·文苑傳一·朱昂》：「漆城蕩蕩，寇來不能上。即欲就之，易爲漆耳，顧難爲蔭室。」[四]「願在地而爲簟，當暑溽而冰寒。」[三]又「蔭室」見《史記·滑稽列傳》：

最適合於漆乾燥的温度是 25 ~ 30℃，濕度在 80 ~ 85%。盛夏時温度過高，寒冬時温度過低，漆液乾燥較慢，有時甚至不乾；春夏梅雨季節濕度過大，漆液乾燥過快又引起漆膜起皺。因而漆工設置蔭室以控制温度、濕度，讓漆器順利乾燥。

寒來

漆工開始使用存好的漆液時會用到柡子，黄成稱之爲「寒來」。黄成謂：「已冰已凍，令水土堅。」楊注：「言法絮漆、法灰漆、凍子等，皆以柡粘著而乾固之，如三冬氣，令

〔一〕［漢］鄭玄注、［唐］孔穎達疏：《禮記注疏》（武英殿十三經注疏本）卷十六《月令》。
〔二〕［南朝宋］范曄 撰、［唐］李賢 等注：《後漢書》（武英殿二十四史本）卷九十八《張衡列傳第四十九》。
〔三〕［元］脱脱等：《宋史》（武英殿二十四史本）卷四百三十九《文苑一》。
〔四〕［漢］司馬遷 撰、［宋］裴駰 集解：《史記》（武英殿二十四史本）卷一百二十六《滑稽列傳第六十六》。

水土冰凍結堅也。」《爾雅·釋宫》：「鏝，謂之杇。」[一]《说文解字》：「秦謂之杇，關東謂之槾。」[二]

杇是一種小而輕便的工具，其狀如塑刀。杇可以用於粘接、填補、起綫、堆花等方面，對於法絮漆、法灰漆、凍子等稠厚物的加工都需要用到杇。同時，藏漆的取用，也可用杇子挑起油紙及漆類。王世襄謂：「《爾雅》、《方言》、《説文》所説的『圬』，就是現在瓦工所用的抹子。」[三]何豪亮稱王氏將「圬」解釋爲刮板有誤，認爲「圬」爲不同形狀雕塑刀，是用以做堆漆、隱起的工具。北京、揚州骨石鑲嵌的花木枝梗；福建脱胎像的五官、衣褶等均用此工具。

晝動

當每日完工後要注意清潔。黄成將清潔用的洗盆與帉稱爲「晝動」。《世説新語》：「帝曰：『晝動夜静。』謝公出，歎曰：『上理不減先帝。』」[四]又清曹庭棟《養生隨筆》：「况乎日出而作，日入而息，晝動夜静，及一定之理，似不得以四時分别。」黄成所謂「作

[一]［晉］郭璞注、［宋］邢昺疏：《爾雅注疏》（武英殿十三經注疏本）卷四《釋宫》。
[二]［漢］許慎撰、［宋］徐鉉等校定：《説文解字》，北京：中華書局，2013年，第116頁。
[三]王世襄：《〈髹飾録〉解説》，北京：生活·讀書·新知三聯書店，2013年，第20頁。
[四]［南北朝］劉義慶：《世説新語》（四部叢刊初編·景上海涵芬樓藏明嘉趣堂刊本），《夙惠第十二》。

事不移，日新去垢」即日日動作，勉其事，不移異物，而去懶惰之垢，是工人之德也。見《易·繫辭上》：「富有之謂大業，日新之謂盛德。孔穎達疏：其德日日增新。」〔一〕又《禮記·大學》：「湯之盤銘曰：苟日新，日日新，又日新。」〔二〕

「洗盆」指的是打磨漆器過程中所使用的水盆；「帉」是指打磨漆器過程中所使用的指布以及手巾。在漆器打磨的過程中，包括磨漆灰與退光漆，常常會蘸取清水濕磨。

夜静

從胎骨補綴、打底、垸漆、糙漆、麭漆等各道工序，每每完成後須入窨静静候乾。黄成將窨比擬「夜静」。見唐王維《鳥鳴澗》：「夜静春山空。」〔三〕又元李文蔚《燕青博魚》第三折：「這早晚玉繩高、銀河淺，恰正是夜闌人静。」〔四〕《説文》：「窨，地室也。」〔五〕

朱啟鈐在其《漆書》福建漆器中介紹：「凡施漆藝半陰晴天爲宜。每漆一次，即入窨。地窨以濕潤爲主。閩中地窨，尚須潑水，故大暑及晴燥，不宜施漆。入窨陰乾，約一晝夜，

〔一〕［晉］韓康伯注、［唐］陸德明音義、孔穎達疏：《周易注疏》（武英殿十三經注疏）卷十一《繫辭上》。
〔二〕［漢］鄭玄注、［唐］孔穎達疏：《禮記注疏》（武英殿十三經注疏）卷六十《大學》。
〔三〕周嘯天：《唐絶句史》，重慶：重慶出版社，1987年，第95頁。
〔四〕王學奇：《元曲選校注》第一卷，石家莊：河北教育出版社，1994年，第762頁。
〔五〕［漢］許慎撰、［宋］徐鉉等校定：《説文解字》，北京：中華書局，2013年，第115頁。

取出以石磨之，磨好再漆。」[一]在中國南方過去用地窨爲多，現福州漆器用地窨者漸少。

地載

骨胎及漆液準備好後，漆工來到盛放工具的台桌跟前準備加工漆胎。黄成將漆工放置「捎盤」及「模鑿」的几桌稱之爲「地載」。《易·乾》：「大哉乾元，萬物資始。」[二]又《禮記·郊特牲》：「所以神地之道也，地載萬物，天垂象，取財於地，取法於天，是以尊天而親地也。」[三]

地載，即放置工具和材料的几桌。四平八穩，猶如「陳列山河」。此桌上盛放「捎盤」及「模鑿」等工具，亦包括待髹的漆坯。

土厚

入漆的灰有多種，黄成稱之爲「土厚」，「有角、骨、蛤、石、磚及坯屑、磁屑、炭末之等」。楊明註謂「凡物燒之則皆歸土。土能生百物而永不滅，灰漆之體」。《風俗通·皇霸篇》：「黄者，光之厚也，中和之色，德四季與地同功，故先黄以別之也。」[四]又《吕氏春秋·辯土》：「厚

[一] 朱啟鈐：《漆書》，北京：清華大學圖書館藏油印本，1958年，第85–86頁。
[二] [魏]王弼注：《周易》（四部丛刊初编·上海涵芬楼藏宋刊本），《乾卦》。
[三] [漢]鄭玄注、[唐]孔穎達疏：《禮記注疏》（武英殿十三經注疏本）卷二十六《郊特牲》。
[四] [漢]應劭撰：《風俗通義》（四部叢刊初編·景常熟鐵琴銅劍樓瞿氏藏元刊本）《皇霸第一·五帝》。

土則孽不通，薄土則蓄幡而不發。」〔一〕除《髹飾録》所記之外，大白粉、滑石粉、黄土灰、石膏灰，也是中國漆工會採用的灰料。

灰是漆器製作中最爲常用的一種底胎加工材料，與生漆及豬血調合，作漆器的底子粉。日本漆工一般採用的底子粉有「砥粉」、「地粉」、「矽藻土」、「錆粉」。「砥粉」是將用於磨刀的「合砥石」研磨後篩選而成的粉末。「地粉」是將磚瓦粉碎碾細篩選而成的粉末。「矽藻土」是輪島一帶海藻化石煅燒成粉後再研磨後調合膠漆而成的漆灰。「錆粉」以火山灰製作而成，調入膠漆後成爲「錆土」。「砥粉」、「地粉」、「矽藻土」篩出極精細的部分亦稱「錆粉」。

柱括

在胎骨處理好後還需要準備好一塊布，作爲給胎骨裱布之用。黄成將這塊布料稱之爲「柱括」。黄成謂「土下軸連，爲之不陷」。楊注：「布筋包裹棬榡，在灰下，而漆不陷，如地下有八柱也。」《説文》：「柱，楹也。」〔二〕又《文選・海賦》：「《河圖括地象》

〔一〕［戰國］吕不韋 彙編、［漢］高誘 注：《吕氏春秋》（四部叢刊初編・景上海涵芬樓藏明刊本）卷第二十六《士容論第六・辯土》。

〔二〕［漢］許慎 撰、［宋］徐鉉 等校定：《説文解字》，北京：中華書局，2013年，第115頁。

曰：地下有四柱，廣十萬里，有三千六百軸。」〔一〕

這塊布可以是棉布，也可以是麻布。將布裱於胎骨與漆器表面之内，起到支撑作用，令到漆器表面更平整而不易塌陷。現福州「木胎漆器地底」有修膠勒瑞、刮瑞、褙布工序。

山生

盛放工具及材料的几桌上放置著「捎盤」及「模鑿」等物。黄成稱「捎盤」與「髹几」爲「山生」。此處「髹几」不同於「地載」之「几桌」，「髹几」用於承載正在加工的漆器，與放置工具的几桌相鄰。「捎盤」實際上是一塊用於調漆、調色、合灰漆的板子，又名「髹盤」。將濾好或精製過的濕漆挑到捎盤上，加入色料進行調色。

「捎盤」爲做漆工用之托盤，由「捎當」而得名。日本稱「捎盤」爲「定盤」。日本漆工所謂之「定盤」，即調漆時所用之臺板。其尺寸，可隨漆工意願及製作習慣而定。

水積

裱布要用濕漆漿糊胎骨之上。黄成將濕漆比擬爲「水積」。《莊子·逍遥遊》：「水之積也不厚，則其負大舟也無力。」〔二〕又《易·説卦》：「坎，陷也。」《藝文類聚》：

〔一〕［南朝梁］蕭統、［唐］李善：《文選》，上海：上海古籍出版社，1986年，第2635頁。

〔二〕［晉］郭象注、［唐］陸德明音義：《南華真經》（續古逸叢書）卷第一《逍遥遊第一》。

「《易·説卦》曰：坎爲水，潤萬物者，莫潤於水。」〔一〕

從樹上採集而來的生漆原料裏，一般含有20%至40%的水分。天然生漆液中水分的多少不但與漆樹的品種、産地的環境有關，而且也與採割的技術有關。漆樹的品種也會影響到漆液的稠、淳程度，在通常情况下，大木漆稠厚，小木漆淳稀。另外，在割漆時若切割過深而切入木質部，漆液的含水量就多。除了水分之外，生漆原料中還夾有塵埃等雜質。天然的生漆原料不能直接被利用，須要經過加工纔能用於髹飾。純生漆塗不厚，也不能研磨推光。用生漆髹塗可以不必使用蔭室，但經過加工精製的熟漆則必須入蔭候乾。生漆有稠、淳兩種等别，熟漆有「揩光」、「濃」、「淡」、「明膏」、「光明」、「黄明」之六種加工製作。熟漆的製作要經過曝漆過程，曝漆之前要先過濾。

「揩光」，又見「坤集」中「質色」門「黑髹」條中記有：「黑髹，一名烏漆，一名玄漆，即黑漆也。正黑光澤爲佳。揩光要黑玉，退光要烏木。」楊注：「熟漆不良，糙漆不厚，細灰不用黑料，則紫黑。若古器，以透明紫色爲美。揩光欲黸滑光瑩，退光欲敦樸古色。近來揩光有澤漆之法，其光滑殊爲可愛矣。」「揩光」與「退光」也出現在「朱髹」條中，還有「黄髹」、「绿髹」、「褐髹」各條也提及到了「揩光」。「揩光」很可能是罩漆的一種，或即罩透明漆，亦可能是用一種低温脱水的熟漆作爲透明退光面漆使用。

〔一〕〔唐〕歐陽詢等編纂：《藝文類聚》（宋紹興本）卷八《水部上·總載水》。

「濃」，即熟漆濃淡之別。「濃」可能是類似加入「觸藥」的黑光漆。「淡」，可能是一種低温脱水的熟漆，可以加入胚油作爲金底漆。「明膏」，可能是一種高温脱水聚合後的坯漆，此漆加生漆後可以調配各種色漆。現今我國各地常用作調製色推光漆的坯漆，被稱爲半透明漆或推光漆，此或黄成所謂「膏漆」，髹上塗漆後退光則稱爲「退光漆」。「緑髹」條中楊注「又其明暗，在膏漆銀朱調和之增減也」；「見《髹飾録》「質色」門「朱髹」條中楊注「明漆不美則色暗」。「光明」，可能是用「明膏」加入胚油及生漆後的一種紫紅色透明罩光漆。在推光漆内兑入廣油成油光漆。油光漆透明度好，黏性足，漆膜變軟，變亮，有明光，或許便是黄成所謂的「光明」漆。「黄明」，可能是一種類似於無油而透明的推光漆，這種漆可以用明膏加入藤黄和黄梔子煎汁等著色劑，以沖淡其褐色素，使其漆色變淺，用於推光漆面罩明。也可能加入松香煤油溶液進行調製，成爲一種含油的、透明的推光漆。

以上六種熟漆，除了「淡」漆可能用於打底、「明膏」作爲坯漆用以調製推光色漆之外，「揩光」、「濃」、「光明」、「黄明」是爲精製的推光漆。需要特别注意的是，在明代，「揩光」與「退光」一樣，在作爲一種熟漆的同時，也是一項推光的技法。

海大

除掉雜質後，將漆液灌入曝漆盤之中，黄成稱曝漆盤及煎漆鍋爲「海大」，將漆液放在曝漆盤内進行曬制。黄成所謂：「其为器也，衆水歸焉。」楊注曰：「此器大，而以製熱諸漆者，故比諸海之大，而百川歸之矣。」《莊子·秋水篇》：「天下之水，莫大於海，萬川歸之。」[一]晉袁宏《三國名臣序贊》：「形器不存，方寸海納。李周翰注：方寸之心，如海之納百川也，言其包含廣也。」[二]

生漆的曬制，即經脱水、透化、熟化的加工工序。在漆液凉制的基礎上，將漆液放在太陽光下加熱攪拌脱水，可以提高漆液中漆酶分子的活性。漆液曬制時的温度以保持在40℃左右爲宜。邊加熱邊攪拌，使漆液進一步氧化聚合，並驅趕水分，讓其中水分含量控制在2%至5%之間纔算達標。在曬制的過程之中，脱水的快慢受到環境、温度、濕度等等因素的影響。氣温高、濕度小，水分蒸發會過快；反之則慢。因此，在精製漆液時，要根據實際的情況考慮是否繼續加水。如果在凉制時能將水分控制在15%左右，曬制脱水則更好把握。曬制是否適度主要依賴觀察曝漆盤内漆液翻動時的成色，若是脱水已至所要求的程度，漆液將由渾濁不清變得清晰透明，並具明亮光澤。

〔一〕［晉］郭象注、［唐］陸德明音義：《南華真經》（續古逸叢書）卷第一《秋水第十七》。

〔二〕［南朝梁］蕭統編纂：《文選》（四部要籍選刊），杭州：浙江大學出版社，2017年，第2675頁。

潮期

漆液放在曝漆盤内進行曬制的同時，還要用專門的曝漆挑子翻動漆液，黄成稱之爲「潮期」。專用於曬漆的挑子大而長，在曬漆時將漆液不停翻動，以增加漆分子與空氣接觸的機會，保證漆酚能夠充分氧化聚合。楊注曰：「鰌尾反轉，打挑子之貌。波濤去來，挑飜漆之貌。凡漆之曝熟有佳期，亦如潮水有期也。」所謂「海鰌魚」，其長數千里，穴居海底，入穴則海水爲潮，出穴則潮退。

福州現有「紅推光漆」精製工藝，傳統上是在陽光下進行曬制，現多已轉用紅外燈來曬制。將紅外燈分佈於漆盆之上，温度控制在 40℃ ~ 45℃之間。在曬制之前，將大約一成的水加入到晾制好的半熟漆内。一邊攪拌一邊加水，要嚴格控制所加入的水量，總加水量大約占所有漆的二成之内。一般曬漆時間約爲三小時左右，漆内水量痕跡逐漸消失後，當漆色呈現均匀的紅褐色時即表示曬製完成。

河出

除盛放工具的几桌「地載」外，捎盤因其用途多樣而與髹几常備。而配備於漆工几臺的工具是模鑿，被黄成稱之爲「河出」。模鑿、斜頭刀、銼刀皆是加工蝕片之類硬料的工具。

《易・系辭上》：「河出圖，洛出書，聖人則之。」[一]又見《書・顧命》：「大玉、夷玉、天球、河圖，在東序。孔傳：伏犧王天下，龍馬出河，遂則其文以畫八卦，謂之河圖。」[二]古人認爲出現河圖洛書是帝王聖者受命之祥瑞。《漢書・翟義傳》：「河圖雒書遠自昆侖，出於重野……此乃皇天上帝所以安我帝室，俾我成就洪烈也。」[三]

「模鑿」，用以打造鑲嵌螺鈿的漆器所需同一形狀的鈿片。漆工爲了讓所採用嵌貼的鈿片能夠統一造型及大小，避免不斷重復重新製作每一塊鈿片，故利用「模鑿」來進行裁切，可以準備不同款式的模子鑿刀，切出不同的鈿片。

洛現

除「虹見」外，關於揞筆覘，黄成此處又將之與筆覘並列，並稱之爲「洛現」。高濂《遵生八箋》謂：「筆覘有以玉碾片葉爲之者。古有水晶淺碟，亦可爲此。惟定窯最多扁坦小碟。」[四]屠隆《考槃餘事》：「有中盞作洗，邊盤作筆覘者。有定窯匾坦

[一]［晉］韓康伯注、［唐］陸德明音義、［唐］孔穎達疏：《周易注疏》（武英殿十三經注疏本）卷十一《繫辭上》。

[二]［漢］孔安國傳、［唐］孔穎達疏：《尚書注疏》（四部叢刊初編・景烏程劉氏嘉業堂藏宋刊本），《顧命第二十四》。

[三]［漢］班固撰、［唐］顔師古注：《漢書》（武英殿二十四史本）卷八十四《翟方進傳第五十四》。

[四]［明］高濂：《遵生八箋・燕閑清賞箋》（欽定四庫全書）。

小碟最多，俱可作筆覘。」〔一〕由此推斷，揩筆覘很可能是濡筆的小碟，而筆覘是用於盛載各種漆色的。而黄成所謂「對十中五，定位支書」。楊注曰：「四方四隅之數皆相對，得十，而五乃中央之數。言描飾十五體，皆出於筆覘中，以比之龜書出於洛也。」據其字面之意，即四方四隅之數皆相對，對加得十，而五乃是中央之數。所謂「描飾」十五種體貌，皆是出於筆覘，作者用以比喻龜書出於洛河。王世襄認爲根據《髹飾録》坤集中描飾門所講到的各種做法近二十種，所謂十五種體貌，當包括其中。照此理解，即謂漆器彩繪的各種製作都經由揩筆覘及筆覘完成之意。

泉湧

濾漆的工具被稱爲濾車，黄成稱之爲「泉湧」。「濾車並擗」，見《禮記·玉藻》：「君羔擗虎犆。擗，覆笭也。」〔二〕「擗」在此指夏布。將漆液倒在浸濕的方形夏布中央，疊合反向扭轉，兩端紮緊繫於濾車臂架，旋緊兩端，擠壓漆液從布孔中溢出。這是制漆的首道工序，各種漆料的加工皆須過濾，除掉所有雜質後方可曝漆。

黄成謂之「高原混混，回流涓涓」。楊注曰：「漆濾過時，其狀如泉之湧，而混混下流也。濾車轉軸回緊，則漆出於布面，故曰回流也。」在此只提到了使用濾車進行濾漆，但在將

〔一〕［明］屠隆：《考槃餘事》（哈佛燕京圖書館藏本）卷十一《文房器用箋·筆覘》。
〔二〕潛苗金譯註：《禮記譯註》，杭州：浙江古籍出版社，2007年，第364頁。

濾好的漆液進行煎曝漆之前還需要煉熟，目的是將濾好的生漆液在摻水攪拌的過程中，氧化成漆酚醌，進而聚合形成漆酚聚體。這有助於增强髹塗乾燥後所形成漆膜的硬度與亮度。經煉熟後，將生漆進行脱水。漆液中水分的含量會直接影響漆的乾燥效果。漆液中所含有的水分過少會令其變得不易乾燥，甚至不乾；漆液中水分過多又會削弱到其粘度以及漆膜的光澤。對漆液中水分的把握十分重要，因而曬制的效果直接關係到漆液精製的品質。

冰合

「冰合」，即膠。在胎骨成型以後，膠以脆松薄片對胎骨的缺陷進行補綴。各種膠料在漆器製作中用途廣泛，黄成稱膠「有牛皮、有鹿角、有魚鰾」，這各種膠料爲塊狀，隔水蒸熬成糊狀。膠料不但用於補綴胎骨，還可用於調漆糊製作灰底，或用於粘貼螺鈿嵌片。

古代漆工所採用的傳統膠料有牛皮膠、豬皮膠、魚鰾膠等種類。牛皮膠較多見，因其造價低廉，傢俱製作較常用。此外，亦有用桃膠、阿拉伯樹膠的。現代則有漆工用化工乳膠來代替天然膠料進行飾料的粘貼。

楷法第二

楷法，原指書風典範。見《晉書・辛謐傳》謂：「謐少有志尚，博學善屬文，工草隸書，爲時楷法。」〔一〕又北齊顔之推《顔氏家訓·慕賢》：「有丁覘者，洪亭民耳，頗善屬文，殊工草隸……軍府輕賤，多未之重，恥令子弟以爲楷法。」〔二〕《髹飾録》作者此處所謂「楷法」，乃指髹漆之法則。

三法

「三法」中首條便是「巧法造化」。在製作漆器的過程當中，「巧法」了天、時、地種種類象。作者藉此將《髹飾録》中的髹具知識貫穿於「天人合一」觀念所籠罩的話語體系之中。《老子》有謂：「人法地，地法天，天法道，道法自然。」〔三〕董仲舒《春秋繁露·深察名號》又云：「天人之際，合而爲一。」〔四〕楊明對「巧法造化」作注曰：「天地和同萬物生，手心應得百工就。」説的便是天、地、人（手與心）合而爲一，以成就百工所成就。

「質則人身」則將天、地、人三才具體到漆器的本體之上。楊明注曰：「骨肉皮筋巧作神，瘦肥美醜文爲眼。」意指漆器胎質猶如人的身體；骨肉皮筋經過巧妙製作纔有神緒，瘦肥美醜則經由各種裝飾寫照傳神。「質」在此被比擬爲「骨肉」，而「瘦肥美醜文爲眼」談

〔一〕〔唐〕房玄齡：《晉書》（摛藻堂四庫全書薈要本）卷九十四《列傳第六十四·隱逸》。

〔二〕〔北齊〕顔之推：《顔氏家訓》（北京大學圖書館藏本）第二卷《慕賢篇第七》。

〔三〕〔春秋〕老子著、〔漢〕河上公注：《老子道德經》（四部叢刊初編·景常熟瞿氏鐵琴銅劍樓藏宋刊本），《河上公章句第二·象元第二十五》。

〔四〕〔漢〕董仲舒：《春秋繁露》，北京：中華書局，1975年，第359頁。

及的已不僅是漆器內在的胎質，而是漆器外表的文象。楊明在「三法」的注中云：「文質者，髹工之要道也。」在中國的古典美學中，「文質」又是一對常見術語。《論語・雍也》所謂：「質勝文則野，文勝質則史，文質彬彬，然後君子。」〔一〕「文」的字面意思指紋理、色彩，延伸爲對象的形式外觀，以至文章、文學或文化，在《論語》中的「文」則具有外在形式美的含義；〔二〕與「文」共用時，「質」往往指的是事物的內在本質，繼而可延伸爲內在，以至內容；在《論語》中的「質」還可被看爲倫理、道德。「文質彬彬」正是表達了內在本質與外在形式配合得宜的儒家美學觀點。「骨肉皮筋巧作神，瘦肥美醜文爲眼。」骨肉皮筋是爲「質」，肥瘦美醜是爲「文」，二者關係猶如神與眼，表裏如一、相互協調。對於漆器的外部，黄成將漆器外表髹飾的方法歸納爲「文象陰陽」，「文象」即「紋理」、「色彩」以及「形狀」之意。楊明注「文象陰陽」曰：「定位自然成凸凹，生成天質見玄黄。」「陰陽」與「凸凹」、「玄黄」相通，意謂漆器的紋飾設計要順應陰陽和諧之道，做到凹凸有致，猶如天生麗質。

〔一〕［魏］何晏 集解、［唐］陸德明 音義、［宋］邢昺 疏：《論語注疏》（武英殿十三經注疏本）卷六《雍也第六》。

〔二〕Peter K. Bol. *This Culture of Ours: Intellectual Transitions in T'ang and Sung China*. Stanford: Stanford University Press, 1992. p.85.

二戒

「淫巧蕩心」、「行濫奪目」被認爲是工匠在設計漆器時都應該注意的兩項戒條。尤其是對漆匠而言，特别要避免製作過於豔麗浮誇的漆器。《禮記·月令》所謂：「毋或作爲淫巧，以蕩上心。」[一]即不爲過於精巧而無益的技藝與製品。這是歷代制器的傳統訓誡，作者尤引爲漆工所警戒。需要注意的是，此「二戒」著重於對漆器的視覺效果進行描述，這實際上是對陷入這兩種情狀的漆器設計予以批評。由於「二戒」更偏重於審美趣味方面的要求，因此「二戒」同樣可以適用作漆器用家在挑選漆器時的注意事項。

四失

在「二戒」對漆器製作效果進行批評之後，「四失」的批評則直指漆工本身。「四失」的内容具體化了作爲漆工需要檢討的幾個在漆器製作方面的態度問題。「制度不中」，意爲製作不良的漆器產品不能售賣予顧客；「工過不改」，意指在製作漆器的過程中有所過失必須改過；「器成不省」，意謂漆器在製成後需要通過品質檢查；「倦懶不力」，即製作漆器時不能疏懶，工匠要有精益求精的精神。這些針對漆工工作的批評，主要圍繞著製作漆器過程中的禁忌以及漆工的素養兩個方面的要求而展開的。

[一]［清］阮元 校刻：《十三經注疏》，北京：中華書局，1980年，第1364頁。

三病

在「四失」之後提到「三病」，直接指向漆工的個人修養問題。黄成所謂「三病」：「獨巧不傳」，即守著一技之長、秘不傳人；「巧趣不貫」，即技術不足、趣味不相統一；「文彩不適」，即花紋、色彩的設計没有做到相適得宜。楊明的注釋加深了對漆工素質的批評傾向，他解釋道：名工的品質在於代代相傳，工藝及技術纔得以積累，而是庸俗的工匠則只重視當前，其技藝即便能擅於一時，也難以長久。巧工與拙匠之間的差別是什麼呢？楊謂：就好比他們在共同製造一輛車子，製車的零件和工序那麼繁多，若製作手藝不能相互協調匹配，又怎能造就好的車子呢！〔一〕至於在設計漆器時，花紋、色彩的經營安排也體現漆工的經驗和修養，做得不好的，如狗尾續貂，這又怎麼合適呢？〔二〕

六十四過

在晚明流行的書寫当中，各種有關「鑒」、「戒」、「失」之類的記述時有見之，《髹

〔一〕聞人軍 注譯：《考工記譯注》，上海：上海古籍出版社，2008年，第11頁；戴吾三：《考工記圖説》，濟南：山東畫報出版社，2003年，第25頁。

〔二〕［清］李漁：《李笠翁曲話》，長沙：湖南人民出版社，第38頁；王海連：《閒情偶寄圖説》，濟南：山東畫報出版社，2003年，第136頁。

飾録》並非殊例。〔一〕但可以確定的是，《髹飾録》的作者最爲關注的讀者應該是那些對漆藝知識有著實際需要的人。所謂「六十四過」，乃是作者刻意附會，以暗合六十四卦之數。事實上，有關漆器製作的過錯十分多樣而並無定數。當中種種過錯的羅列，似乎只有漆工本人才需要掌握如此專業的漆藝知識。但是，細心的讀者會發現，「六十四過」中原作者的描述基本上都是對各種漆藝製作的不當而造成漆器在其視覺效果上出現的表徵，並可以借此來判斷漆器的品質如何。如此一來，便不難想見，倘若没有楊明後來的注釋，《髹飾録》「六十四過」的原文，其實是在通過對漆器表面效果的觀察來檢驗其品質之優劣。如果讀者本身是漆工的話，定然能從中獲得許多現成的經驗，並可以此來檢討他的製作出品。尤其是在楊明補充注釋以後，《髹飾録》中的記録對於漆工的實踐所可以起到的作用就更爲實在了。另外，對於其他讀者而言，特别是對漆器有所需求的人們，也因此而對各種漆器表面所顯露出的問題進行甄别，這些檢驗漆器品質的知識可以幫助人們對不同品質的漆器進行選擇。

綜上，黄成在「三法」、「二戒」、「四失」、「三病」中，分别針對漆器設計與效果以及工匠的守則與規範作出要求，内容比較抽象，行文帶有概括性。而「六十四過」則

〔一〕 Craig Clunas, Luxury Knowledge: The Xiushilu ('Records of Lacquering') of 1625, in Techniques et Cultures, 29 (1997): 27–40.

是具體地針對「麭漆」、「色漆」、「彩油」、「貼金」、「罩漆」、「刷蹟」、「蓓蕾」、「指磨」、「磨顯」、「描寫」、「識文」、「隱起」、「灑金」、「綴蚼」、「款刻」、「戧劃」、「剔犀」、「雕漆」、「裹衣」、「單漆」、「糙漆」、「垸漆」、「布漆」、「揩當」、「補綴」，列出了共六十四條注意事項。此處僅補論黄成録「六十四過」可能之原由，具體内容將分述於後述坤集各條補論當中。

髹飾録坤集

《髹飾録》坤集卷首《附贊》記：「凡髹器，質爲陰，文爲陽；文亦有陰陽：描飾爲陽……其象凸，故爲陽，雕飾爲陰……其象凹，故爲陰。」其中將漆器的外部裝飾比作與胎質的「質」相應的「文」；「象」則是指紋飾中的各種「形狀」。「坤所以化生萬物，而質體文飾，乃工巧之育長也。」《周易·説卦》有云：「坤，地也，故稱乎母。」〔一〕《周易·彖傳》亦言：「至哉坤元，萬物資生，乃順承天。」〔二〕萬物化生的法則來源於天，而生成於地，因而黄成謂「坤德至哉」。將關於漆器的質地、器體、紋飾的生成呈歸納於「坤集」之内。

〔一〕〔魏〕王弼注、〔唐〕孔穎達疏：《周易注疏》（武英殿十三經注疏本）卷十三《説卦》。
〔二〕〔魏〕王弼注、〔唐〕孔穎達疏：《周易注疏》（武英殿十三經注疏本）卷二《彖傳》。

質色第三

「質色」，字面意指質地色澤、質地成色，「質」是漆器表面「质地」之意。所謂「純素無文者，屬陰以爲質者，列在於此」，「純素無紋」即其特徵，於是「黑髹」、「朱髹」、「黄髹」、「緑髹」、「紫髹」、「褐髹」、「油飾」、「金髹」等被歸入其中。

黑髹　朱髹　黄髹　緑髹　紫髹　褐髹

「質色」所列各條，王世襄認爲所指漆器皆爲「通體光素一色」。〔一〕對於「黑髹」、「朱髹」、「黄髹」、「緑髹」、「紫髹」、「褐髹」，長北認爲是指向「乾固以後可以推光的色推光漆髹塗」。〔二〕我國傳統技法中有出光、退光、揩光之法，現代則有推光、拋光等做法。何豪亮認爲：「所謂『推光髹塗』，是指用一種不混入其他乾性油的純天然熟漆作原料來進行的一種髹塗技法。『推光』可以分爲『黑推光』和『各色推光漆』兩種，都是待塗膜乾固後進行研磨，以磨去漆膜的浮光，推出内蘊的精光。」〔三〕又有認爲「退光」就是「推光」，「揩光」就是「揩漆」的，這種看法還有待商榷。

〔一〕王世襄：《〈髹飾録〉解説》，北京：生活·讀書·新知三聯書店，2013年，第44頁。
〔二〕長北：《〈髹飾録〉析解》，南京：江蘇鳳凰美術出版社，2017年，第42頁。
〔三〕何豪亮、陶世智：《漆藝髹飾學》，福州：福建美術出版社，1990年，第68頁。

六角紫水認爲，黄成所謂「揩光」與「退光」這兩種「黑髹」，類似於日本的「研出蠟色塗」與「蠟色黐消塗」。倘若没有使用油煙細灰混合成黑色塗，塗上後會變成像古器物那種紫黑色，而無法完全變爲黑色，但在古器中也將這樣的髹飾方法稱爲「黑髹」。所謂「朱髹」則是指「朱漆塗」，其成色鮮明。「揩光」是指「朱蠟色塗」，「退光」是指「黐消塗」。髹紅又有「礬紅漆」、「朱紅漆」、「丹漆」等，都是在後面加上漆字作爲稱謂。還有「丹朱」，又稱爲「洗朱」。而「黄髹」一般是指塗上黄色漆，「金漆」是依照其色而命名的。在色料上多使用「雄黄」，有時黄色中會偏向紅色，而「薑黄」與「雌黄」類似。「緑髹」所指是「青漆塗」，越深的緑色被視爲越好。楊明注釋中的「明漆」是指透明的漆。越是使用透明的漆覆蓋就顯得越墨緑。另外，調和「雄黄」與「煙墨」所成的緑色中現出黄點，是粉末研磨不夠所導致的。那些使用「臭黄韶粉」的，就没有純良的「青漆塗」好了。「紫髹」雖有「丹黑」之説，但絶非直接以丹漆髹塗。「丹色」即是紅色之意。混合朱色漆與黑色漆可製成紫色漆，成色後依照其色而命名。「土朱」是指「黛赭石」的粉末，跟「紅殻」是同類，跟用了朱色的成品是不同的顔色。要分别這幾種顔色，可以在小木板上塗開以作區分。而「褐髹」即类似日本今天所謂的「褐色塗」。〔一〕

黄成在「質色」門中所述前六條之制法，其中「黑髹」、「朱髹」、「黄髹」、「緑髹」、「褐

〔一〕六角紫水：《東洋漆工史》，東京：雄山閣，1960年，第265–267頁。

「綠髹」條中則同時提到了「退光」。如黃成謂「黑髹……揩光要黑玉，退光要烏木」、「朱髹……鮮紅明亮爲佳，揩光者其色如珊瑚，退光者樸雅」、「黃髹……鮮明光滑爲佳，揩光亦好，不宜退光」、「綠髹……其色有深淺，總欲沉，揩光者，忌見金星」、「褐髹……有紫褐、黑褐、茶褐、荔枝色之等，揩光亦可也」。「揩光」與「退光」爲古稱，古又有所謂「出光法」。宋人《琴苑要録・琴書》言：「以水楊木皮不拘多少，燒爲浮灰，入瓶器罨殺，勿令成炭，搗羅爲末，細爲妙。此爲退光藥。右用退光先於窨中取琴看，如見可退，即用黃膩石澆水輕手磨去琴上蓓蕾，然後用細熟布帛蘸藥末，以手來去揩擦，候見光瑩即住。後用浄水洗拭令乾，以手少點些油揩其光黑，轉更瑩澈，此爲出光法也。」可見「退光」與「出光」其實是同一種制式，或後者是前者之延伸與推進。元陶宗儀《輟耕録》在「髹器・黑光」中謂：「用刷蘸漆，漆器物上，不要見刷痕。停三五日，待漆内外俱乾，置陰處晾之，然後用楷光石磨去漆中類。揩光石，雞肝石也。出杭州上柏三橋埠牛頭嶺。再用篛帉，次用布帉，次用菜油傅，却用出光粉揩，方明亮。」[一]由此可想見，「退光藥」與「出光粉」很可能是相同或類似之物。

楊明在「黑髹」條下謂：「熟漆不良，糙漆不厚，細灰不用黑料，則紫黑。若古器，以透明紫色爲美。揩光欲黸滑光瑩，退光欲敦樸古色。近來揩光有澤漆之法，其光滑殊爲

[一]〔元〕陶宗儀：《南村輟耕録》，北京：中華書局，1959年，第375頁。

可愛矣。」這裏説明到了明代，「揩光」分化或發明出了「澤漆」之法。這種「澤漆」之法，即上薄漆若干次而使器物表面變得更光滑且潤澤的方法。也就是説，在明代以前，「揩光」只髹一次或較少次數，而明代以後則髹的次數越來越多，使「揩光」之「黸滑光瑩」達到「其光滑殊爲可愛」爲止。雷圭元《工藝美術技法講話》亦言：「揩光要黑滑光瑩好看，退光要古樸，退即待漆乾後用雞肝面或灰細磨即得。揩光亦宜磨去顆粒，再用薄漆揩光……則漆成後光澤可鑒。」〔一〕現代對於漆器的揩退並没有統稱。「澤漆」之法在傳到福州後，又並被稱爲「揩青」，當中包含了「退光」與「出光」以及「揩青」與「退揩青」。反反覆覆，又稱爲「推光」或其中之組成内容。沈福文《漆器工藝資料簡要》謂：「『推光』，是將紋樣打磨完成的漆盤器物，在推光機上推光……推光後漆器殘留有油泥，可用手沾黄土粉，在漆器上磨擦，除去泥垢……再將第一次推光後的漆器，用乾净的脱脂棉著少量的生漆在漆器面上擦上一層薄漆，後再用乾净棉花，在漆器面上揩一遍，不使它有不匀的厚漆存留，就把它放入温濕室内……取出後在漆器面上，著上極少量的菜籽油，用脱脂棉用力推磨，再用手指粘取鹿角細粉在漆器面指磨，漆器面上顯出光亮。這樣再經過同樣擦生漆，推光一二次，就成爲光亮而美麗的漆器。俗名叫這種方法爲『推光漆』。」〔二〕於是，「黑

〔一〕雷圭元：《工藝美術技法講話》，上海：正中書局，1948年，第89頁。
〔二〕沈福文：《漆器工藝資料簡要》，《文物參考資料》1957年第7期，第33–42頁。

髹」、「朱髹」、「黃髹」、「綠髹」、「紫髹」、「褐髹」，現在有又被直接稱之爲「黑（色）推光漆」、「紅色推光漆」、「黃色推光漆」、「綠色推光漆」、「紫色推光漆」、「褐色推光漆」的。

在「楷法」中的「六十四過」裏，黃成對「色漆」特別指出了其「灰脆」及「黯暗」之過。前者指熟漆在煉製之時因加入過多的桐油，用之調色漆後髹塗於漆器上，當厚塗時若漆中含桐油過多在乾固後表面容易產生「灰脆」而冰裂，所以有謂「漆制和油多之過」。「黯暗」則是指調製色漆時由於「用顏料少」而導致「漆不透明」，色漆成色鮮豔主要是由於所調入的漆料透明晶瑩，漆料不夠透明便使得色漆顯得暗啞無光，因而以「黯暗」稱之。此外，與以上所提「質色」門中各條的製作密切相關的，還需要注意到「六十四過」中「麴漆之六過」與「揩磨之五過」。

「麴漆之六過」，即「冰解」、「淚痕」、「皺皶」、「連珠」、「髹點」、「刷痕」，楊注其分別系由「漆稀」、「漆慢」、「漆緊」、「漆潦」，以及「髹時不防風塵」與「漆過稠」所引起。「漆稀」是漆液太過稀釋而翻轉沒有看準時候，器旁上及器側下的位置，會產生漆液流淌漫溢的過失。「漆慢」是漆液乾得緩慢，那是刷漆分佈不均勻之過。「漆緊」是漆液乾得緊促，那是蔭室內過熱之過。「漆潦」是漆液太厚之過。「髹時不防風塵」是髹漆時沒有防備風沙和灰塵，及後又沒有趁漆濕而挑去漆面飛絲之過。「漆過稠」是漆液過分稠著而且用硬毛刷所導致之過。

「揩磨之五過」，即「露垸」、「抓痕」、「毛孔」、「不明」、「黴黕」，楊注其分別是「過磨」、「平面車磨用力及磨石有砂」、「漆有水氣及浮漚不拂」，以及「揩光油摩、澤漆未足」與「退光不精、漆制失所」之過。觚稜、方角，以及平棱、圓棱之處過分打磨，容易産生「露垸」之過。漆器平面用車磨太過用力，以及磨石中夾雜有砂粒，容易産生「抓痕」之過。髹漆時漆面有水氣積聚及浮漚没有拂去，容易産生「毛孔」之過。揩光時用油不夠及澤漆不足，容易産生「不明」之過。退光不夠精細，漆液煉製未能保證品質所産生「黴黕」之過。

油飾

純以桐油來調顔色便是「油飾」。因生漆本身帶有醬油般色澤，除黑、朱二色以外，一般入漆色料在調和以後顔色的鮮豔程度將有所下降。因而要獲得鮮明的顔色，可以不調入漆液直接用桐油調入色粉後進行髹塗。因此制别具一格，所以黄成稱之爲「復髹飾中之一奇也」。但是黑色還是較適合入漆調色，而白色只能用油料來調得較鮮妍的色彩，因而楊明注：「比色漆則殊鮮研，然黑唯宜漆色，而白唯非油則無應矣。」

與「油飾」類似，日本有所謂「密陀油塗」，而在中國則通常是將桐油沸煮後再調入色料，以得到各種鮮豔的顔色。但黑色還是要使用黑漆，白色則用油調配。現代的漆器裝飾上純白色亦多用蛋殼鑲嵌來代用漆調白色漆或油調白色，但蛋殼屬於「螺鈿」鑲嵌飾料的延伸，應屬「填嵌」門而非「質色」門。又黃成在「楷法」中「六十四過」裏提到「彩油之二過」，分別是「柔粘」及「帶黄」。前者是指使用了劣質的或假的桐油所引起的膩糯不乾，後者則是指調色的桐油在熟制過程中煎過了火候，所調得彩油顏色發黄之過。

金髹

黄成謂之「一名『渾金漆』」。朱啟鈐曾指出，北京太廟及故宫奉先殿内通身上金的梁柱裝飾即名「渾金」。由于建築物内梁柱高大，在貼金後無法入蔭，因而不用漆金膠，而以油打金膠。黄成在「渾金漆」後緊接著又謂「即貼金漆也」，且以「無瘢斑爲美」。又有「泥金漆」，以内含精光、表面「不浮光」爲美。

「金髹」是指加置有金箔的製作，有貼、有泥。所謂「貼金」，是指將金箔粘貼到已打好金底漆的漆器上。而「泥金」，則是將金箔加入廣膠水經過研磨後，成爲極細的粉末，再調入膠或油等粘接劑，再以筆或刷塗、畫在器物上。楊明注「金髹」曰：「黄糙宜於新器者，養益金色故也。黑糙宜於古器者，其金處處摩殘黑斑，以爲雅賞也。」楊明注釋中所説的「黄糙」是指製成黄漆中塗，同時加置金箔便有助於金色的呈現。而且，在黑漆中塗裏押上金箔並加以打磨，令其生成黑色斑紋就更加雅致了。因而十分適用於仿造古器方面。另外，消粉可以用來替代金箔，令光澤更加穩定。要是用了銀箔就會變得黴黑。又楊明謂：「癜斑，見於『貼金二過』之下。」見黄成在「楷法」中「六十四過」裏提到的「貼金之二過」：「癜斑」及「粉黄」。「癜斑」意指黏貼金箔時輕浮疏忽致使金膠漫綴，「粉黄」意指金膠襯漆太厚而使漆液浸潤金屬箔面。因而楊注之謂「粘貼輕忽漫綴之過」與「襯漆厚而浸潤之過」。

紋匏第四

所謂「匏」，即漆器最後一道漆。因其表面上就有凸起的紋理，因而楊明謂之「屬陽」。「紋匏」與「填嵌」的不同在於，前者紋理凸起於漆面，而「填嵌」的紋理則與漆面齊平，因此「紋匏」屬陽，而「填嵌」屬陰。而同爲「匏」，「紋匏」與「匏漆」的關係，前者是在漆面上飾以凸起的紋理，後者作爲「匏漆」工序無需打磨而作漆地。

刷絲　綺紋刷絲

「紋匏」内之所列四種工藝：「刷絲」、「綺紋刷絲」、「刻絲花」、「蓓蕾漆」，可被分爲兩類，即「刷絲型」與「蓓蕾型」。「刷絲」、「綺紋刷絲」因用漆刷刷出痕跡以作裝飾紋理，因而歸爲前者；「刻絲花」、「蓓蕾漆」因用繒絹或麻布貼於漆器表面未乾之漆上，揭起而形成裝飾紋理，因而歸作後者。

所謂「刷絲」，即以特製的、刷毛較硬的刷子刷出如織機上直綫般統一的紋理，用色漆製作更加漂亮，但要塗黑就不容易了，所以先要刷黑漆，再上色漆。待漆器放置一段時間後，經過打磨色漆會出現紋理分明的黑綫，並從頭一層漆色顯露出來。而「綺紋刷絲」，則是以刷子刷出各種紋樣，使用色漆製作的各種紋樣，因其美妙而用「綺紋」來稱呼之。「刷絲紋理」屬於直綫紋一類，「綺紋刷絲」的紋理屬於曲綫紋一類。

對於「刷絲」需要注意的問題，黄成在「楷法」中「六十四過」裏提到的「刷蹟之二過」，即「節縮」與「模糊」。前者是指用刷髤漆時停滯不前，引起猶如蚘行般痕跡的過失；後者是指髤漆時漆液不夠稠緊，那是刷子毛毫太軟之過。

刻絲花　蓓蕾漆

「蓓蕾漆」，是對以紡織品在未乾的漆面上製作粒狀紋理的裝飾手法的總稱。而「蓓蕾漆」的各種名稱，如「穠花」等命名其實並没有固定的規範，而只是對把蓓蕾的不同形狀留在漆面上的描述而已。這類以色漆製作的蓓蕾紋漆器，在日本的「津輕塗」中亦有大量運用。而「刻絲花」並不是特指用細綫刻出紋樣的工藝，而是指以刷子刷出不同顏色的花紋，底色塗以漸變的色漆再研磨。

對於「蓓蕾漆」需要注意的問題，黄成在「楷法」中「六十四過」裏提到的「蓓蕾之二過」，即「不齊」與「潰痿」。前者是指髹漆有厚有薄，蘸起時又時有輕重不分之過；後者是指髹漆乾燥未夠粘稠而急於緊促蘸起之過。

罩明第五

此處「罩明」所指漆器爲罩透明漆的髹飾工藝，即透明漆在帶有不同漆地的器物上罩漆，因漆透明而顯露出漆器不同的底色。「罩明」工藝對漆工製作技藝的要求甚高，因「罩明」是這類漆器髹飾的最後一道工序，若漆料調配不良、濾漆不精，便會透過漆層一覽無遺。

罩朱髹　罩黄髹　罩金髹

「罩明」中共有四條：「罩朱髹」、「罩黄髹」、「罩金髹」、「灑金」。前三者的裝飾趣味較爲統一，「灑金」則因自明清時代起變化多樣而在後另述。

六角紫水指出，「罩朱髹」是指在朱漆中塗上罩以透明漆。在塗上的透明漆如能明顯透出幾分紫光那就更好了。在上塗研磨出一層光澤，其研磨看起來容易却做起來難。難點是蠟色溜塗不容易估計。因難以估計，其他各種顏色的溜塗難度就更大了。而「罩黄髹」在黄漆上塗髹上多層透明漆，在日本有所謂「雄黄溜塗」。「朱溜塗」（罩朱髹）上的罩明越厚越好。「黄溜塗」（罩黄髹）上的罩明適宜越薄越好。「罩金髹」是在中塗上面加置金箔，再在金箔上塗上透明漆。點暈中塗得濃淡不一視爲劣。以金泥等材料代替金箔，附著的穩定性會比較好。諸如銀箔、銀泥一樣的僞金箔即鍮箔代替金而省略下面步驟的話，其製品只能是次品。〔一〕

楊明在「罩金髹」條後所謂：「濃淡點暈，見罩漆之二過。」具體見「楷法」中「六十四過」裏黄成提到的「罩漆之二過」：「點暈」與「濃淡」。「點暈」，即濾漆液的布絹不夠細密，及髹刷漆液後又不挑去纇點之過。「濃淡」，即由於來回髹刷漆液，有時力量浮沉輕重不一之過。

灑金

「灑金」一般是指在漆器的漆面上灑金，再罩以透明漆。所使用的金粉有粗細之别，灑撒金粉亦有疏密之分，髹塗濃淡也有不同。「斑灑金」，通常是指像雲狀及像霞狀紋樣的灑金方法。

有學者認爲，以金粉作爲裝飾材料的「斑灑金」技藝發源自唐代，其時所稱金粉爲「金銼粉」，即所謂「末金」，時稱「末金鏤」。該工藝被視爲日本「蒔繪」藝術的發端，有日本正倉院藏中國唐代「金銀鈿裝大刀」爲據，其刀鞘上的紋樣裝飾正是以「末金鏤」技

〔一〕　六角紫水：《東洋漆工史》，東京：雄山閣，1960年，第268–269頁。

法所製成。該大刀乃自海上絲路送往日本皇室珍藏中的唐物，相關記録見《東大寺獻物帳》目録有謂「金銀鈿裝大刀……鞘上『末金鏤』作」。然而，有日本學者又認爲「蒔繪」與「末金鏤」並不是同類工藝。〔一〕

以黑漆底所制「砂金罩明」則與日本的「梨子地塗」類似。今見日本「梨子地塗」的種類十分豐富，包括：「潔梨子地塗」、「叢梨子地塗」、「平目梨子地塗」、「型部梨子地塗」等等。需要留意的是，這些工藝都需要「粉固」，以保持製作紋理的結實牢固。「粉固」，即先粗後細在漆面灑撒金粉後，入蔭乾燥後，再用稀釋後的透明漆薄塗一層於粉面上，併入蔭乾燥。關於「灑金」需要注意的問題，黄成在「楷法」中「六十四過」裏提到的「灑金之二過」，即「偏纍」與「刺起」。前者是指在灑金粉時金粉撒下却散佈不均匀之過，後者是指麩片没有壓陷穩定之過。

〔一〕　吉野富雄：《蒔絵源流論－末金鏤と蒔絵の関係》，《漆と工芸》第374號，日本漆工會，1932年；田川真千子：《〈東大寺獻物帳〉の記載にみる工芸技術につ「鏤」、「鈿」、「作」、「荘」、「裁」の用例から》，《人間文化研究科年報》第18號，奈良女子大學，2002年；室瀬和美：《金銀鈿荘唐大刀の鞘上装飾技法について》，《正倉院紀要》第33號，宮内庁正倉院事務所，2011年，第2頁。

描飾第六

黄成在「描飾」門下列出了「描金」、「描金罩漆」、「描漆」、「描油」、「漆畫」五種。所謂「描飾」，即指這類漆器以筆蘸稠漆或油在薄料、厚料、推光的器物上描繪紋樣，並且在描繪紋樣後不再研磨推光或罩漆。「描飾」在乾後因紋樣略高漆地，而屬於「陽」，但較「陽識」凸起得低。

描金　描金罩漆

「泥金漆畫」，其裝飾效果與日本「蒔繪」技藝類似，尤其是當中的「平蒔繪」。日本「蒔繪」大體上可分爲「高蒔繪」、「平蒔繪」、「研出蒔繪」三類，細細地描上金綫的被比喻爲「陽」；像刻劃上去的綫則被比喻爲「陰」。金泥、金箔的金色上混雜黄色、青色、赤色等漆，以描金畫上圖案即所謂「彩金象」。而「描金」與日本的「平蒔繪」又有所區別。無論是「高蒔繪」、「平蒔繪」、「研出蒔繪」，日本的「蒔繪」最後都要經過粉固研磨推光，而日本還有所謂「金銀泥金畫」的裝飾方法，先用金底漆畫出花紋，然後將泥金粉敷上。但「金銀泥金畫」是描完乾燥就算完成了，或許與「描金」在工藝上更加相似。而「蒔繪」也許與「描金罩漆」更爲接近。

所謂「描金罩漆」，實際上僅謂在黑、赤、黄等色漆的漆地上施加以類似描金的描繪，這類描金不適合加上黑理。「白描」是指不賦色彩而只以綫描，再髹塗透明漆在外。明代人喜歡在漆器的底子上加入附著金箔粉的銀色、朱色或黄色漆，或者在漆底上題寫詩句等等。「描金罩漆」，即凡是在漆器上飾有用金工藝包括描、灑、貼、泥而罩漆的，都可囊括在内。

描漆　描油

「描漆」，即以色漆繪畫，其紋樣各色齊備，其細鈎及紋理可以用黑漆來區劃。黑漆打底後再描上紅色的漆，之後在黑漆上填充上各種色彩。又或者先在漆底塗上各種色漆待其乾燥。顏色不顯光澤，並在色與色之間的連接處漸淡的則品位更加雅致。或許《髹飾録》中的「描漆」更準確地説應該更接近於所謂「描彩」，當中亦稱其「設色畫漆也」。

「描油」或稱之爲「描油彩繪」，就是用油代漆，以一種乾性油調製各種彩色，在上塗漆完工的漆地上彩繪出種種花紋。「描油彩繪」在日本又稱爲「密陀繪」。藍色、雪白、桃紅等顔色用色漆難以表現，要用油纔能顯示。所以古人在彩畫中大量使用描油。現今還會看到古時候的祭器上有純粹用油繪製而成的紋樣。松田權六在其《漆藝講話》中便稱：「在正倉院裏有很多是用油和顔料拌合，在漆器上描出花紋的。它和色漆畫不同，白色居多，色彩非常鮮明，這是它的特徵。平安時代之後，被用於一部分漆藝之中，這種裝飾方法，明治時代開始出現在正倉院的目録當中，一般可以被稱爲『密陀繪』……『密陀』或『密陀僧』，正是化學中的『一氧化鉛』，少量地混入油裏，有促使乾燥的效果；即使不混入，油也會乾。」〔一〕

對於「描油」工藝在製作過程中容易出現的過失，黄成在「楷法」中「六十四過」裏提到「描寫之四過」，分别是：「斷續」，即筆頭蘸漆太少引起描寫不連貫。「淫侵」，即筆頭蘸漆太多使得漆不受控滴落。「忽脱」，即放入蔭室的時間過長而使得所描繪的綫條没有粘牢。「粉枯」，即在漆面呼氣息於其上而未有起霧，就先以施金之過。

漆畫

「漆畫」，既是指以古今圖案所裝飾的畫，也指僅以純色填畫的畫。前文提到的「描漆」也是可以作爲漆畫的一種。「描漆」是指先畫好輪廓再設置顏色。此處的「漆畫」是與色漆顏色相對應的。朱質朱文是指花紋與底色一樣是紅色的畫。「漆畫」的色彩比較單純，花紋也比較寫意。王世襄指出「純色畫」：「只用一種色漆在漆器上畫花紋，花紋上面也不再用黑漆、金漆或其他色漆勾描紋理。」又指：「黄氏稱『古昔之文飾』多如是。不知

〔一〕　松田權六：《うるしの話》，東京：岩波書店，2013年，第111頁。

所爲古昔是指漢代或更早的漆器，還是唐宋時期的製品？以近年出土的西周、戰國及西漢漆器來説，黑地朱紋的純色漆畫，確是最常見的一種。」〔一〕

由於今天所稱之「漆畫」已大有不同，對於《髹飾録》所記載古代髹飾工藝中的傳統「漆畫」，何豪亮將之稱爲「漆飾」，並列舉了傳統的三種主要「漆飾」技法：「單色描繪」、「紋質一色」、「水墨漆畫」。「單色描繪」，即結合單綫畫法和平塗畫法而成。「紋質一色」，即朱地朱紋，黑地黑紋，遠看一色，近看有如浮雕式的花紋。「水墨漆畫」，與國畫小寫意相同，以透明漆代墨，濃處在透明漆裏加烏煙，一般宜在朱地、黄地、淺緑地上纔能有好的效果，深沉諸色地皆不宜。〔二〕

填嵌第七

這裏「填嵌」所指範圍十分廣泛，所有在漆器表面上刻劃花紋，再用金、銀或螺鈿等物填嵌進去的，以及用稠漆寫起花紋再填漆磨平的，均可納入此列。但「戧金」、「戧銀」之類，則隸屬於「戧劃」門。

〔一〕王世襄：《〈髹飾録〉解説》，北京：生活・讀書・新知三聯書店，2013年，第66頁。
〔二〕何豪亮、陶世智：《漆藝髹飾學》，福州：福建美術出版社，1990年，第92頁。

填漆 綺紋填漆

「填漆」，即是在紋樣上填以彩漆，再將上面部分彩漆磨掉，之前的花紋又再得以顯現。「磨顯填漆」，是在做完糙漆之後，未做麭漆之前就做花紋；「鏤嵌填漆」，則是待麭漆做完後再做花紋。「磨顯填漆」種類繁多，「彰髤」中的「斑漆」、「犀皮」和沈福文説的「研磨彩繪」、日本的某些「蒔繪」均屬此。此法可用「乾色」的方法來裝飾，在低陷的花紋内上清漆，再將色料粉末敷粘填進去。還有一種是「濕色」的方法，即是以漆入色，待後再在研磨好的光滑的上塗面上鏤嵌填漆，填嵌出各種花紋。這種做法較前者更覺自然。各種顏色如同錦綾的細紋般精緻美麗，此制原是出自中國南方地區。

而「綺紋填漆」的關鍵在於製作出特殊的刷痕，並在刷痕内填上色漆。即將各種不同的顏色塗到刷痕之，上面再用一道與地子不同顏色的漆填入痕跡裏，最後磨平。其做法與「磨顯填漆」雷同，此法與前述「紋麭」門「刷絲」及「綺紋刷絲」不同之處在於，「磨顯填漆」追求最後研磨齊平的效果，而「刷絲」却可以凸起，因而歸之於「紋麭」門之内。

彰髤 犀皮

「彰髤」，乃是指在漆器地子上作出各種不同的斑紋，再加以填色磨平的工藝。若在斑紋中加入金色則顯得特別光彩奪目。其做法一般是先用「引起料」將漆地印出不平的痕跡，由於「引起料」有各種各樣，所以印出的痕跡也不同，在不平的漆地上，填色漆，色漆或一色，或幾色，亦視斑紋的要求而定，最後磨平，現出彩華繽紛的斑紋。關於「引起料」，見前述「乾集」中的「利用」門裏「雹墮」條謂：「雹墮，即引起料。實粒中虛，痕跡如砲。」楊明注曰：「引起料有數等，多禾殼類，故曰『實粒中虛』，即雹之狀。又雹，砲也，中物有跡也。引起料之痕跡爲文，以比之也。」所謂「引起料」、「禾殼類」，其「痕跡爲文」呈現「雹之狀」，即是「彰髹」之紋理，又因其「有數等」之分，所以黄成列出了達十七種明代晚期流行的「彰髹」紋飾。從這十七種「彰髹」紋飾的名稱可知，黄成乃以其所形成的紋理形狀來進行區別和命名。但迄今却因缺乏實例證明，很難説出每一種的具體形態，只能從它們的命名推測其大概。

雖然缺乏明代「彰髹」的物證，但在明代以後的相關文物仍有流傳至今。北京故宮博物院藏有一件盛清時期的「斑紋漆筆筒」，其漆飾斑紋磊磊，形狀細密。其花紋裝飾以紅、黑二色爲主，斑紋佈局勻稱，層層疊疊，並偶露黑漆紋眼，與「犀皮」紋類似。但「犀皮」其狀如虎皮，初時以螺鈿沙起紋，又有以礦石起花的，後來則由打撚起花，後再以色漆套髹，遂磨顯推光成器。其與「彰髹」同屬「填漆」，而後者側重於「引起料」的作用。有關古代的「犀皮」實物，可追溯至三國時代，而有關「彰髹」的古物資料却寥寥無幾。其中的原因，一方面是可能因爲「犀皮」與「彰髹」同屬「填漆」技藝，彼此製作原理類似，效果接近，而「犀皮」在後世更爲流行；另一方面大概是「彰髹」一般被作爲襯托的髹飾技藝，一直未能如「犀皮」一樣成爲一項獨立的裝飾主紋。「犀皮」在明代已是一類被獨立命名的漆器品種應是事實，這從《格古要論》的記録中可得到明證。而「彰髹」則常常也被作爲「斑紋」的一類起到襯托的作用。

所謂「犀皮」不少中外學者將之視爲漆器紋樣的一種，稱之爲「犀皮紋」，指在漆層上不均勻地重複髹塗各種顔色再研磨平整而形成的紋理。黄成謂「犀皮」或作「西皮」、「犀毗」。元人陶宗儀在《輟耕録》中有所謂「西皮」條，謂：「髹器稱『西皮』者，世人誤以爲犀角之犀，非也。乃西方馬韉，自黑而丹，自丹而黄，時復改易，五色相疊。馬鐙摩擦有凹處，粲然成文，遂以髹器仿爲之。」〔一〕明人都穆則在其《聽雨紀談》中謂：「世人以髹器黑剔者謂之犀皮，蓋相傳之訛。犀皮當作犀毗，毗者，臍也。犀牛皮堅而有文，其臍四旁，紋如饕餮相對。中一圓孔，坐卧磨礪，色極廣潤，西域人割取以爲腰帶之飾。曹操以犀毗一事與人是也，後之髹漆效而爲之，遂襲其名。又有髹器用石水磨之，混然凹者，名滑地犀毗。」〔二〕可見明代之時，「犀皮」多有歧義。

王世襄稱：「在北京的文物業中，犀皮這個名稱，並不存在，而稱之爲『虎皮漆』或

〔一〕［元］陶宗儀：《南村輟耕録》，北京：中華書局，1959年，第138頁。
〔二〕［明］都穆：《聽雨紀談》，濟南：齊魯書社，1995年，第213頁。

『樺木漆』；南方則稱之爲『波蘿漆』。」何豪亮補稱：「『波蘿漆』，安徽屯溪有此做法，名曰『鳳梨漆』。在南宋時，做法是上漆後撒些破碎的螺鈿沙，再套髹黑、黄、紅色漆，乾後磨顯其紋，推光成器。故當時有人稱之爲『破螺漆』。其後發展，用石黄、石緑、石青、朱砂等礦石起花，仍套髹上述色漆，最後磨顯其紋，推光成器。其石黄起花者，類似鳳梨削皮後的肌理，故有『鳳梨漆』之名。又唐時雲南南詔稱虎曰『波羅』，故漆器類虎紋者曰『波羅漆』，並有『虎皮漆』之稱。」[一]《帝京景物略》卷四引明人高友荊《燕市漆器歌》謂：「品題第一號填漆，再次玻羅次剔紅。」[二]當中有所謂「玻羅」漆器在「燕市」中甚至超過「剔紅」漆器，蓋莫明代之時北方亦有稱之。

有關填漆磨顯的注意事項，黄成在「六十四過」中列有「磨顯之三過」：「磋跡」、「蔽隱」與「漸滅」。「磋跡」，即磨顯急促疏忽之過。「蔽隱」，即磨顯程度不及之過。「漸滅」，即磨顯程度太過之過。

螺鈿　襯色蜔嵌

「螺鈿」，是一種被普遍而廣泛地使用的古老技法，古時候採用厚的貝片，而現在則採用越來越薄的貝片，或者使用貝殻粉末。爲了適應不同圖案的製作，需要採用粗細不一

[一] 王世襄：《〈髹飾録〉解説》，北京：生活・讀書・新知三聯書店，2013年，第81頁。
[二] ［明］劉侗：《帝京景物略》，北京：北京古籍出版社，1983年，第169頁。

的粉末。《髹飾録》稱此法不宜用在朱漆地子上，蓋此爲明代螺鈿漆藝之趣味。

中國用蛤蚌殼來作器物裝飾的做法可以溯源至很早之時。1964 年在洛陽龐家溝西周墓中發現套在瓷豆之外的鑲嵌蚌泡的朱、黑兩色漆器托是現知較早的實例。同類制法的漆豆，外壁鑲蚌泡六枚，在三門峽上村嶺虢國墓地也有發現。其時代約在西周、東周之間，説明相關技法在周代已經流行。自唐五代至元明，中國的螺鈿漆器在工藝與材料乃至裝飾趣味上出現了重要轉折。唐代螺鈿漆器一度以厚實的「硬螺鈿」工藝爲著，並且風行一時，中國國家博物館所藏「嵌螺鈿人物花鳥紋漆背鏡」與「嵌螺鈿雲龍紋漆背鏡」可謂此中典範。至五代及宋初，「硬螺鈿」漆器仍舊流行。現藏於湖州市博物館、出自湖州飛英塔的五代時期漆器「嵌螺鈿説法圖漆經函」，以及現藏於蘇州市博物館、出自瑞光塔的五代漆器「嵌螺鈿花卉紋經箱」均顯示出了傳承自唐代螺鈿漆器的髹飾風格。

《髹飾録》此處共記録了三種螺鈿鑲嵌工藝，分别是「分截殼色」以「隨彩而施綴者」與「片嵌者」，以及「加沙者」。前者將螺鈿的貝殼原料加工精製成各種形狀的片、點、條，再通過組合設計成各種裝飾題材。從一般的幾何圖案、花卉紋樣，還有複雜的人物樓閣風景圖像，皆一一經嵌拼而成。後者則將螺鈿的貝殼製成各色大細沙屑，按需灑撒而成各種雲、霞、沙、苔等肌理。何豪亮稱：「由於將鈿片分截成小塊，又將小塊鑿刻成各種小點，鑲嵌在一個畫面上，形成以點爲主要鑲嵌成分的特點，因此稱爲『點螺』，也稱薄螺鈿。

早在元代，我國就開始製作軟螺鈿的漆器了。1996年在北京元代遺址中發現一件殘破的、直徑約37公分的『軟螺鈿』漆盤，盤心薄螺鈿片嵌有『嫦娥奔月』的圖案。」〔一〕

中國軟螺鈿裝飾的流行早在元代以前已經開始形成。自唐五代進入到宋代，螺鈿漆器的重要特色是精薄、亮麗的「軟螺鈿」髹飾的發展。儘管資料有限，但據現有材料顯示，宋代早已有薄螺鈿工藝的製作，如宋人周密便在其所著《癸辛雜識》中提及「螺鈿桌面屏風十副」的記録。收藏於臺北故宫博物院的宋代畫家蘇漢臣所繪《秋庭嬰戲圖》，其背景内的黑漆嵌鈿傢俱，從其描繪中可以想見其時流行鑲嵌細密螺鈿裝飾的傢俱。兩宋時期的螺鈿髹飾不但白螺片鑲嵌得到接續，彩鈿鑲嵌亦已流行，而且紋樣豐富、設計典雅。這類「軟螺鈿」髹飾所採用螺鈿片料不但更富光彩，並且變得越來越薄，所精製螺鈿漆器在光綫掩映下閃閃發亮，極之雅致迷人。迄今所見相關物證，現藏於日本永青文庫的南宋時期「螺鈿樓閣人物紋重盒」便是一例。

松田權六在其《漆藝講話》談及漆器的螺鈿裝飾之時，提到「琉球的螺鈿」，云：「把貝殼原有的天然顏色青、紅、黄等最美的部分弄成像薄紙那樣。青樹葉文用其青蘭色，紅花文用其紅色，芽蕊文用其緑色，人物的服裝文用其黄色部分。它的風格是把全部花紋用薄貝殼片表現出了，這是它的特色，也是平嵌螺鈿的一種。另外還有一種從貝殼片的裏面

〔一〕何豪亮、陶世智：《漆藝髹飾學》，福州：福建美術出版社，1990年，第115頁。

塗上金箔成顏色的做法，讓它發出天然色以外的顏色。在這裏漆器盛行之時，金銀片和貝殼片並用，即把『金銀平脱』、『蒔繪』、『螺鈿』等在一件器物上錯施，許多東西都是精巧無比的。這種技法在江户時代十分流行。」〔一〕當中所謂在貝殼片裏面塗色或金箔的做法，亦即「襯色蚼嵌」。

所謂「襯色蚼嵌」，是指在螺鈿貝殼的底面加上各種顏色，其中也指用金銀箔加在襯裏幫助顯色。爲了更好地顯示其底色，多選用透明的貝殼薄片並在下面襯以不同的顏色。因爲彩色可以透過殼面，所以説「煥然如佛郎嵌」。所謂「佛郎嵌」，即銅胎掐絲琺瑯，亦稱「景泰藍」。一般螺鈿漆器的分截殼色，只限於殼片的天然色澤，襯色蚼嵌則因鈿下可以任意填色，能夠得到近似於「景泰藍」的效果。但其實並非任何顏色都可以做「蚼嵌襯色」，襯色既要色彩鮮豔，用漆調色或用油調色都達不到所要求的鮮豔程度，且又不易乾固，所以以膠調彩色既鮮豔，又能作粘劑。

關於螺鈿鑲嵌，黄成在「六十四過」中列有「綴蚼之二過」：「粗細」、「厚薄」。「粗細」，即螺鈿片裁剪切割没有仔細觀察對比之過。「厚薄」，即在琢磨螺鈿時太過或打磨得不夠之過。

〔一〕松田権六：《またうるしの話》，東京：岩波書店，2013年，第156–157頁。

此三法皆是指使用金屬片、屑、綫等進行鑲嵌，要想製造出帶過渡效果的光暈則一定要使用屑碎與粉末。用鍮、錫代替金容易産生黴黑的氣息，效果會變得不好。

嵌金 嵌銀 嵌金銀

長北謂：「文質齊平的嵌金銀片漆器，成熟於打磨推光工藝成熟的唐代，時稱『金銀平脱』。……日本奈良東大寺正倉院藏有中國唐代金銀平脱漆琴，琴面飾金平脱花紋，琴背飾銀平脱花紋，琴腹内有黑漆書『乙亥之年季春造』等字，並藏中國唐代籃胎銀平脱漆胡瓶、銀平脱八角菱花形鏡盒、金銀平脱鏡等。」〔一〕而日本却稱此類製作爲「平文」而非「平脱」。「平文」實則是「平脱」的一種，在日本學者的研究當中有人認爲「平文」是日語，「平脱」是唐時用語，也有認爲所嵌之金銀片漆後成爲平面者爲「平脱」，花紋浮出者爲「平文」的説法。〔二〕而它的制法其實基本一樣，皆以金、銀薄片刻剪成所需圖形、圖案，以漆膠貼於器胎之上，再於金、銀片紋飾上髹漆，唯一不同的是顯露出紋飾的方法是磨平抑或刻除。前者使得金、銀紋飾與漆底皆平，後者令紋飾突出漆面。

〔一〕長北：《〈髹飾録〉析解》，南京：江蘇鳳凰美術出版社，2017年，第79頁。
〔二〕廣瀬都巽：《平文平脱の解》，東洋美術研究会編：《正倉院の研究：東洋美術特輯》，飛鳥園，1930年，第106–111頁；吉田包春：《平脱及平文の手法について》，東洋美術研究会編：《正倉院の研究：東洋美術特輯》，飛鳥園，1930年，第112–116頁；北村大通：《正倉院の漆工品（平脱と平文）》，《日本美術工芸》第586號，1987年7月，第76–80頁。

陽識第八

但凡是用漆或者漆灰來堆出花紋，並且不用刀加以雕琢的種種做法，均可列入此門。此外，「陽識」通常製成平堆，其花紋基本上没有大的高低起伏，而且紋樣堆起較薄，仿佛畫像磚上的紋樣效果，而較畫像磚的紋樣更薄。並且，還包括用漆或者漆灰堆起紋樣上再堆寫或鏤刻花紋的製作。

識文　識文描金　識文描漆

「識文」，即是以漆灰堆成各種裝飾紋樣。其與「堆漆」之不同，在於其紋樣與漆地爲同一顏色。「平起」，就是在製作過程中凹下去的紋理；「綫起」，則是在製作過程中堆起凸出來的紋理。

「識文描金」，有指以金粉加入描金紋中的、或加入金泥即消粉於圖案中的，以金屬綫刻畫綫條與紋樣的則比一般的描畫更加精巧。「識文描金」通常又分为「屑金」和「泥金」兩種。「屑金識文描金」，是指在用漆堆成的纹样上撒上屑金；「泥金識文描金」，則是在用漆堆成的紋樣上貼金或上金。而「描金」的做法是在漆器的地子上用漆描繪各種紋樣，再打金膠上金。與「識文描金」的區别在於其堆起較高，能够表現出物象的高低變化。楊明所謂「倭制殊妙」，王世襄認爲「識文描金」與日本的「高蒔繪」相同。大約在元明之際，該技法的發展進入到一個極爲繁榮的階段，並影響到中國。

「識文描漆」類似於「識文描金」。是用漆畫上紋樣，再塗上混了各種顔色的漆並寫起而成，又或者用色料在漆上擦付。其圖案最好是金色或黑色，紋理用刀刻畫是最好的。「識文描漆」有「濕色」和「乾色」兩種做法。前者直接將顔色調入漆内，並以之塗染稠漆堆起的紋樣，即所謂「合漆寫起」；「乾色」則是以罩漆塗染技法罩塗堆起的紋樣，並在其將乾未乾之時，將色粉擦上，即所謂「色料擦抹」。至於其紋理的加工處理，即類似於「識文描金」有金理、黑理及劃理。

對於「識文」工藝，黄成在「六十四過」中除了「麭漆之六過」中因漆潦而引起的「連珠」之過外，還列有「識文之二過」：「狹闊」與「高低」。「狹闊」，即識文在描畫寫起忽輕忽重所引起之過。「高低」，即漆液的稠厚失去所應有的穩定性使得在描畫寫起之時不受控制之過。

堆漆　揸花漆

「堆漆」，是指把漆堆積隆起的髹飾方法。與日本稱爲「鋳上」的方法相仿。〔一〕但堆漆會引起侵界。又有用不同顔色疊加在一起的。底色使用金銀色的尤其華麗。「堆漆」技藝在當代漆工的製作之中，是一個具有較爲廣泛含義的名稱。通常將用漆堆起的紋樣，無論其上作何種髹飾，皆可稱之爲「堆漆」。除了識文用灰堆起之外，「堆漆」或可以包括「陽識」一門中的各種技藝。但對《髹飾録》的作者黄成來説，此處所謂「堆漆」所指較爲狹窄，被用以專指文質異色的製作，其圖案類似於「剔犀」的製作。何豪亮提出這種「堆漆」，名之曰「堆犀」更爲準確。以堆靈芝紋爲例，第一道用朱漆堆出形象；第二道用黄漆堆，堆時留出周緣的朱漆綫；第三道用黑漆在黄漆上堆，堆時又留出黄漆間緣綫；如是反復堆到要求的高度爲止。

傳統的「堆漆」，其紋樣以「華藻」、「香草」、「靈芝」、「雲鉤」、「條環」之類爲多。紋宜佈滿、地宜少露、文質互異其色。現代的「堆漆」則不拘泥於題材，而重於形式上的趣味。雷圭元在《工藝美術技法講話》中談到「堆漆」，謂：「『堆漆』爲漆飾中最有趣味的工作，或高或低，隨意加減，變化甚多，而富有立體味，爲近代工藝品中最受人歡迎的一種。以之作室内的壁飾，高雅無比，其高低凹凸之間，光綫直射，起種種不同的面影，仿佛一幅浮雕，一片石刻，而光瑩晶亮，又非浮雕石刻所能比擬。方法又甚簡易，不若戧嵌之費工

〔一〕六角紫水：《東洋漆工史》，東京：雄山閣，1960年，第274頁。

費料。法用漆和灰堆起，低者一次堆成，高者二次三次不等。但每堆一次，必須要等第一次所堆的灰料完全乾後再動手，不然中心不乾，便容易脱落。堆漆之前，應先糙漆與繪漆……堆時以不露層疊痕跡視若一體爲要，對光綫的來源宜注意，即高者均在一面，低者另在一面，不可錯亂，否則製成後光綫射入，必致一片糊塗，失去浮雕的趣味，堆成後便可琢磨、雕刻、上色。」〔一〕

又所謂「揸花漆」，是在堆紋上面採用細鈎纖皴的綫來組成畫面的裝飾方法，即所謂「陽中陽」的做法。「揸花漆」，據黄成所説，其特點在於具有刺繡般色彩絢麗的花紋高出於綾緞之上的效果。「揸花漆」或是在「堆漆」上塗色漆並效果近似於刺繡的特點而得名。但「識文描漆」也有此特點，與「揸花漆」的主要差别在於其效果有如平塗。

堆起第九

「堆起」與「陽識」的主要區别在於前者在堆成後加以雕琢，而後者則不加雕琢。除了用「灰」堆起之外，漆工還會用可塑性較好「漆凍」。關於「漆凍」，楊明除了在本門下提到「又漆凍模脱者」之外，在「雕鏤」門「堆紅」條下注釋中又提及過「有漆模脱印者」、又「堆彩」條下注釋中有「脱印成者，俱名堆錦」。

〔一〕　雷圭元：《工藝美術技法講話》，上海：正中書局，1948年，第96–97頁。

隱起描金　隱起描漆　隱起描油

「隱起描金」、「隱起描漆」、「隱起描油」中所謂「隱起」，即以特製的漆灰來製作出類似浮雕的效果，其紋樣較「陽識」略高，紋樣本身有高低起伏。

「隱起描金」的紋樣高低依照各物象的需求製作，而其中在質地上堆起的棱角則越圓滑越好。在金粉花紋上刻劃金綫的爲最上等。用金泥的稍微劣等。又可以描綫、勾金、或者刻畫。「隱起描金」先以漆灰來作浮雕，再在上面灑撒金屑，或上泥金，物象上的紋理可再用金勾、用刀刻劃及用黑漆勾描。

「隱起描漆」，即類似前面所説的「隱起描金」，其區別主要是在用金和用漆上。而「隱起描漆」與「隱起描金」相仿，只是紋樣上不上金，而是代之以色漆。據黄成所稱，其做法又有「乾設色隱起描漆」與「濕設色隱起描漆」兩種。另外，還有以色漆紋理加金理、黑漆理、刻理三種不同的製法。

「隱起描油」與前面所説的「隱起描漆」相同，其區别在於以油代漆。現代的漆工經常用到「隱起描油」，從髹飾佛像到傳統裝潢、傢俱裝飾以及一些日用器具等等，並發展出各款堆塑題材與裝飾風格。

對於所謂「隱起」可能存在的问題，黄成在「六十四過」中列有「隱起之二過」：「齊平」及「相反」。「齊平」，即堆起之時没有心思計畫好所引起的過失。「相反」，即在堆描物像的過程中不夠意志集中所産生的失誤。

雕鏤第十

此處除「鐫蜔」與「款彩」之外，均屬於「雕漆」的範疇。由於「雕漆」是以剔刻技法在堆起的漆面上製作出紋樣，因而紋樣可按需高低起伏，是以楊注稱之爲「陰中有陽」。日本用常以字面所指，「雕漆」與「刻漆」共用，或「雕漆」以名，「刻漆」謂其特點。〔一〕另，據現有研究可知，中國「雕漆」大約醖釀形成於漢唐之間。考古學家斯坦因曾在今新疆維吾爾自治區的樓蘭古跡中發現髹有漆層並雕刻著圖案的皮質鎧甲碎片。日本學者西岡康弘從其雕刻技術和表現風格出發，認爲已具有了後來流行於宋代的雕漆器的特徵。〔二〕

剔紅　金銀胎剔紅　剔黄　剔緑　剔黑

據黄成所説，唐代剔紅是在平板印版刻上朱色錦紋的雕法，爲最古樸，同時亦有觀賞性。後來也有在底漆處用黄色漆的，與宋元之時製作的刀工並不一樣，其紅色剔痕中留出一兩

〔一〕九州國立博物館編：《彫漆：漆に刻む文様の美》，福岡：九州國立博物館，2011年。
〔二〕西岡康宏：《宋時代の雕漆》，《中國宋時代の雕漆》，東京：東京國立博物館，2004年，第40–41頁。

條黑綫是最爲精巧的。用紅殼漆在表面重復髹塗，比以朱漆塗抹的顯得次等。而明代的雕漆，其早期的花紋製作尚肥腴飽滿，漆層較厚。

明時杭州人高濂在其《遵生八箋》中有《燕閑清賞箋》「論漆器倭漆雕刻鑲嵌器皿」，謂：「若我朝永樂年果園廠制，漆朱三十六遍爲足。時用錫胎木胎，雕以細錦者多。然底用黑漆針刻『大明永樂年制』款文，似過宋元。宣德時制同永樂，而紅則鮮妍過之。器底亦光黑漆，刀刻『大明宣德年制』六字，以金屑填之。其盤盒大小，制同宋元。然多丫髻瓶、茶橐、勸杯、茶甌、穿心盒、拄杖、扇柄、硯匣等物。民間亦有造者，用黑居多，工致精美。但几架、盤盒、春擡各物有之，若四五寸香盒，以至寸許者，絶少。雲南以此爲業，奈用刀不善藏鋒，又不磨熟棱角，雕法雖細，用漆不堅，舊者尚有可取，今則不足觀矣。有僞造者，礬朱堆起雕鏤，以朱漆蓋覆二次，用愚隸家，不可不辨。穆宗時，新安黄平沙造剔紅，可比園廠，花果人物之妙，刀法圓滑清朗。奈何庸匠網利，效法頗多，悉皆低下，不堪入眼。較之往日，一盒三千文價，今亦無矣，何能得佳？」〔一〕當中道出了明代「剔紅」重要情況，包括宣德與永樂時期「剔紅」的特點、款刻的製作及其風格，還有主要的器型。不過，其所謂「漆朱三十六遍爲足」明顯不合實際。明清時期的「剔紅」有的髹塗漆層的次數的確不足三十六道，雕刻較爲單薄，但更多的是髹塗漆層較厚的製作，尤其明代有的髹塗多達

〔一〕［明］高濂：《遵生八箋》，成都：巴蜀書社，1988年，第554–558頁。

五六十道，實質上並無「三十六遍爲足」之定制。

另外，高濂謂「時用錫胎木胎，雕以細錦者多」，説明明代「剔紅」有各種胎體。高濂在其書中同時還提到：「宋人雕紅漆器，如宮中用盒，多以金銀爲胎，以朱漆厚堆至數十層，始刻人物、樓臺、花草等像，刀法之工，雕鏤之巧，儼若畫圖。有錫胎者，有蠟地者，紅花黄地，二色炫觀。有用五色漆胎刻法，深淺隨妝露色，如紅花緑葉，黄心黑石之類，奪目可觀，傳世甚少。又等以朱爲地刻錦，以黑爲面刻花，錦地壓花，紅黑可愛。然多盒制，而盤匣次之。盒有蒸餅式、河西式、蔗段式、三撞式、兩撞式、梅花式、鵝子式，大則盈尺，小則寸許，兩面俱花。盤有圓者、方者、腰樣者，有四入角者，有絛環樣者，有四角牡丹瓣者。匣有長方、四方、二撞、三撞四式。」〔一〕儘管至今還未發現相應文物佐證，但其他相關記録却頗多，如元人孔齊在其《至正直記》中説「宋堅好剔紅、堆紅等小柈香金著瓶，或有以金柈底而後加漆者」，明人曹昭在其《格古要論》中也提到「宋朝内府中物，多是金銀作素者」。〔二〕

所謂「金銀胎剔紅」，即其胎骨以金或銀來製作。在花紋之間露出胎骨，其中有的外部施以漆底雕刻，内部則不上漆，也有内外全部上漆的。此類製品較重。鍮胎及錫胎的大

〔一〕［明］高濂：《遵生八箋》，成都：巴蜀書社，1988年，第554–558頁。

〔二〕［明］曹昭：《格古要論》，臺北：臺灣商務印書館，1984年，第108頁。

多通體髹漆，而用瓷胎或夾紵胎的並非宋代的製品。現今所見最爲接近的宋代相關物證是1977年出土於江蘇沙洲的銀裏剔犀碗。不過，嚴格來説此碗也只是「銀嵌裏」，而並非真正的「銀胎」。

此外，與「剔紅」之制類似的還有「剔黄」、「剔緑」與「剔黑」。黄成謂：「『剔黄』，制如『剔紅』而通黄。又有紅地者。」又：「『剔緑』，制與『剔紅』同而通緑，又有黄地者、朱地者。」及：「『剔黑』，即『雕黑漆』也。制比『雕紅』則敦樸古雅。又朱錦者，美甚。朱地、黄地者次之。」楊成注「剔黄」曰：「有紅錦者，絶美也。」又注「剔緑」曰：「有朱錦者、黄錦者、殊華也。」及注「剔黑」曰：「有錦地者、素地者，又黄錦、緑錦、緑地亦有焉，純黑者爲古。」「剔黄」與「剔紅」的做法基本相同，只是前者以黄石調漆來代替銀朱。而通體皆以緑色的「剔緑」漆器則較少見。一般來説，古代的緑色漆所呈現的色彩都較深暗。爲了突出花紋與地色的明暗對比，常會在髹底色時，就有朱地、黄地兩種。「剔黑」的地色則有朱、黄、緑，也有紋地均純黑色的。

剔彩 複色雕漆

黄成謂：「『剔彩』，一名『雕彩漆』。有『重色雕漆』，有『堆色雕漆』。」當中「重色」跟「堆色」都是指重重塗上色漆，再行雕刻紋様。紋様繁複而質地樸素。也有花紋疏朗而用錦底的，這也很常見。「剔彩」一般不以黄、黑兩色作面。也有如紅花緑葉般的雕漆。楊明所謂「重色雕漆」乃是指層層髹飾不同色漆後，再在剔刻時片取所需横面色漆製成彩色圖紋，即明人高濂《遵生八箋》所謂：「有用五色漆胎，刻法深淺，隨妝露色，如紅花、緑葉、黄心、黑石之類，奪目可觀。」〔一〕因而，一般認爲一器上具備各個色漆層，紅色漆層剔出花朵、緑色漆層剔出花葉、黄色漆層剔出花心、黑色漆層剔出石頭是爲典型的「重色雕漆」。

國内所收藏的「剔彩」漆器實物多見諸明代以後，實際上「剔彩」起源於中國當不晚於雕漆産生太久。2004 年，日本根津美術館舉辦「宋元之美——以傳來漆器爲中心」展覽。展覽上空前彙聚了日本所收藏的中國漆器收藏，當中包括了一批重要的雕漆藏品，展品内包含多件明代以前的中國「剔彩」漆器。展覽目録中的用語説明稱之爲「雕彩漆」。〔二〕其中包括了來自日本根原美術館所藏的一件「樓閣人物紋大盒子」、德川美術館所藏的一件「樓閣人物紋香爐臺」，還有兩件屬私人收藏的「張騫銘盤」與「螭龍紋盤」。「張騫銘盤」由黑、赤、黄三色漆錯施漆層，後剔出不同顏色的圖像而成；「樓閣人物紋大盒子」與「樓閣人物紋香爐臺」以及「螭龍紋盤」則由黑、赤、緑、褐、黄等四至六色漆層交錯，

〔一〕［明］高濂：《遵生八箋》，成都：巴蜀書社，1988 年，第 554–558 頁。
〔二〕根津美術館 編：《宋元の美：伝來の漆器を中心に》，東京：根津美術館，2004 年，第 163 頁。

再經剔刻成色彩各異的圖像製成。此外，同在該展覽上的兩件來自私人收藏的「花唐草紋盤」，一件爲黄、赤、黑三色漆層交疊再剔刻而成的黑漆面盤，一件爲紅漆面盤。按照《髹飾録》的描述，此二者應是所謂「複色雕漆」。

黄成謂：「『複色雕漆』，有朱面，有黑面，共多黄地子，而鏤錦紋者少。」日本九州國立博物館藏有一件宋代的黑漆面「牡丹唐草紋筆筒」，由朱、黄、黑、褐錯髹漆層再剔刻花紋，但在2011年該館所舉辦的「雕漆：漆刻紋樣之美」的展覽上被定爲「堆黑」（剔黑）。〔一〕而在2014年東京五島美術館舉辦的「存星：漆藝之彩」展覽上却將之名爲「犀皮」（剔犀），實際上該漆器應該也是一件「複色雕漆」。〔二〕楊明注「複色雕漆」曰：「髹法同剔犀，而錯緑色爲異。雕法同剔彩，而不露色爲異也。」即是説「複色雕漆」以黄色素地爲多，髹塗漆層的方法與「剔犀」相同，只是多了有用緑色漆層的；而剔刻的方法則與「剔彩」相同，以花鳥、風景圖像爲主，但並不分層取色，其面以紅色或黑色爲主。

在「存星」展覽上除了展示了來自根原美術館所藏的「樓閣人物紋大盒」以及德川美術館所藏的「樓閣人物紋香爐臺」外，還展示了一件標準的宋代「重色雕彩」漆器——來

〔一〕九州國立博物館 編：《彫漆：漆に刻む文様の美》，福岡：九州國立博物館，2011年，第8–9頁。
〔二〕五島美術館 編：《存星：漆芸の彩り》，東京：五島美術館，2014年，第60–61頁。

自日本山形蟹仙洞所藏的一件南宋「琴棋書畫圖漆盆」。〔一〕這件漆盆經緑、黄、朱、黑四色漆層交疊髹塗後剔飾出不同色彩的人物圖像，畫面多姿多彩、生動别致。該展覽上還有一件來自私人收藏的南宋至元代「松皮紋漆盤」，以及一件來自愛知興正寺所藏的南宋時期「蓮弁紋漆盤」，二者皆由朱、黄、褐、緑等四至五色漆層交錯重疊髹塗再剔刻而成，一是朱紅面、一是褐紅面，皆可歸爲「複色雕漆」。由於這兩件帶緑漆層的作品所剔刻紋樣珍異，與幾何紋樣接近，故常被認爲極類於「剔犀」。

關於「雕漆」工藝容易產生的問題，黄成在「六十四過」中列有「雕漆之四過」：「骨瘦」、「玷缺」、「鋒痕」、「角棱」。「骨瘦」，即過暴剔刻而致使其枯瘦無肉之過。「玷缺」，即刻刀不夠快捷鋒利之過。「鋒痕」，即運用刻刀過於輕忽之過。「角棱」，即打磨不夠精到之過。

堆紅　堆彩

「堆紅」，一名「罩紅」，即「假雕紅」。在日本又稱之爲「仿剔紅」。灰漆堆起是在下地漆上堆起紋樣，在其上用朱漆髹塗覆蓋。木胎雕刻是指如「村上堆朱」那樣的工藝，在木雕的上面施以色漆彩塗。〔二〕

〔一〕五島美術館 編：《存星：漆芸の彩り》，東京：五島美術館，2014年，第68–69頁。
〔二〕六角紫水：《東洋漆工史》，東京：雄山閣，1960年，第276–277頁。

另外，日本還有所謂「鐮倉雕」，因出自鐮倉（今日本神奈川縣内）而得名，該地至今仍然是這一工藝最爲有名的製作中心。「鐮倉雕」以木料爲胎，在木胎上直接雕刻花紋圖案，然後只上一道極薄的朱漆。雖然「鐮倉雕」不以精美的雕漆制法爲榜樣，但由於其價廉物美而風行一時，還逐漸作爲日本漆藝的一個類型被廣泛接受，成爲日本漆藝中一項著名的本土類型。

「堆彩」，即「假雕彩」。「堆彩」與「堆紅」類似，不同的是可以髹塗五彩繽紛的顏色。在製作過程中先以灰漆堆起，然後刀刻花紋，再罩以各種色漆。楊注所謂「堆錦」，有兩種做法：一種是用不同顏色的凍子，堆起並雕刻出所需紋樣來；一種是以模子將凍子脱印出所需紋樣貼上，再按需塗上色漆。以「木胎雕刻」來製作的「堆彩」工藝，以臺灣「蓬萊塗」爲著。而福建福州則不但以紅色「印錦」所制之「堆紅」聞名，又有以各色「錦料」製作的「堆彩」。

剔犀

「剔犀」表面顯朱，也有黑漆間朱綫的，也有朱漆間黑綫的，也有在多種顏色的厚堆漆中雕刻的。三色更疊是指用朱、黑、黄三色交錯重疊。但純紅色並不是最好，而用緑色的則不是古時的制法。

由楊明所注「三色更疊，言朱、黃、黑錯重也」可見，「剔犀」的顯著特色是以兩種或三種漆色更疊，而且明代以前的「剔犀」並不夾有緑漆層。而且，此類剔刻爲「劍環、條環、重圈、回紋、雲鈎之類」的漆器紋樣在日本有「屈輪紋」之稱。「屈轮」在日本假名中寫作「ぐり」，这个詞的漢字寫法是「屈輪」。日語中的「くりくり」是用來形容回旋流轉的拟聲詞，以这个詞能生動地表達出流轉自如的雲紋回鈎圖案形狀。〔一〕

在日本的漆器術語中將「屈輪」漆器以外的中國「剔犀」漆器稱作「犀皮」。早在日本正和五年(1316)編寫的《東福寺文書》收録了入宋僧圓爾辨圓寂後之《圓爾遺物具足目録》便有「犀皮藥盒」的記録，可推測日本「犀皮」之稱很可能自南宋時所傳入。室町時代圓覺寺《佛日庵公物目録》(1363)記録了衆多被稱爲「犀皮」的漆器，但没有具體描述其面貌。直到能阿彌、相阿彌合撰的《君臺觀左右賬記》(1511)中纔簡單提及到了「犀皮」色彩斑斕，貌若松皮。〔二〕對照中國古代的相關記載，如南宋人程大昌的考據筆記《演繁露》中「漆雕几」條記有：「石虎禦座几悉漆雕，皆爲五色花也。按今世用朱、黃、黑三色漆，還冒而雕刻，令其紋層見疊出，名爲犀皮。」〔三〕另明代文獻學家王圻在其《稗史類編》中亦提到：「今

〔一〕荒川浩和：《明清の漆工芸と髹飾録》，《東京国立博物館研究誌》第151號，1963年，第16–21頁。

〔二〕能阿彌、相阿彌：《君臺観左右賬記》，東京國立博物館藏慶長十二年（1607）本，第五卷，三五丁裏・三六丁表。

〔三〕［宋］程大昌：《演繁露》，《全宋筆記》第四編第九册，北京：大象出版社，2008年，第56頁。

之黑朱漆面，刻劃而爲之，以作器皿，名曰犀皮。」〔一〕

而黄成却在前述「填嵌」門裏却稱「犀皮」：「或作『西皮』，或『犀毗』。」據現時所發現最早的這類「犀皮」遺物，是出自1984年發掘三國朱然墓時所出土的「犀皮」漆耳杯，整個杯身髹以黑、紅、黄三色漆，借助漆色層次的變化、光滑的表面呈現出回轉的漩渦狀花紋。藉此種種可知，「犀皮」的所指在明代發生了變化。在明代早期鑒賞書《格古要論》所載「古犀皮」條内所記：「古『剔犀』器，以滑地紫犀爲貴，底如仰瓦，光澤而堅薄。其色如棗色，俗謂之『棗兒犀』，亦有剔深峻者，次之。福州舊做色黄滑地圓花兒者，多謂之『福犀』，堅且薄，亦難得。嘉興西塘楊滙新作者，雖重數兩，剔得深峻，其膏子少有堅者，但黄地者最易浮脱。」〔二〕而明中葉的文本《聽雨紀談》中則提到：「世人以髹器黑剔者謂之『犀皮』，蓋相傳之訛。」〔三〕在《髹飾録》的記録裏，「剔犀」屬「雕鏤」門、而「犀皮」屬「填嵌」門，二者已從制法至面貌皆截然不同，從而成爲該概念分野的一個重要轉折。

楊明謂「剔犀」：「剔法有仰瓦，有峻深。」宋代及後，「仰瓦」與「峻深」這兩種「剔犀」

〔一〕〔明〕王圻：《稗史彙編》，北京：北京出版社，1993年，第2096頁。
〔二〕〔明〕曹昭：《格古要論》，臺北：臺灣商務印書館，1984年，第108頁。
〔三〕〔明〕都穆：《聽雨紀談》，濟南：齊魯書社，1995年，第213頁。

的剔法已日漸成熟。按照現見文物的情況可將之分爲「仰瓦式」和「層疊式」。前者漆層較淺，轉折圓滑，槽坑呈「∪」形，黑漆之中夾雜著二、三道紅綫；後者表面平坦，漆層渾厚，轉折淩厲，槽坑呈「V」形，切面露出紅、黄、黑三色疊紋。

黄成在在「六十四過」中針對「剔犀」列有「剔犀之二過」：「缺脱」、「絲紅」。「缺脱」，即漆液緊稠及漆層乾燥之過。「絲紅」，即髹飾的層數没有計算清楚之過。

鐫蜔

「鐫蜔」是在各種不同的貝殼上進行雕刻的方法。其做法是將螺鈿、玉珧、老蚌等貝殻飾料，鐫刻成飛禽、走獸、花果、人物等紋樣造型，再將其鑲嵌進漆器底地中去。與「螺鈿」不同，「鐫蜔」是在刻成之後纔嵌入漆地的，所以「有隱現爲佳」，「圓滑精細爲妙」。其製作方法與「百寶嵌」類似，但所採用材料不同。「鐫蜔」只限於螺鈿材料，「百寶嵌」則用各種各樣的材料鑲嵌而成。

「鐫蜔」通常选用的是玉珧、老蚌、硨磲等白色厚蜔片，也可用彩鈿鐫刻花紋。例如唐代的「白蜔雲龍戲珠鏡」，清代盧葵生製作的「鐫鈿梅花硯蓋」，皆是古代流傳下来此方面的代表作。「鐫蜔」在北京地區又多稱爲「螺鈿鑲嵌」，在揚州又稱爲「螺鈿挖嵌」，日本又有所謂「螺鈿浮雕」之稱，其法相類。

款彩

「款彩」，是指在刻凹下去的花紋中填以彩色。可以用漆色，也可以用油色。或有填以金銀的。戧金與款彩的區別只看用針刻還是刀刻。北京地區不稱「款彩」，而稱此類製作爲「刻灰」或「大雕填」。而北京業界所稱「小雕填」，則包括本書「填漆」、「戧金細鈎描漆」、「戧金細鈎填漆」幾種做法。

雷圭元在《工藝美術技法講話》中稱之爲「薄雕漆」，其謂：「此種雕刻與『剔紅』雕漆方法不同。『剔紅』是花紋如堆在器物上，鏤刻玲瓏，是屬於陽文的、凸起的。同時漆層甚厚，層層到底，都是色漆。而『薄雕漆』恰恰相反，漆只在表面一層，底子却是膠和黄土、白土制成，雕法是屬陰文的，花紋的地方，都是向裏凹進。而鏤去者，只是表面一層漆。雕工之佳，鏤深有半寸許，而如人物眉目鬚髮、衣裙、手指，均留出黑綫、花心、葉脈、魚鱗、鳥羽，一絲不苟，挺秀流利，仿佛用筆繪一樣自然，而且細劃無一斷續不繼者。工作之劣者，刀痕斑剥，綫條淩亂不堪。『薄雕漆』以刀法爲首要，務求『圓滑精細，沉重緊密』，爲其要訣。其次爲設色。設色宜淡雅爲旨，即是紅花緑葉，總以多用粉彩爲主。」〔一〕雷圭元在其書中同時還録入了《髹飾録》「款彩」條原文作比較，惟備新舊制之異。雷圭

〔一〕雷圭元：《工藝美術技法講話》，上海：正中書局，1948年，第98–99頁。

元曾在二十世紀三十年代留學法國，其時正是歐洲「裝飾藝術運動」（Art Déco）流行之時。歐洲著名的漆藝家讓·杜南德（Jean Dunand）最擅長以「款彩」技術製作帶有現代裝飾藝術趣味的屏風傢俱，雷圭元應當有所耳聞目見。1931年，雷圭元回國後受聘於國立杭州藝術專科學校任教，並曾在1932年第十期《亞波羅》雜誌上登載的文章中介紹過讓·杜南德及其作品。

十七世紀初，中國的「款彩」屏風成爲了其時外銷西方的重要漆器類型。德國明斯特漆器博物館（Museum für Lackkunst Münster）策展人潘甜（Patricia Frick）指出歐洲所稱的「萬丹」（Bantam）漆屏風及「科羅曼德爾」（Coromandel）漆屏風即中國的「款彩」屏風：「所謂的萬丹漆在出口到歐洲的貨物中佔有重要地位。這些漆器以爪哇島的港口萬丹命名，荷蘭東印度公司的大部分漆器從萬丹運往歐洲市場。萬丹漆因獨特的上色技巧而具有鮮明特色，在中國稱之爲『刻灰』或『款彩』，最早記載於十六世紀末的《髹飾録》。在這項中國的技藝中，木胎被塗上幾層灰粉底漆，然後再塗上黑色或棕色漆。在漆乾後，裝飾圖案——通常是人物場景或花卉——被刻進漆面，深度爲見到漆灰爲止。最後，在刻出的凹處填充彩漆、油彩或摻有膠水的金粉。灰粉漆底使填充的顏色比原本亮得多。這項技術特別適合於製作傢俱和屏風。在十八世紀中葉，這些主要的大型漆器在法國和德國也被稱爲『科羅曼德爾漆』，因爲它們是通過印度東南部科羅曼德爾海岸從萬丹運到歐洲的。」[一]中國的「科羅曼德爾」漆屏風或「萬丹」漆屏風在十七世紀七十年代末至十七世紀八十年代前期开始變得非常流行，當時大量的屏風和鑲板由印尼和印度的貿易港口運往歐洲

關於「款彩」在製作過程中應注意的問題，黄成在「六十四過」中有列出所謂「款刻之三過」：「淺深」、「倏縷」與「齟齬」。「淺深」，即款刻方法没有掌握好深淺度之過。「倏縷」，即款刻時運刀失於門路之過。「齟齬」，即款刻時縱横紋理不相連貫之過。

戧劃第十一

但凡是在漆面上鏤劃出纖細的紋樣，並在紋樣中填入金粉或色漆的，均屬於此「戧劃」門。通常「戧劃」是以錐刀或鋼針或漆工按照經驗和需求自製的戧金刀及鈎刀，在漆地上刻劃裝飾紋樣。填金的即「戧金」，填銀的即「戧銀」，填彩漆的即「戧彩」；而戧刻紋樣較淺較細，且不填任何金屬丸粉及色漆的，古代又稱之爲「錐劃」，即《輟耕録》所稱之「針刻」。

[一] 潘甜：《漆藝走向歐洲》，湖北省美術館 編：《大漆世界：器·象——2019 湖北國際漆藝三年展》，武漢：湖北美術出版社，2019 年，第 28 頁。

戧金 戧銀 戧彩

「戧金」與「戧銀」多以朱紅或漆黑爲地，以刀刻劃圖像圖形於其上，並戧填入金或銀。而「戧彩」即用各種色彩，填入漆器上戧劃花紋的做法。

元陶宗儀《輟耕録》中曾釋「戧金」與「戧銀」的制法：「凡器用什物，先用黑漆爲地，以針刻劃或山水樹石，或花竹翎毛，或亭臺屋宇，或人物故事，一一完整。然後用新羅漆，若戧金則調雌黃；若戧銀，則調韶粉。日曬後，角挑挑嵌所刻縫罅，以金簿或銀簿，依銀匠所用紙糊籠罩，置金銀簿在内，遂旋細切取，鋪已施漆上，新棉揩拭牢實，但著漆者自然黏住。」〔一〕王世襄謂：「『戧金』、『戧銀』的做法是在朱色或黑色漆地上，用針或刀尖鏤劃出纖細的花紋，花紋之内打金膠，然後將金箔或銀箔粘著上去，成爲金色或銀色的花紋。日本稱之爲『沉金』，取金色沉陷在劃紋之内的意思。」〔二〕日漢字寫作「沈金」。松田權六在《漆藝講話》中談及日本的「沈金」技法：「『沈金』在中國稱作〈戧金〉。早在室町時代就有不少優秀作品進口日本，還有不少被指定爲國寶和重要文化。從那時起，『沈金』作爲漆藝裝飾中的一種技法便流傳發展起來了。『沈金』是在漆塗上面用刀雕出花紋，並在這上面折漆（即揩漆），然後把金箔或金粉填入刀痕内的技法。填入金粉後，

〔一〕〔元〕陶宗儀：《南村輟耕録》，北京：中華書局，1958年，第379頁。
〔二〕王世襄：《〈髹飾録〉解説》，北京：生活·讀書·新知三聯書店，2013年，第107頁。

把附在漆地上的多餘的金箔、金粉擦掉爲好。那樣一來，遺留下來的就是刀痕中的金箔或金粉。在淺雕了的凹陷的地方，由於金沉入，所以稱作『沈金』。『沈金』的特點是刀痕鋭利，纖細優美。還有按所戧刻的原料，在刀痕裏什麼也不填入的『素雕』。也有填入顏料的色粉，以代替金箔或金粉的。」〔一〕

中國「戧金」的髹飾「戧劃」技藝起源可追溯至先秦時期，其發展到了宋代已達到了爐火純青的程度。不但戧法細膩，運刀流暢，而且戧劃絲綫綿密雋秀，所刻畫圖像在光潔的漆底映襯下格外顯得雅致華美。今見宋代「戧金」漆器最具代表性的作品是二十世紀七十年代末出土自江蘇省武進村前鄉蔣塘五號墓的「庭院仕女圖戧金蓮瓣形朱漆奩」，這件漆奩是目前國内所出土五件南宋戧金漆器中最爲精美的一件，現存於江蘇省常州市博物館。其他四件中有三件同出於蔣塘宋墓，其餘品相俱佳者還有「沽酒圖戧金長方形朱漆盒」與「柳塘圖戧金朱漆斑紋長方形黑漆盒」，現藏於江蘇省江陰市博物館。還有一件來自江陰夏巷宋墓的「酣睡江舟圖戧金長方形黑漆盒」。「庭院仕女圖戧金蓮瓣形朱漆奩」作爲宋代「戧金」髹飾的典型，極好地展現出了其時「戧金」髹飾的特色。整件漆奩呈十二棱蓮瓣形，分蓋、盤、中、底四層，各層皆由銀釦鑲口，外髹朱漆，内髹黑漆。在朱漆蓋面中央戧劃仕女、童僕三人，仕女梳高髻，著花羅直領對襟衫，長裙曳地，分別手執團扇與

〔一〕 松田權六：《またうるしの話》，東京：岩波書店，2013年，第171–173頁。

折疊扇，旁有女童手捧長頸瓶侍立於側，背景上則戧劃著嶙峋疊石、花樹掩映，樹下設有坐墩，坐墩下方栽植兩叢花草；朱漆器表上的十二棱間則戧劃著六組折枝花卉，包括荷葉、蓮花、牡丹、山茶等。

對於與「戧劃」工藝相關的問題，黄成在「六十四過」中列出所謂「戧劃之二過」：「見鋒」與「結節」。「見鋒」，即手掌推進刻刀偏走之過。「結節」，即在工藝製作過程意志不集中刀鋒停滯艱澀之過。

斒斕第十二

「斒斕」，指的是採用兩種或三種髹飾技法來裝飾同一件漆器的做法。在這一門髹飾工藝裏，主要是以金銀、寶貝爲裝飾材料，再配上「描漆」、「填漆」、「描油」、「戧劃」等技法，共三十七種裝飾，其中大多爲金銀螺鈿錯施而成，以致如「百寶嵌」等綜合的裝飾方法。由於「襯色螺鈿」已在「填嵌」門中論述，見於「填嵌第七」之下，此處不表。

描金加彩漆　描金散沙金　金理鈎描漆　金理鈎描油

「描金加彩漆」，即是「描漆」。其於同一件漆器上施以「描金」、「描漆」共同裝飾，並以黑漆勾畫其紋樣。

「描金散沙金」，即是在同一件漆器上施以「描金」及「灑金」兩種裝飾技法。這裏的「灑金」技法通常用來填布面積，而不用於描繪物象，表現物象則以「描金」描繪出物象綫條，並在空餘的地方通過「灑金」來裝飾，並以金勾畫花式。

「金理鈎描漆」，即以金綫畫漆，在花紋上畫以金綫，也指在此綫内填充色漆，金理鈎描漆也叫金鈎填色描漆。通常先以「描漆」描繪紋樣，並施以金色細勾裝飾。楊明注釋中所謂「金鈎填色描漆」，是指先用金勾出外框輪廓，然後填以五彩裝飾。這與「描漆」中之「彤質」工藝接近，只是後者用黑漆勾畫輪廓而不是用金來勾畫。王世襄認爲，「其文全描漆」之「全」字，當爲「仝」字之誤。「仝」即「同」。證以「其文同隱起描漆」，「壓文同細斑地諸飾」等語，更可以相信「其文同描漆」是與黄氏慣用的語法相合的。此見與德川宗敬所藏《髹飾録》抄本此條相證。

「金理鈎描油」，即金鉤綫畫中加上五彩油飾。通常先以「描油」描繪出所需紋樣，再在上面加以「金細鈎」來裝飾。實際上，「金理鈎描油」類似於「金理鈎描漆」，僅在用油、漆材料上有所不同。

以上四種，均是以描繪手法爲基礎，綜合其他不同的描繪之法共同結合爲「斒斕」的畫面，形成十分瑰麗的裝飾效果。由於是以「描繪」爲主，因此畫面較爲平整，主要依靠金銀彩繪色澤發揮裝飾作用。

描金加蚼　描金加蚼錯彩漆　描金錯灑金加蚼　描漆错蚼　金理鈎描漆加蚼　金雙鈎螺鈿

「描金加蚼」，即同時在同一件漆器上以「描金」、「螺鈿」工藝作裝飾。通常爲了與「描金」工藝相匹配而在鈿片上刻劃紋樣，並用金色來勾畫其邊緣。

「描金加蚼錯彩漆」，即是在同一件漆器上結合「描金加彩漆」、「描金加蚼」工藝的做法，使其表面形成「描金」、「彩漆」、「螺鈿」三種裝飾相互配合的效果。

「描金錯灑金加蚼」，即是在同一件漆器上加入「描金」、「灑金」、「螺鈿」三種裝飾的做法。而且以黑漆勾畫匹配「描金」紋樣，金色勾畫匹配「灑金」與「螺鈿」紋樣。

「描漆错蚼」，是指在描漆中加入蚼片，在描彩漆中畫以黑綫，在螺片圖案中加入刻綫。在同一件漆器上將「描漆」及「螺鈿」裝飾相互結合。前者以黑漆勾紋理搭配其紋樣，後者則用刀劃其紋樣。

「金理鈎描漆加蚼」，是指金色鉤綫畫跟彩漆圖畫中錯雜著螺片的工藝。通常是在「金理鈎描漆」上，再加上「嵌螺鈿」的裝飾。

「金雙鈎螺鈿」，黄成稱螺鈿花紋用金勾外框，楊注又謂紋樣用刀鈎劃其紋理。很可能「雙鈎」之所稱乃源於螺鈿紋樣經金色勾及劃理而來，因而「故曰『雙鈎』」。

以上六種，均是描繪與螺鈿鑲嵌的綜合裝飾。一般結合鑲嵌技藝的描繪髹飾都要先處理鑲嵌部分，再進行描繪的裝飾。先鑲嵌的螺鈿其文質齊平，後描繪的金銀或彩繪則在表面，稠厚時將略爲凸起。

戧金細鈎描漆　戧金細鈎填漆　填漆加蚼　填漆加蚼金銀片　螺鈿加金銀片　彩油泥金加蚼金銀片

「戧金細鈎描漆」，即是把「描漆」與「戧金」相互搭配。通常先以彩漆在漆器上描繪紋樣，然後以鈎刀依紋樣刻劃出紋理，再打金膠及貼箔。在裝飾效果上，因「戧金細鈎描漆」與「金理鈎描漆」相近，所以黄成謂之「同理鈎描漆，而理鈎有陰陽之别耳」，其區别只在於紋樣的陰陽差異上。一般來説，「金理鈎描漆」的紋樣會稍爲凸出，而「戧金細鈎描漆」的紋樣則稍凹陷，因而稱之「陰陽之别」。此外，「戧金細鈎描漆」亦與「戧金細鈎填漆」十分相像，其差别只在「描漆」紋樣略高，而「填漆」的紋樣在完成後與漆面是完全平齊的。

「戧金細鈎填漆」，是指在同一件漆器上將「填漆」與「戧金」裝飾相搭配。通常是在漆器表面剔刻出紋樣，並在紋樣内填以色漆，再經磨平後露出紋樣。然後以鈎刀就紋樣刻出紋理，再打金膠及貼箔，如此讓填漆紋樣帶有金色的陰文裝飾。在最後的裝飾效果上，「戧金細鈎填漆」與「戧金細鈎描漆」極爲相似，但較後者更爲光滑一些。此外，「戧金細鈎填漆」一般都會有錦地搭配，所謂「有其地爲錦紋者，其錦或填色或戧金」。其中「填色」的錦地在剔刻出錦紋後填色並磨平，而「戧金」錦地則是在剔刻出錦紋後填入金箔，其表面並不齊平。

「填漆加蚼」，即是將「填漆」與「嵌螺鈿」裝飾相結合。在螺鈿的選用方面，可採用本色螺鈿或襯色螺鈿。

「填漆加蚼金銀片」，即是在同一件漆器上將「填漆」與「螺鈿」相結合，再加上金片、銀片或金銀片作裝飾。

「螺鈿加金銀片」，即是在同一件漆器上以「螺鈿」加「金銀片」作裝飾。這類漆器多見以黑漆作地，所鑲嵌螺鈿較薄，再配以較薄的金銀片，二者同時粘嵌至漆地上，形成華美的物象。

「彩油泥金加蚼金銀片」，即是在同一件漆器上以彩油繪飾，再加上泥金、螺鈿、金片、銀片等裝飾。楊注所謂「或加金屑或灑金」，意指在「描金」之外，還可加上金屑或灑金製作的紋樣作裝飾。

「戧金細鈎描漆」與「鎗金細鈎填漆」有所不同，也可歸入以描繪爲主的裝飾類型，其外表亦與「金鈎理描漆」相似，只紋理具陰陽之別。「填漆加蚼」、「填漆加蚼金銀片」、「螺鈿加金銀片」、「彩油泥金加蚼金銀片」，其中加蚼均需先鑲嵌蚼片，加金銀片亦然。

而「填漆」則需髹漆填平，再磨顯其紋，「彩油泥金」則磨平後再畫及泥。

雕漆錯鐫蜔　百寶嵌

「雕漆錯鐫蜔」，即是指在同一件漆器上將「剔彩」工藝與「鐫蜔」工藝相結合。而與之相配的「雕漆」則可以「筆寫厚堆」用筆將色漆堆起再雕刻紋樣及錯嵌鐫蜔，又可以「重髹」採用「剔彩」的方法在漆地上積起不同色漆層後剔刻出不同顏色紋樣再錯嵌鐫蜔。但後者迄今尚未發現古代漆器遺物可資佐證。

「蜔」是《髹飾録》中除了金銀之外用以表現色彩的重要材料，但除了蜔料之外，漆飾料還有多種多樣，包括珊瑚、玳瑁、琥珀、寶石、象牙、犀角、陶片，等等。這些採用飾料的漆器設計受到了其時的雕刻、繪畫、版畫、金器、銀器、銅器、玉器、陶器等工藝的影響，通過與各種加飾材料相互結合得以進一步擴展了漆藝創作的表現力。〔一〕這正是成就明代漆藝得以變化萬千的一個關鍵。「煸爛」門中「百寶嵌」條對各種漆器飾料的記録豐富地展現出了明代漆藝璀璨華美的特徵。

黄成謂：「『百寶嵌』，珊瑚、琥珀、瑪瑙、寶石、玳瑁、鈿螺、象牙、犀角之類，與彩漆板子，錯雜而鐫刻鑲嵌者，貴甚。」這些加飾材料看起來非常高貴，尤其是各種寶石。

〔一〕田川真千子：《〈髹飾録〉の実験的研究》，奈良：奈良女子大学松岡研究室，1992–1997年，第11頁。

相對於寶石之類的昂貴材料而言，貝鈿作爲漆器的飾料則相對普通一些，但是作爲漆器的加飾料，其效果極佳。而且優質的螺鈿料也不易得，加上珊瑚、琥珀、瑪瑙、玳瑁、象牙、犀角之類相互搭配，那就更顯珍貴了。

關於「百寶嵌」漆器的加飾料到了清代則更爲多樣，清人錢泳《履園叢話》云：「周制之法，惟揚州有之。明末有周姓者，始創此法，故名『周制』（百寶嵌）。其法以金銀、寶石、真珠、珊瑚、碧玉、翡翠、水晶、瑪瑙、玳瑁、車渠、青金、緑松、螺鈿、象牙、密蠟、沉香爲之，雕成山水、人物、樹木、樓臺、花卉、翎毛，嵌於檀梨、漆器之上。大而屏風、桌椅、窗槅、書架，小則筆床、茶具、硯匣、書箱，五色陸離，難以形容，真古來未有之奇玩也。」〔一〕明代是中國古代各種漆工藝集大成的時期，就《髹飾録》對加飾材料方面的描述便反映出歷代所流行的各款漆藝加飾技術在此時已變得相容並包。「百寶嵌」所採用的加飾材料在後來的發展亦表明，清代的漆器工藝接續了明代漆藝多樣化的特色，並在明代漆藝融會貫通的基礎上，得以對漆藝設計作了進一步的升華與細化。

複飾第十三

「複飾」所指是在同一件漆器上施以兩種或以上裝飾技法的髹飾門類。其與「煸斕」

〔一〕［清］錢泳：《履園叢話》，上海：上海古籍出版社，1995年，第186頁。

主要的不同之處在於，「媥斕」門的裝飾是兩種或以上技法組而成的髹飾類型，而「複飾」之於漆器底地的製作僅限於一種裝飾技法。另外，「複飾」的底紋裝飾較爲細密平滑，主紋則高於漆地。

灑金地諸飾　細斑地諸飾　綺紋地諸飾　羅紋地諸飾　錦紋戧金地諸飾

「灑金地諸飾」，即以上所列出的種種裝飾手法適宜用在金地上，不適宜在帶雕刻圖案的地子和附有砂金的地子上。今人在假金地上施加平坦的描金或描漆圖案，這些都是在模仿這種手法。凡是在「灑金地」上加以雕繪嵌飾的，用金較爲細密。

「細斑地諸飾」，即與「灑金地諸飾」相似，只是地子上的塗色不一樣。在花紋方面稍有不同的旨趣。通常「細斑地」以一種或以上技法作裝飾，其變化十分多樣。

「綺紋地諸飾」，即在漆面製成綺紋裝飾，通常是貼以絹布引起的地子紋理。也可以描畫細紋或者用刀刻紋代替貼絹布。此法適於任何位置上的紋樣安排。「壓文同『細斑地諸飾』」，「壓文」即壓在地子上的紋理，與「壓花」相同。此處意指「細斑地諸飾」均可以施於諸綺紋地之上。

「羅紋地諸飾」，其「羅紋地」是指漆器表面類似羅紋的漆地，與「綺紋地諸飾」的製作類似。

「錦紋戧金地諸飾」，與「羅紋地諸飾」大同小異，刻劃的圖案與上描畫的圖案相反，但又能協調。「錦紋戧金地」，即在漆地上刻錦紋後填金的裝飾。

「遍斕」、「複飾」、「紋間」三門實質上是各種漆工裝飾技藝的綜合運用。「遍斕」爲「取二飾、三飾，可相適者，而錯施爲一飾」；「複飾」爲「二飾重施」；「紋間」爲「填嵌諸飾及戧、款互錯施」。它們之間在審美上的主要差别在於，「紋間」的特點是「文質齊平」，「複飾」則在於「美其質而華其文」，而「遍斕」著重於「金銀寶貝」裝飾，即以金銀、寶石、貝鈿等諸材料進行搭配互襯。「複飾」即在地紋上施以不同髹飾工藝作爲主紋，而「紋間」則是不同工藝的互錯搭配成爲裝飾。

紋間第十四

「紋間」是將「戧劃」、「款刻」類裝飾技法相匹配而施於同一件漆器上的髹飾類型。所謂「文質齊平」，字面意指紋樣與漆地齊平。但「戧劃」與「款刻」類的製作一般不會齊平，因而所謂「齊平」，此處應該是指紋樣與漆地没有太大差别的意思。

戧金間犀皮　款彩間犀皮

「戧金間犀皮」，黄成又稱之爲「攢犀」。一般可以「戧金」製作出紋樣後填金作裝飾，並在紋樣外以「犀皮」相搭配。另一種做法是在「戧金」製作出紋樣並填金後以鑽鑽出密佈的小眼作裝飾。

「款彩間犀皮」，即是以「款彩」製作出主要的紋樣，在紋樣之間則以鑽鑽成密佈的小眼作裝飾，即所謂「款文攢犀」。

現存最具代表性的早期「攢犀」漆器遺存爲南宋器物，分别是收藏於常州博物館的「黑地戧金細鈎填柳塘紋長方漆盒」以及東京藝術大學美術館所藏「填漆牡丹紋盒」，在其「戧金」製作的主紋之間均以精美「攢犀」技藝所裝飾。而「款彩間犀皮」即所謂「款文攢犀」，其實物尚有待考求。

填蚌間戧金　嵌蚌間填漆　填漆間螺鈿　填漆間沙蚌

「填蚌間戧金」，是指以「螺鈿」鑲嵌出主要的裝飾紋樣，再在紋樣之間以「戧金」製成錦地作裝飾。楊明稱「此制文間相反者不可」，即「戧金」與「螺鈿」的主次關係不能反過來。一般來説，「填蚌間戧金」所採用「厚螺鈿」爲善，「戧金」因比較纖細，反過來便顯得喧賓奪主了。

「嵌蚌間填漆」，即是以蚌殼製作成爲主要的紋樣裝飾，再在紋樣之間的漆地上「填漆」做錦紋。而「填漆間螺鈿」或「填漆間嵌蚌」，則是以「填漆」爲主，嵌蚌用來作搭配的錦地。

因與前者做法調轉，而謂之「文間相反」。「填漆間螺鈿」則類似「填漆加蚼」，其中的差别主要在前者的螺鈿只作錦地而不作主紋，後者則以螺鈿作爲填漆花紋的組成部分。

「填漆間沙蚌」，即是在採用「填漆」製成主要的裝飾紋樣後，以蚌殼沙屑作地子裝飾。王世襄認爲「重色眼子斑」指的是「填漆」製成的緊密紋樣，沙蚌製成的地子較少，星星點點，好像眼子斑似的。實際上，撒灑在地子上的沙蚌塗漆填平乾固後磨顯其紋，或稠漆堆起並重髹色漆，填平後磨顯成斑，即「重色眼子斑者」。

嵌金間螺鈿

「嵌金間螺鈿」指的是以金片、銀片或金銀片並用製成主要的裝飾紋樣，而將螺鈿製成裝飾錦地。據楊明所稱，除螺鈿之外，又有用蚌殼沙屑鋪撒成漆地的。

「紋間」門以「填嵌」門中的工藝爲基礎，與款、戧工藝互爲紋間。在文面上，「紋間」門下各條也可歸入「複飾」門。但是，若要仔細分辨，便會發現他們之間的差别。「紋間」門中所列各款工藝裝飾主紋於前，地紋在後；「複飾」門要先施以地紋，再加上另一門工藝作爲主紋裝飾；「斒斕」門則多種工藝相互錯雜而形成五彩斑斕的效果。他們的差異，關鍵在於各種工藝夾雜於一體作爲裝飾所需要與之匹配的陰陽和諧之道的把握。因而，楊明注「斒斕」門謂：「總所出於宋、元名匠之新意，而取二飾、三飾，可相適者，而錯施

爲一飾也。」陰陽協調、可相可適，進而產生出種種不落宋元窠臼的裝飾效果，是以「漆器種類之變化以至無窮」。〔一〕

裹衣第十五

漆器上之「裹衣」通常是指在製造過程中糊裹於漆胎之上的麻布等織物，是漆器底胎加工的步驟之一，麻布等物不顯露於漆器表面。而此處作爲髹飾類型的「裹衣」門則是指漆器表面糊裹皮衣、羅衣或紙衣，表面僅上幾道漆即成，而皮衣、羅衣或紙衣則露出漆器表面作爲裝飾。

皮衣 羅衣 紙衣

「皮衣」，是把皮革貼在漆器上，再上中塗及上塗（只用透明漆）而成。又指在薄羊皮上可加上圖案裝飾，而且每個角落的接合處要可以做到看不到接縫，漆面看起來光滑。也可以用帶有縠紋的皮，但不可以描飾。在拼接的表面用色漆重複髹塗三遍，使其變得平滑之後，順著皮的皺處顯現出色斑花紋，不但富有光澤而且牢固。

「羅衣」，是指在漆器表面貼上薄的絹布。以薄絹的紋理不扭曲爲正，跟下地的介面

〔一〕索予明：《蒹葭堂本〈髹飾録〉解説》，臺北：臺灣商務印書館，1974年，第122頁。

處越平直越好。羅布跟介面的顏色不一之處應加入花紋的裝飾。又有將數種顏色重疊塗上再磨平的，顯出的斑紋得以遮蓋接縫。

「紙衣」，是指在漆器上貼紙，貼三四層紙是爲了防禦有空隙，紙不堪滲透，會起毛，所以説用光面的皮是比較簡便的方法。

關於「皮衣」，中國很早以前就出現有以色漆塗髹皮革的做法。《文心雕龍·情采》謂：「犀兕有皮，而色資丹漆。」〔一〕中國較有代表性的早期皮胎漆器見於戰國時期的出土文物。1952年湖南長沙五裏牌遺址發現的漆皮盾，上面兩角作圓形，類似葫蘆，下面兩角方形，中脊稍隆起有棱；並附有嵌銀的銅盾鼻，盾是皮胎，内外兩面均施黑漆；用赭石及藤黄兩種顏色繪成龍鳳花紋。顏色鮮豔，製作精美，從其形制上看，非常纖巧細緻，不適合作實用武器。古代有一種模擬戰術的「萬舞」，這種漆盾可能是作爲舞蹈用的道具或一種儀仗用器或裝飾品。「羅衣」漆器在中國已比較少見，今福州脱胎漆器髹飾「羅紋」技法也許與此工藝有相通之處。「紙衣」在我國唐宋時期已經很發達，與夾紵漆器技藝的發展相關。

在「裏衣」工藝製作過程中容易出現的問題，黄成在「六十四過」中列出所謂「裏衣之二過」：「錯縫」與「浮脱」。「錯縫」，即漆器胎體與裱布没有相互度齊之過。「浮脱」，即裱布粘著有的緊貼有的鬆弛之過。

〔一〕趙仲邑：《文心雕龍譯注》，南寧：廣西人民出版社，1987年，第16頁。

單素第十六

「單素」，是指漆器不經過「貼布」、「垸漆」、「糙漆」等工序，而直接在「㮏器」表面上漆便完成的單色漆器。「質色」與「單素」的主要差别在於前者需要經過一系列底胎製作工藝，而後者没有。雖然楊明稱「㮏器一髹而成」，但很少能「一髹」即成，此應指單以一兩種漆簡而爲之的意思。

單漆 單油

「單漆」，即以單色漆重複髹塗上色，是一種最爲簡單方便的技法。黄成稱「有合色漆及髹色」，當中提到的「合色漆」是指調合了顔色的色漆，「髹色」則是指先刷顔色打底，再在上面上漆。

「單油」與「單漆」类似，但以油代替漆。楊明所謂以「單油」、「單漆」髹塗日常用具，如盆、盂、碟、盒等，大多用堅硬的木頭在旋床上鏇制而成。而且不髹塗器裏及器底，而在器表以不同顔色的油或漆塗畫成圈作爲裝飾。这通常是来自南方的出品。

黄明單漆 罩朱單漆

「黄明單漆」，是用黄漆做底，在黄色底上墨畫，或許加上金色與朱色，再在上面髹飾一層或二、三層的都有。研磨後顯露出木地紋理的爲佳。如同日本所謂的「透畫」，此方法適宜用花瓶和桌子的製作。黄成謂：「『罩朱單漆』，即『赤底單漆』也。法同『黄明單漆』。」楊明注曰：「又有底後爲描銀，而如描金單漆者。」「罩朱單漆」與「黄明單漆」類似，只是底色用紅色代替黄色。

《髹飾録》中的「質色」門與「單素」門共同構成中國傳統「單色髹塗」的主要技法。這種不加任何紋飾的髹塗技法，又稱作「素髹」，亦即單色漆器。漆器表面不作任何紋樣裝飾，以此突出表現各色漆地的質感爲妙。「素髹」工藝包括了厚塗、薄塗以及罩髹工藝。自漢代以後，中國的「素髹」工藝逐漸形成了十分獨特的素雅審美趣味。唐宋之時的「素髹」漆器尤以設色簡潔著稱，常以一或兩種色漆髹塗於日用器物之上。儘管不施任何紋飾，但其製作工藝仍然十分考究。宋代以後，「素髹」漆器在工藝上出現了兩項技術方面的革新，一是推光漆精製工藝的優化，二是漆器退光技術的進步。通過去除漆器的浮光，經反復的打磨，漆器的色澤最終形成雅致淳樸的效果。及至晚明時代，「素髹」漆器不但在民間日用中流行，而且古雅者尤爲文人雅士所稱賞。

有關「單素」工藝製作的相關問題，黄成在「六十四過」中列出所謂「單漆之二過」：「燥暴」、「多類」。「燥暴」，即漆器胎體襯底並未做足之過。「多類」，即木胎没有打磨光滑之過。

質法第十七

楊明注曰：「質乃器之骨肉，不可不堅實也。」在前述「楷法」中「三法」之「質則人身」下，楊明曾注「骨肉皮筋巧作神，瘦肥美醜文爲眼。」意即漆器胎質猶如人的身體，骨肉皮筋經過巧妙製作纔有神緒，瘦肥美醜則經由各種裝飾而寫照傳神。「天人合一」的思想觀念同樣貫通於胎質的製作當中。

棬榛 合縫

「棬榛」，指的是漆器胎骨的製作，方形器有用雕鑿而成的，也有併合製作的，圓形器有用曲物跟輪制的，全部都要做到平整輕薄。若非如此，布漆再厚、下地再厚，也易於潰敗。中國古代的漆器大多數是木胎。時至今日，木胎仍然是漆器中最常用的胎骨之一。「合縫」是指板與板之間的接合，要在相接處加上油灰。通常會在拼接後，以條子進行縶勒，再加木楔楔緊。待乾固後，解去條子，接著是進行「捎當」。

黃成稱漆器的胎骨爲「棬榛」。《輟耕録》中所説：「梓人以脆松劈成薄片，於旋床上膠縫乾成，名曰棬榛。」[一]「棬榛」又名爲「坯胎」、「器骨」。方形的胎骨可經由

〔一〕〔元〕陶宗仪：《南村輟耕録》，北京：中華書局，1959年，第375頁。

旋床旋出方角再接合成器，也有將各塊木板鬥合各棱角而成方器；圓器有以柔韌可屈的木片粘合成器，或以木料直接旋成圓形器的。好的胎骨要做到平、正、薄、輕，否則很容易導致後面的布灰效果，令漆器易於敗壞。另外，楊明還補充了木胎以外其他明代已有的胎骨種類，有篾、藤、銅、錫、陶、布、紙等，皆各隨其法。如果漆器表面有露脈現象，無論是以那種胎骨材料製作都表明其品質不佳。此外，「棬榡」的「合縫」要達到合格的標準，需要不留任何縫隙。爲了讓胎骨的面、旁、底、足各個接合處能夠緊緻密閉，以漆、膠拌入木屑、斮絮、灰料填補空隙。經「合縫」相粘接的漆器，都用扁條綁縛固定，並且以木楔令合縫緊貼。在接合成完整個胎器後待乾，再繼續以下的製作步驟。

捎當　布漆

「捎當」就是修整漆器胎骨並在縫會處填入接合縫隙的法灰。經填補刻屑，最後在整體上加上生漆。「捎當」指的僅是給胎骨全體髹刷生漆，以固其質。對「縫合」及各處窳缺、節眼的削刮及填補實際上屬於胎骨的補綴及修整。在「捎當」後，待所髹生漆乾燥，再加以「布漆」。

「布漆」，即在胎骨上貼上布並使其表面平整。通常是以漆或漆膠進行裱貼，平整以使麭面不露脈，而且胎骨的合縫處更加結實。「布漆」乾後，就可以進行「垸漆」了。

對在「捎當」與「布漆」過程中應該注意的問題，黄成在「六十四過」中有所謂「捎當之二過」及「布漆之二過」。「捎當之二過」：「鹽惡」、「瘦陷」。「鹽惡」，即漆中摻入質料過多漆液太少之過。「瘦陷」，即漆液未乾至牢固扎實就垸漆之過。「布漆之二過」：「斜瓦」、「浮起」。「斜瓦」，即貼裱布時有時鬆弛有時緊貼之過。「浮起」，即粘貼裱布不均匀之過。

垸漆 糙漆

「垸漆」是在漆器底胎裹上灰，用鹿角、牛角的灰爲上等。根據骨灰、蛤灰以及瓦灰的粗細不同進行加工。不像日本，中國比較少用漆作下地，而主要用濃米糊、豬血，以及蓮根糊膠，也用煎熱的桐油，又稱爲「鰻水」。元陶宗儀《輟耕録》記：「『鰻水』，好桐油煎沸，以水試之，看躁也，方入黄丹膩粉無名異。煎一滚，以水試，如蜜之狀，令冷。油水各等分，杖棒攪匀，却取磚灰一分，石灰一分，細麥一分，和匀。以前項油水攪和調粘灰器物上，再加細灰，然後用漆。」〔一〕相較之下，「鰻水」之法不如黄成「垸漆」之法。

「糙漆」是指在中塗上再上塗，再加上各種裝飾花紋，器面纔算完成。在灰漆面上「糙漆」，使漆侵入灰漆層，以之實垸，膝滑灰面。第一道爲灰糙，要厚，乾後打磨平整；第二道生漆糙，

〔一〕〔元〕陶宗儀：《南村輟耕録》，北京：中華書局，1959年，第375頁。

要薄且均匀；第三道煎糙，要注意不要産生漆皺。楊明補充説，這三道「糙漆」是爲古法，古琴髹飾必用此法。此外，楊明還道出了其時髹飾器皿質地越來越薄的原因，是因其只用生漆糙及曜糙二道，或甚至僅以生漆代之爲一道漆糙所致。在「糙漆」完畢待乾燥後，就可以麭漆爲紋飾了。

關於「垸漆」與「糙漆」過程中應該注意的事項，黄成在「六十四過」中有所謂「垸漆之二過」及「糙漆之三過」。「垸漆之二過」：「鬆脆」、「高低」。「鬆脆」，即漆灰多而漆液不足夠之過。「高低」，即刷漆灰時有厚有薄之過。「糙漆之三過」：「滑軟」、「無肉」、「刷痕」。「滑軟」，即制熟漆液中用油之過。「無肉」，即制熟漆液過稀之過。「刷痕」，即制熟漆液過稠之過。

漆際

「漆際」是指在漆器胎體上堆起綫緣的技法，一般施加於接面的邊際上，類似於日本所謂的「角刻苧」。〔一〕具體是在「垸漆」刮到第四道細灰漆後，以細灰磨了後合漆堆起綫緣，也有用法灰漆搓成絲縷狀粘絡於胎表的。起綫緣除了以令漆胎表面起出邊緣廓界之外，也可爲漆器針對防潮、貯水，能夠起到防潮防濕氣滲漏的作用。

〔一〕六角紫水：《東洋漆工史》，東京：雄山閣，1960年，第285頁。

從「質法」門所述可以看到，具有品質的漆器便是如此逐步完善而成的。楊明在「楷法」中「三法」之「質則人身」下所謂「骨肉皮筋巧作神」，其中「棬榛」被比擬爲「骨」，「布漆」被比擬爲「筋」，「垸漆」被比擬爲「肉」，「糙漆」被比擬爲「皮」。由此，黄成在《髹飾録》中將漆器的本質比擬爲人的身體，即所謂「質則人身」。《春秋繁露·人副天數》所謂：「形體骨肉，偶地之厚也；上有耳目聰明，日月之象也；體有空竅理脈，川谷之象也；心有哀樂喜怒，神氣之類也；觀人之體，一何高物之甚，而類於天也。」〔一〕人的身體與天相應，黄成受此影響而將之附會於漆器的設計製作原理之中，融「天人合一」的觀念將各項與胎質相關的知識組合起來。

尚古第十八

「尚古」門的知識集中於欣賞與修補以及仿製古漆器各個方面。楊注謂「黄氏之意在於斯」，也是此書「總論成飾，而不載造法」的原因所在。楊明認爲，黄成寫作此書記録各種漆藝知識的目的便是爲了「温故知新」。前面所述及的戒、失、病，均建立在「温故」的基礎之上。據此，對「古」的品評便成了此門知識最爲重要的評價導向。

〔一〕［汉］董仲舒：《春秋繁露》，北京：中華書局，1975年，第440頁。

斷紋

「斷紋」一般是指漆器因年深日久而産生的裂痕，主要是因爲材質與密度不同的胎骨與漆層之間不斷漲縮所形成。黄成謂：「髹器歷年愈久多牛毛斷；又有冰裂斷、龜紋斷、亂絲斷、荷葉斷、縠紋斷。凡揩光牢固者，多疏斷；稀漆脆虚者，多細斷，且易浮起，不足珍賞焉。」儘管「斷紋」影響漆器的實用性，但由於具有「斷紋」的漆器代表其年代久遠，因而鑒賞家反而以帶有「斷紋」的漆器爲貴。由此，古時工匠爲了迎合受衆喜好已有人工製造「斷紋」的方法流行。現今從事漆藝術創作者亦以殊法制作各種斷紋肌理爲漆藝審美追求之一。爲達不同效果，所利用手段各式，調入漆中各種稀釋劑或粉料，使漆面生出種種或斷或續紋理，惟此多以觀賞而遠離實用矣。

補綴

「補綴」，即修補古器之缺。楊明注曰：「補綴古器，令縫痕不覺者，可巧手以繼拙作，不可庸工以當精製，此以其難可知。又補處爲雲氣者，蓋好事家效祭器，畫雲氣者作之，今玩賞家呼之曰雲綴。」清宫收藏的古舊漆器修復多採用蠟作爲材料，因蠟可以調出各種各樣的顔色，但是由於質地柔軟，在後續的使用和清潔過程中容易磨損。這種修復還是基於「修復原貌」或「修舊如舊」的觀念。黄成提到時人以漆「隨其痕而上畫雲氣」，楊明稱之爲「好事家效祭器」，而且還有玩賞家將之命名爲「雲綴」。但今未見以此所補綴的漆器實物，具體狀貌尚未可定。

黄成在「六十四過」中有所謂「補綴之二過」：「愈毀」、「不當」。「愈毀」，即没有崇尚尊重古物之意之過。「不當」，即没有事先察看其成色之過。

仿效

「仿效」，即模擬歷代古器及宋元名匠所造，或諸夷倭製等。黄成提出「仿效」只是爲「好古之士備玩賞耳」，而並非爲「賣古董者之欺人貪價者作」，並且「凡仿效之所巧，不必要形似，唯得古人之巧趣，與土風之所以然爲主」。其關鍵是「考歷歲之遠近，而設骨剥斷紋及去油漆之氣」。楊明注曰：「要文飾全不異本器，則須印模後，熟視而施色。如雕鏤識款，則蠟、墨乾打之，依紙背而印模，俱不失毫釐。」由於古漆器不易得，隨著明代漆器市場的擴大，尚古仿漆流行，藉此以滿足好古之士的需求。既然漆器古董不多見，造成仿效尚古趣味、成爲追隨時尚所受追捧的對象。高濂在其《遵生八箋·燕閑清賞箋》中「論剔紅倭漆雕刻鑲嵌器皿」條謂：「國初有楊塤描漆、汪家彩漆，技亦稱善……有漂霞砂金、蜔嵌堆漆等制，亦以新安方信川制爲佳。如效砂金倭盒，胎輕漆滑，與倭無二。」〔一〕

〔一〕［明］高濂：《遵生八箋》，成都：巴蜀書社，1988年，第557–558頁。

可見其時古雅精奇倭漆甚受歡迎，亦爲中國漆工所樂於仿作。

楊明注曰：「然而有款者模之，則當款旁復加一款曰：某姓名仿造。」即謂仿效者所署名此爲仿效之作，具體例子可見北京故宫收藏的一件「千里式嵌螺鈿雲龍紋黑漆盒」。該盒盒身以軟螺鈿鑲嵌騰龍與流雲紋樣，盒的四面各嵌一龍，造型各異，盒底則是由火焰、海螺、花卉圖案所裝飾，盒蓋上以螺鈿嵌出隸書銘文：「式如金，式如玉。君子乾乾，慎守吾櫝。不告而孚，不嚴而肅。及其相視，若合符竹。西白銘。」另有篆書「長春堂」、「星賁」印，盒蓋内則嵌有「江千里式」款。所謂「式」，即此盒是後世所沿制之意。

八　圖表

表一

今見帶『楊茂造』款銘漆器面貌及署名風格之比較			
	漆器造型	款銘风格	備註
牡丹紋香盒		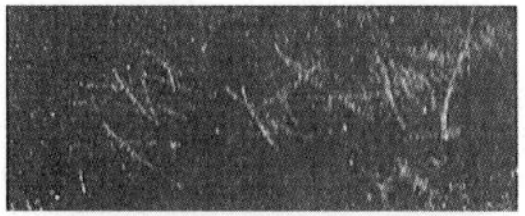	高4釐米，徑11釐米，底徑9.4釐米，日本聖衆來迎寺藏
椿紋藤實形香盒			高3.5釐米，徑10.9釐米，底徑6.2釐米，日本德川美術館藏
螭龍紋大香盒		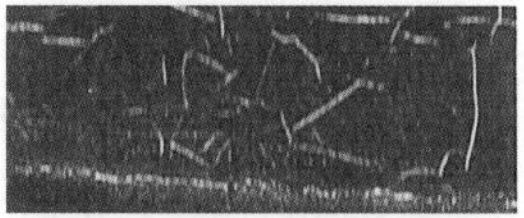	高8.8釐米，徑29.9釐米，底徑27.6釐米，日本龍源院藏
剔紅花卉紋尊	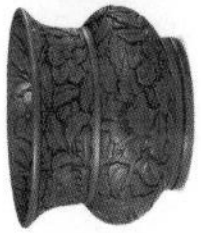	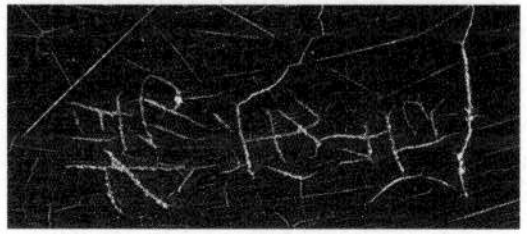	高9.5釐米，口徑12.8釐米，北京故宮博物院藏

續表

今見帶『楊茂造』款銘漆器面貌及署名風格之比較			
	漆器造型	款铭风格	備註
剔紅觀瀑圖八方盒		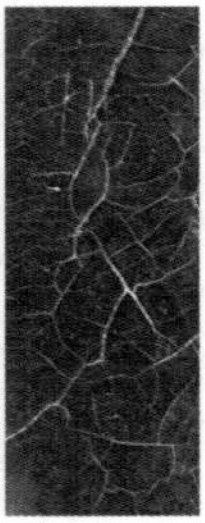	高2.6釐米，口徑17.8釐米，北京故宫博物院藏
剔紅梅花紋圓盤			口徑16.5釐米，底徑12.2釐米，高2.5釐米，北京藝術博物館藏

表二

德川宗敬及木村孔恭所藏《鬆飾録》抄本中『楊明』署名之比較

	德川宗敬藏抄本	木村孔恭藏抄本	備註
《鬆飾録·序》末楊明署名	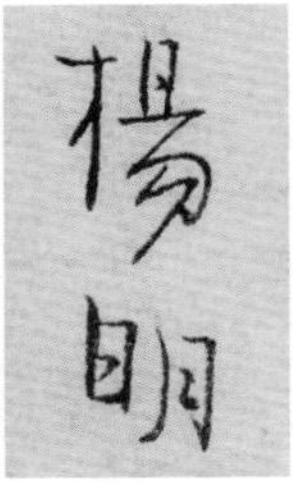		德本、兼本皆寫作「揚」
《鬆飾録·乾集》附贊楊明署名			德本、兼本皆寫作「楊」
《鬆飾録·坤集》附贊楊明署名			德本寫作「楊」、兼本寫作「揚」

表三

德川宗敬及木村孔恭所藏《髹飾録》抄本中『一本』標記之比較

	德川宗敬藏抄本	木村孔恭藏抄本	備註
「乾集」正文首段，「乾德至哉」的「至」字處	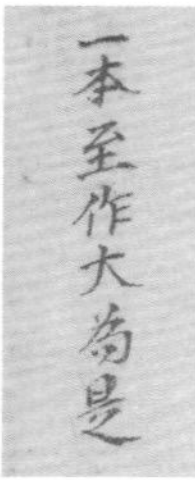		「一本至作大爲是」
「坤集」罩明第五灑金條「近有用金銀薄飛片」在「有」字處	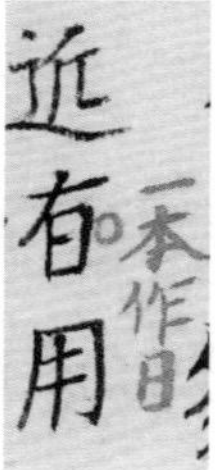	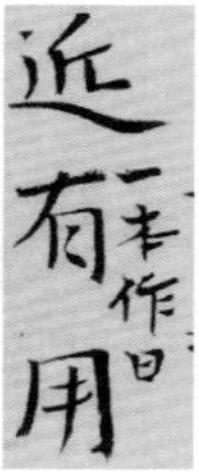	「一本作日」
「坤集」編斕第十二描金加蚼條「螺象之處」在「處」字旁			「一本作邊」
「坤集」尚古第十八仿效條楊明注釋「有款者模之」的「者」字處			「一本作而」

圖一

（傳）黃成　明嘉靖　鳳鶴剔紅圓盒

高14釐米　口徑26.5釐米　日本東京博物館藏

圖二

（傳）黃成　明嘉靖　鳳鶴剔紅圓盒

（蓋面）

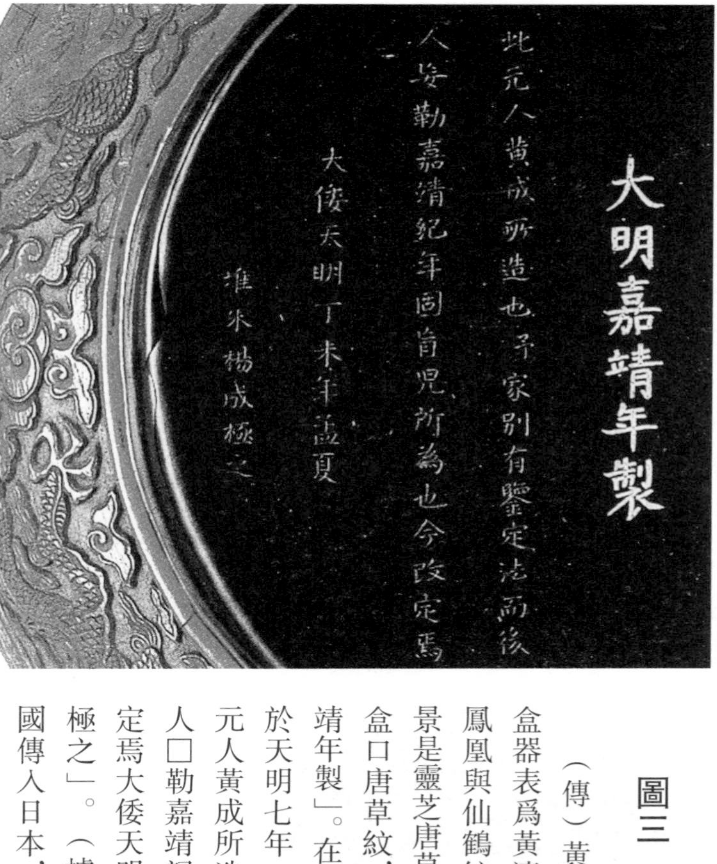

圖三

（傳）黄成 明嘉靖 鳳鶴剔紅圓盒器表爲黄漆地、朱漆層，蓋表爲鳳凰與仙鶴紋，配以壽山福海，背景是靈芝唐草紋，四周圍繞龍雲紋，盒口唐草紋，底有填金銘「大明嘉靖年製」。在填金銘旁有「堆朱楊成」於天明七年（1787年）刻銘：「此元人黄成所造予家別有鑒定法而後人□勒嘉靖記年固□□所爲也今改定焉大倭天明丁未年孟夏堆朱楊成極之」。（據刻銘推測，此盒由中國傳入日本，由堆朱楊成家十四代均長鑒定爲黄成所造，但均長又誤認黄成爲元時人。）

圖四、五

德本《髹飾録·乾集·坤集》楊明與黃成署名格式

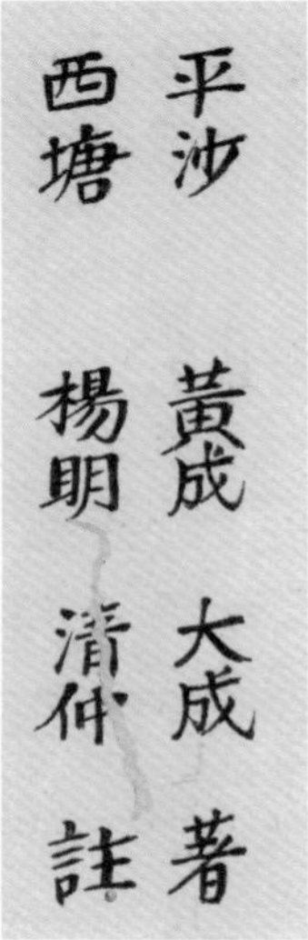

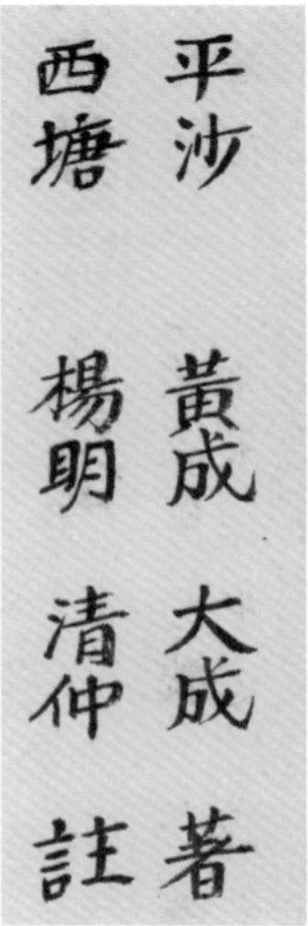

圖六、七

蒹本《髹飾録·乾集·坤集》楊明與黃成署名格式

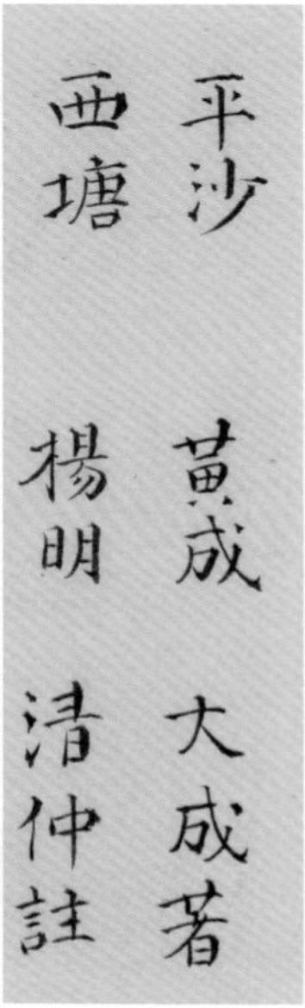

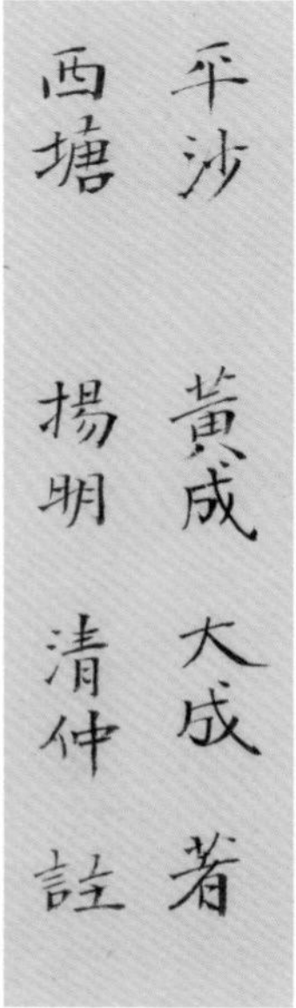

參考文獻

一 古籍文獻

（一）數字影本

［漢］鄭玄注、［唐］賈公彦疏：《周禮注疏》，摛藻堂四庫全書薈要本。
［漢］劉向：《説苑》，景平湖葛氏傳樸堂藏明鈔本。
［漢］孔安國傳、［唐］孔穎達疏：《尚書注疏》，武英殿十三經注疏本。
［漢］司馬遷：《史記》，武英殿二十四史本。
［漢］班固：《漢書》，武英殿二十四史本。
［漢］劉歆：《太平御覽》，静嘉堂文庫藏宋刊本。
［漢］許慎撰、［宋］徐鉉等奉敕校定：《説文解字》，静嘉堂藏北宋刊本。
［三國魏］何晏集解、［宋］邢昺疏：《論語注疏》，武英殿十三經注疏本。
［三國魏］王弼注：《周易》，景上海涵芬樓藏宋刊本。

［晉］郭璞注：《爾雅注疏》，摛藻堂四庫全書薈要本。
［晉］郭璞注：《穆天子傳》，龍溪精舍叢書本。
［南朝宋］范曄：《後漢書》，武英殿二十四史本。
［唐］駱賓王：《駱臨海集》，北京大學圖書館藏本。
［唐］司馬貞：《史記索隱》，欽定四庫全書本。
［宋］朱熹：《大學章句》，摛藻堂四庫全書薈要本。
［宋］王十朋：《蘇東坡詩集注》，清康熙朱從延文蔚堂刊本。
［宋］高承：《事物紀原》，文淵閣四庫全書本。
［元］吾丘衍：《學古編》，景明刻本。
［元］陶宗儀：《南村輟耕録》，吴潘氏滂憙齋藏元刊本。
［明］李時珍：《本草綱目》，欽定四庫全書本。
［明］高濂：《遵生八箋》，欽定四庫全書本。
［明］曹昭：《格古要論》，景印明刻本。
［明］謝肇淛：《五雜組》，吴航寶樹堂藏板明刊本。
［明］張大命：《太古正音·琴經》，北京大學圖書館藏本。
［明］王圻、王思義：《三才圖會》，明萬曆己酉刊本。

［明］淩稚隆：《五車韻瑞》，日本愛知縣西尾市立圖書館藏本。

［明］黄鳴鶴：《登壇必究》，北京大學圖書館藏本。

［清］遊藝：《天經或問》，欽定四庫全書本。

［清］康熙：《御定全唐詩》，摛藻堂四庫全書薈要本。

（二）今刊影本

［漢］司馬遷：《史記》，上海：上海書店，1997 年。

［漢］劉歆：《西京雜記》，上海：文藝出版社，1991 年。

［漢］許慎：《説文解字》，北京：中華書局，1986 年。

［宋］趙希鵠：《洞天清録》，臺北：臺灣商務印書館，1986 年。

［宋］邢凱：《坦齋通編》，臺北：臺灣商務印書館，1986 年。

［宋］程大昌：《演繁露》，臺北：臺灣商務印書館，1986 年。

［元］陶宗儀：《輟耕録》，臺北：臺灣商務印書館，1986 年。

［明］張大命：《太古正音》，上海：上海古籍出版社，1995 年。

［明］曹昭：《格古要論》，臺北：臺灣商務印書館，1986 年。

［明］郎瑛：《七修類稿》，濟南：齊魯書社，1997 年。

［明］李時珍：《本草綱目》，臺北：臺灣商務印書館，1986年。
［明］屠隆：《考槃餘事》，臺北：新文豐出版公司，1985年。
［明］尹直：《謇齋瑣綴録》，臺北：臺灣學生書局，1969年。
［明］汪珂玉：《珊瑚網》，臺北：臺灣商務印書館，1986年。
［明］方以智：《物理小識》，臺北：臺灣商務印書館，1986年。
［明］張應文：《清秘藏》，臺北：臺灣商務印書館，1986年。
［清］高士奇：《金鼇退食筆記》，臺北：臺灣商務印書館，1986年。
［清］姚之駰：《元明事類鈔》，臺北：臺灣商務印書館，1986年。
［清］吴升：《大觀録》，北京：國家圖書館文獻縮微複製中心，2001年。
［清］王先謙：《莊子集解》，北京：中華書局，1987年。

二 近今著述

（一）著作

鄭師許：《漆器考》，上海：中華書局，1936年。
雷圭元：《工藝美術技法講話》，上海：正中書局，1948年。
朱啟鈐：《漆書》（油印本），清華大學圖書館藏本，1958年。
王世襄：《〈髹飾録〉解説》，北京：文物出版社，1983年。
王世襄：《中國古代漆器》，北京：文物出版社，1987年。
王世襄：《錦灰堆》，北京：三聯書店，2000年。
索予明：《蒹葭堂本〈髹飾録〉解説》，臺北：臺灣商務印書館，1974年。
索予明：《漆園外摭——故宫文物雜談》，臺北：故宫博物院，2000年。
長北：《〈髹飾録〉圖説》，濟南：山東畫報出版社，2007年。
長北：《〈髹飾録〉析解》，南京：江蘇鳳凰美術出版社，2017年。
長北：《〈髹飾録〉與東亞漆藝——傳統髹飾工藝體系研究》，北京：人民美術出版社，

2014年。
孫晏亭：《〈髹飾錄〉工藝解讀》，福州：福建人民出版社，2020年。
李一之：《〈髹飾錄〉科技哲學藝術體系》，北京：九州出版社，2016年。
沈福文：《中國漆藝美術史》，北京：人民美術出版社，1991年。
沈福文：《漆器工藝技法撮要》，北京：輕工業出版社，1984年。
何豪亮、陶世智：《漆藝髹飾學》，福州：福建美術出版社，1990年。
張飛龍：《中國髹漆工藝與漆器保護》，北京：科學出版社，2010年。
六角紫水：《東洋漆工史》，東京：雄山閣，1932年。
松田權六：《うるしの話》，東京：岩波書店，2013年。
岡田讓：《東洋漆芸史の研究》，東京：中央公論美術出版，1978年
田川真千子：《〈髹飾錄〉の実験的研究》，奈良：奈良女子大学松岡研究室，1992–1997年。
Perry Smith Brommelle, ed. Urushi: proceedings of the Urushi Study Group June 10–27, 1985. The Getty Conservation Instiure, 1988.
Filippo Bonanni, *Techniques of Chinese Lacquer: The Classic Eihteenth-Century Treastise on Asian Varnish*, translated by Flavia Perugini, Los Angeles: J. Paul Getty Museum, 2009.

Patricia Frick, Annette Kieser ed., Production, Distribution and Appreciation: New Aspects of East Asian Lacquer Ware. Brill, 2018.

（二）論文

王世襄：《〈髹飾録〉——我國現存唯一的漆工專著》，《文物參考資料》1957年第7期。

王世襄：《中國古代髹飾工藝與漆畫》，《美術》1983年10期。

王世襄：《中國古代漆工雜述》，《文物》1979年第3期。

王世襄：《明清傢俱的髹飾工藝》，《收藏家》1999年第1期。

王世襄：《我與〈髹飾録解説〉》，《中國生漆》2002年第2期。

長北：《〈髹飾録解説〉辯證》，《中國生漆》2005年第2期。

長北：《〈髹飾録解説〉辨正》，《中國生漆》2006年第1期。

長北：《論〈髹飾録〉》，《東南大學學報》2006年第1期。

長北：《〈髹飾録〉版本校勘記》，《故宫博物院院刊》2006年第1期。

長北：《我國古代漆器工藝的經典著作——論〈髹飾録〉》，《東南大學學報》2006年第1期。

長北：《〈髹飾録〉壽笺並〈髹飾録解説〉引文校勘》，《故宫博物院院刊》2008年第3期。

長北：《漆藝寶典〈髹飾録〉》，《中華文化畫報》2010年第4期。

長北：《〈髹飾録〉蒹葭堂抄本與德川抄本比較研究》，湖南省博物館 編：《湖南省博物館館刊》（第十五輯），長沙：嶽麓書社，2019年。

周懷松：《讀〈髹飾録〉乾集利用第一章體會》，《中國生漆》1988年第4期。

周懷松：《讀〈髹飾録〉乾集楷法第二章體會》，《中國生漆》1989年第2期。

周懷松：《讀〈髹飾録〉坤集質色第三、罩明第五章體會》，《中國生漆》1989年第4期。

周懷松：《讀〈髹飾録〉坤集紋匏第四、描飾第六、填嵌第七三章體會》，《中國生漆》1990年第2期。

周懷松：《讀〈髹飾録〉坤集陽識第八、堆起第九、雕鏤第十、戧劃第十一四章體會》，《中國生漆》1990年第3期。

周懷松：《讀〈髹飾録〉坤集斒斕第十二、複飾第十三、紋間第十四三章體會》，《中國生漆》1990年第4期。

周懷松：《讀〈髹飾録〉坤集裹衣第十五、單素第十六、質法第十七三章體會》《中國生漆》1989年第1期。

何豪亮：《〈髹飾録〉的一些問題》，《中國生漆》2011年第4期。

沈福文：《漆器工藝技術資料簡要》，《文物参考資料》1957年第7期。

陳紹棣：《〈髹飾録〉作者生平籍貫考述》，《文史》，北京：中華書局，1984年。

李經澤：《果園廠小考》，《上海文博》2007年第1期。

張飛龍：《中國古代漆器制胎技術》，《中國生漆》2008年第1期。

張飛龍：《中國硬木螺鈿鑲嵌工藝溯源》，《中國生漆》2011年第2期。

芹沢閑：《〈髹飾録〉の復活刊行》，《日本漆工会会报》第321號。

今泉雄作：《〈髹飾録〉箋解》，《国華》，1899–1903年。

荒川浩和：《明清の漆工芸と〈髹飾録〉》，《東京国立博物館研究誌》第151號，1963年。

坂部幸太郎：《〈髹飾録〉考》，《漆事伝》（松雲居私記），私版，1972年。

樋口雄作：《〈髹飾録〉―わが国に唯一る中国〔明〕時代の漆藝技法書》，《工芸学会通信》（第46號）1986年第3期。

佐藤武敏：《〈髹飾録〉について－そのテキストと注釈を中心に》，《東京国立博物館研究誌》第452期，1988年。

山田眞一：《〈髹飾録〉校勘記》，《富山大學芸術文化學部紀要》第14卷，2020年，第56–64頁。

Craig Clunas, Luxury Knowledge: The Xiushilu ('Records of Lacquering') of 1625, in

Techniques et Cultures, 29 (1997): 27–40.

Hirokazu Arakawa, On the Chinese Kyushitsu Method, Based on a Study of Kyushoku–roku, N. S.

James C. Y. Watt, Barbara Ford, East Asian Lacquer: The Florence and Herbert Irving Collection. New York: Metropolitan Museum of Art: Distributed by Abrams, 1991.

跋　語

本書是筆者自十年前開始從事《髹飾録》研究時最初所規劃的「《髹飾録》研究三部曲」中的第三部，前兩部分别是《海外〈髹飾録〉研究選萃》與《〈髹飾録〉新詮》。前者是有關國外《髹飾録》相關研究的資料集。國内相關研究自朱啟鈐先生以蒹葭堂本《髹飾録》抄本爲底本校訂刊印丁卯版後，國内陸續有專門針對《髹飾録》的研究誕生與傳播，但有關國外的《髹飾録》的研究則直至進入到新世紀仍然鮮爲國内研究者所注意。因而該書的編纂是對這一方面的一個補充，目的是爲了國内學界能對國外的相關研究有更直接的認識。後者則是筆者從藝術史研究的角度綜合《髹飾録》的誕生背景、流傳抄刻、内容特色、實驗情况等重新對其進行解讀的一個嘗試。而本書則從不同《髹飾録》抄本的比較切入到研究，試圖爲讀者揭開這部曾經默默無聞甚至罹陷失傳境地的奇書的真實面貌。儘管本書所收録的《髹飾録》抄本均是該書流入日本後的複抄本，但作爲迄今所見惟一一部中國古代得以流傳下來的漆藝專著，該書仍然是帮助我們瞭解傳統漆藝最为重要的文獻記載。本書將流傳至今兩個最爲重要的《髹飾録》抄本的高清攝影圖像合印出版，希望借此能夠對國内的《髹飾録》研究有所增益。

在此書付梓之際，首要感謝東博將所收藏兩種《髹飾録》抄本的彩色高清圖像授予筆者公開使用。其次要感謝東藝大武田裕子博士在我開展本項目期間所提供的各種幫助。此外還要感謝全國高校古籍整理研究工作委員會將本書的研究納入到直接資助的研究專案之內，該課題的立項對本書的完成起到了十分重要的鞭策作用。最後，感謝浙江古籍出版社對本書出版的支持，特別感謝在此過程中提供各種協助的編輯郭大帥與徐立先生。正是有了各方的熱誠幫助，本書纔得以順利問世。感謝大家！

何振紀
於庚子臘月

圖版

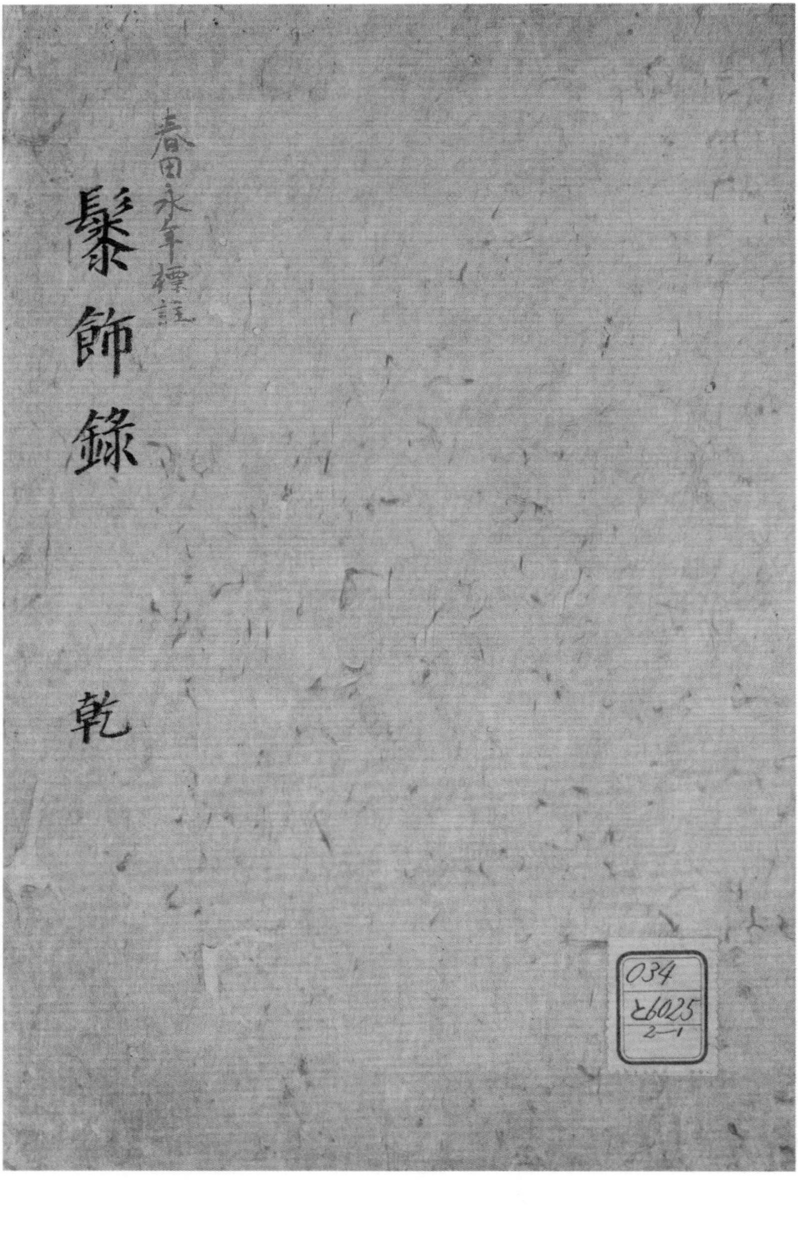
春田永年標註
髹飾錄
乾
034
と6025
2-1

髹飾錄考證未備焉有經日則補之可也如色料利器者別有集解矣

壽碌堂主人

㊀周礼宗伯礼曰駹車雚蔽然褀髹飾鄭玄謂駹車邊側有漆飾也圜髹飾之字益取于此

㊁杜林於西川得漆書古文尚書一卷科斗即壞△倪池筆記曰孔壁汲冢竹簡科斗皆漆書△学古編曰科斗為字之祖上古無筆墨以竹挺點漆書竹上竹硬漆膩畫不能行故頭麁尾細似其形耳

㊂事物紀原載韓非子曰舜作食器黑漆其上禹作祭器黑漆其外朱畫其内△説苑同

髹飾錄序（一）

漆之為用也始（二）于書竹簡而舜（三）作食器黒

漆之禹作祭器黒漆其外朱畫其内於此有

其貢（四）周（五）制於車漆飾愈多焉於（六）弓之六

材亦不可闕皆取其堅牢於質取其光彩於

文也（七）後王作祭器尚之以著色塗金之文

彫鏤玉珧之飾所以增敬盛禮而非如其

漆城（八）其漆頭（九）也然復用諸樂（十）器或用諸燕

（四）尚書禹貢曰厥貢漆絲

（五）[?]周禮所謂華路木路輦車駹車漆車等皆有漆飾故言此

（六）周禮考工記曰弓人為弓取六材又曰漆也者以為受霜露也

（七）事物紀原載禮記明堂位曰夏后以揭豆注曰無異物之飾也凡造物之初未始不本於樸素後王以為未足以致誠敬故因之加文焉

（八）史記滑稽傳曰秦二世立又欲漆其城

（九）史記曰趙襄子殺智伯漆其頭以為飲器

（十）諸器皆有漆飾不遑把

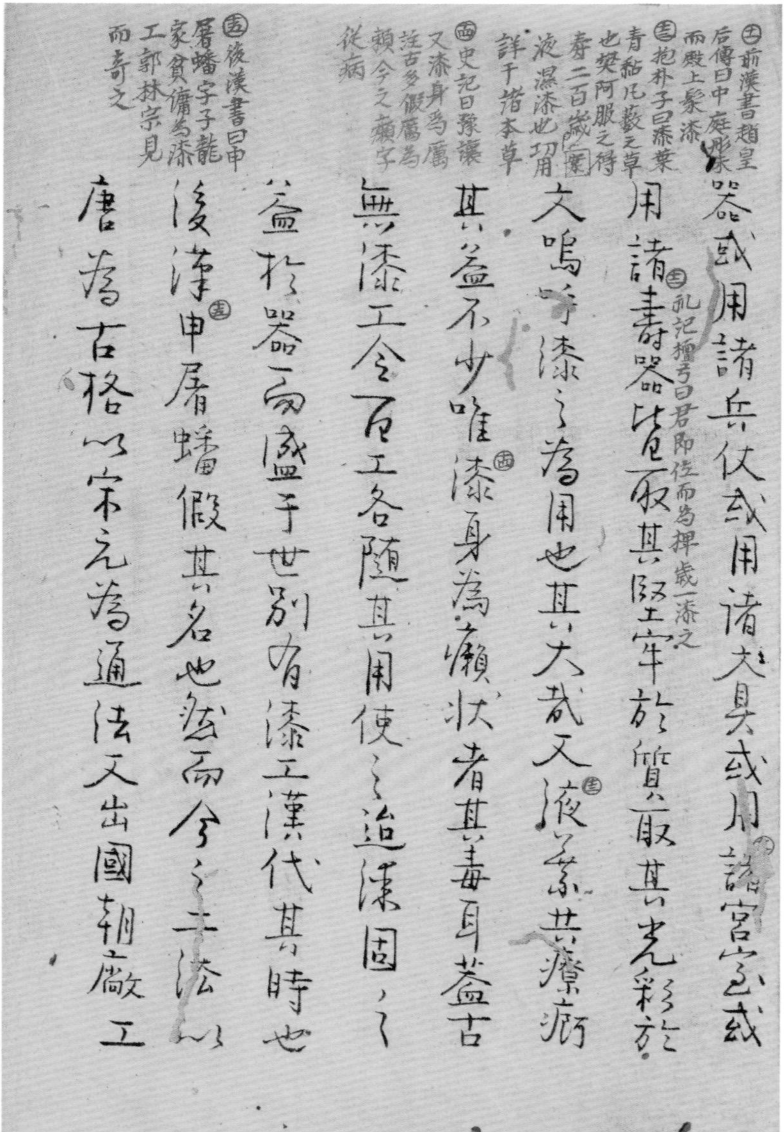

⑪前漢書趙皇后傳曰中庭彤朱而殿上髹漆
器或用諸兵仗或用諸大具或用諸宮室或
用諸⑫壽器皆取其堅牢於質取其光彩於
⑫礼記檀弓曰君即位而為椑歲一漆之
⑬抱朴子曰漆葉青黏凡藪之草也樊阿服之得壽二百歲液濕漆也切用詳于諸本草
文鳴呼漆之為用也其大哉又⑬液葉共療疴
⑭史記曰豫讓又漆身為厲注古多假厲為癩今之癩字從病
其益不少唯⑭漆身為癩狀者其毒耳蓋古
無漆工今百工各隨其用使之通漆固之
⑮後漢書曰申屠蟠字子龍家貧傭為漆工郭林宗見而奇之
益於器而盛于世別有漆工漢代其時也
後漢⑮申屠蟠假其名也然而今之工法以
唐為古格以宋元為通法又出國朝廠工

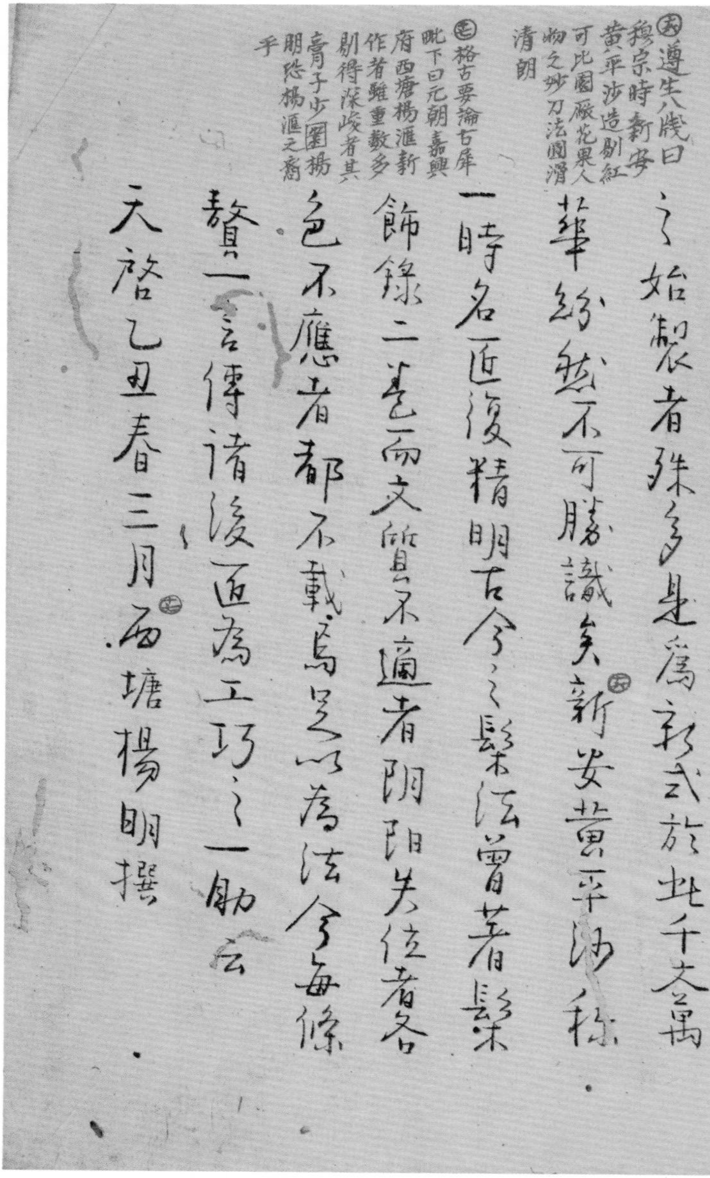
之始製者殊多是為彩式於此千文萬
華紛然不可勝識矣㊅新安黄平沙稱
一時名匠復精明古今之髹法曾著髹
飾錄二卷而文質不適者陰陽失位者各
色不應者都不載焉足以為法今每條
贅一言傳諸後匠為工巧之一助云
天啓乙丑春三月㊆西塘楊明撰

㊅遵生八牋曰穆宗時新安黄平沙造剔紅可比園廠花果人物之妙刀法圓滑清朗

㊆格古要論古犀毗下曰元朝嘉興府西塘楊滙新作者雖重數多剔得深峻者其膏子少圜楊明恐楊滙之裔乎

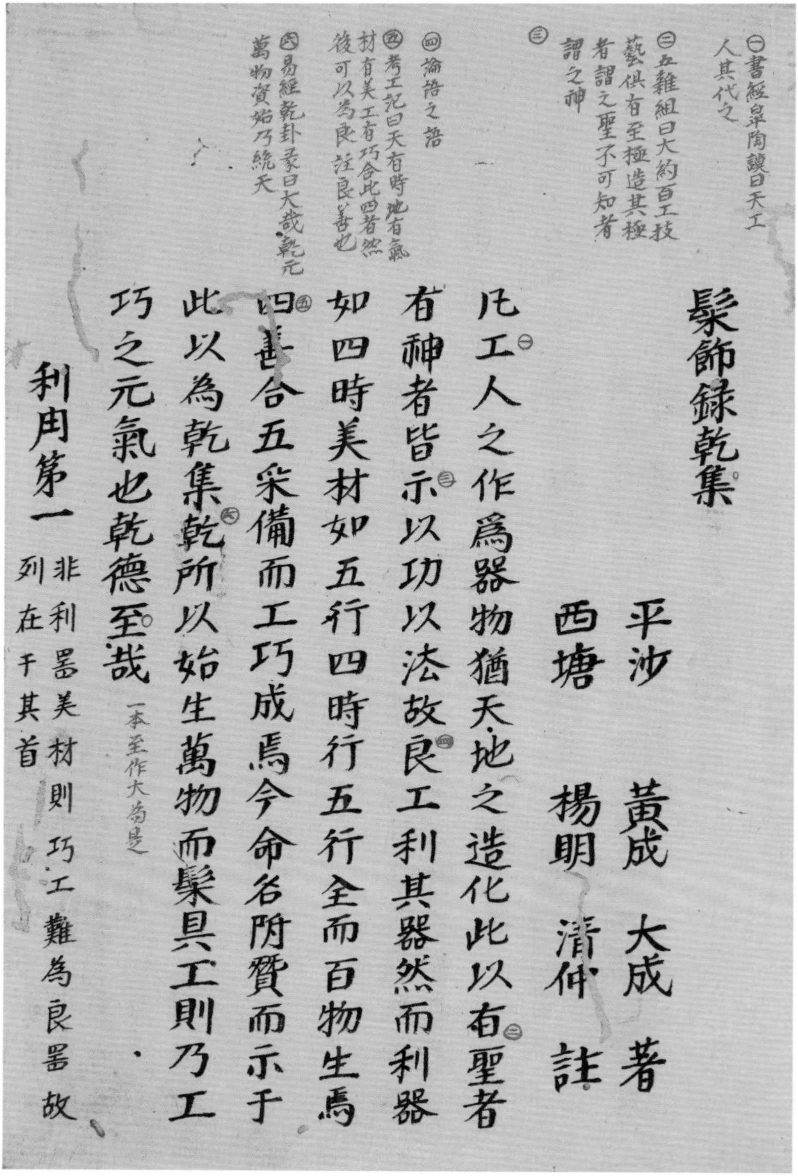

髹飾録乾集

平沙　黃成　大成　著

西塘　楊明　清仲　註

凡工人之作爲器物猶天地之造化此以有聖者
有神者皆示以功以法故良工利其器然而利器
如四時美材如五行四時行五行全而百物生焉
四善合五采備而工巧成焉今命名附贊而示于
此以爲乾集乾所以始生萬物而髹具工則乃工
巧之元氣也乾德至哉（一本至作大爲是）

利用第一　非利器美材則巧工難爲良器故列在于其首

(一)書經皐陶謨曰天工人其代之
(二)五雜組曰大約百工技藝俱有至極造其極者謂之聖不可知者謂之神
(三)
(四)論語之語
(五)考工記曰天有時地有氣材有美工有巧合此四者然後可以為良注良善也
(六)易經乾卦彖曰大哉乾元萬物資始乃統天

朱子大学序曰天運循環無往不復

老子曰天之道其猶張弓乎高者抑之下者擧之有餘者損之不足者補之

天運　即旋牀

輟耕錄曰於旋牀上膠黏而成名棬素　案今見華產漆器灰漆黑光共用之磨者多矣

有餘不足　損之補之

其狀圜而循環不輟令椀合盆盂正圓無苦窳故以天名焉

史記五帝紀注曰苦音古麤也窳音庾病也

淮南子曰日者太陽之精人君象也

白虎通曰金精和之至也

前漢書曰使絶國者皆受金泥璽封注云以金為泥封函鬼魅不敢干也

日輝　即金有泥屑麩薄片線之等

人君有和　螭魅無犯

太陽明于天人君德于地則螭魅不干邪謟不害諸器施之則生光輝鬼魅不敢干也

徐氏筆精曰陰不可抗陽臣不可敵君故於文闕者為月

楚書曰楚國無以為寶惟善以為寶　朱注言寶善人也

尓雅注曰銀有精光如燭也

月照　即銀有泥屑麩薄片線之等

寶臣維佐　如燭精光

其光皎如月又有燭銀凡寶貨以金為主以銀為佐飾物亦然故為臣

宿光　即蔕有木有竹

明静不動　百事自安
木幕接牝梁竹幕接牡梁其狀如宿列也動
則不吉亦如宿光也

曰騖賓王帝京篇曰五緯連影集星纏
目五車韻瑞曰星之纏次星所次行也
⊠登壇必究曰星在下而上曰陵在上而下曰乗

星纏
卽活架牝梁為陰道牡梁為陽道
次行連影　陵乗有期
牝梁有竅故為陰道牡梁有筍故為陽道匏
數器而接架其狀如列星次行夂轉失候則
滛泆氷解故曰有期又案曰宿曰星皆指器
物比百物之氣皆成星也
衆星攢聚　為章於空
卽蔭室中之棧
天河小星所攢聚也以棧攢架蔭室中之空
處以列衆器其狀相似也

△尒雅曰析木謂之津横　卽天河也
△天經或問曰天河實是小星攢聚一帶為一真白練焉
△詩經曰倬彼雲漢為章于天

津横

●輟耕錄曰用指光石磨去漆中纇 雷上声 卽雜肝石也

風吹　卽指光石並浮炭

◐琴經退光出光法曰水楊木燒為浮炭又用砂杉木

○五雜組曰風之微也一紙之隔則不能過及其怒也拔木折屋百物之生非風不能長養

輕為長養　怒為拔拆

此物其用与風相似也其磨輕則平面光滑
無抓痕怒則稜角顯灰有玷瑕也

曰曲禮曰毋雷同注曰雷之發声物無不同時應者
目釋名曰雷碾也如轉物有所碾

雷同

即磚石有麤細之等　緻耕錄髹法曰磚石車磨去

碾聲發時　百物應出

髹器無不用搓磨而成者其聲如雷其用亦
如雷也

△東坡詩曰電光時掣紫金蛇
△揚雄賦曰霹靂列缺吐火施鞭電
△埤雅曰陰陽激耀与雷同氣

電掣

即鑢有劒面茅葉方條之等

施鞭吐光　與雷同氣

施鞭言其所用之狀吐光言落屑霏霏其用
似磨石故曰与雷同氣

㊀韓賀慶雲表曰五采五色光華不可偏觀。西京雜記曰五色雲為瑞
㊁三才圖會曰黃帝与蚩尤戰于涿鹿之野常有五色雲氣金枝玉葉止於帝上成花葩之象因作華蓋

雲彩

即各色料有銀朱丹砂絳礬赭石雄黃
雌黃靛花漆綠石青石綠韶粉烟煤之

等

瑞氣鮮明㊀　聚成花葉㊁

五色鮮明如瑞雲聚成花葉者黄帝華葢之
事言為物之飾也

卽五格揩筆硯

虹見㊀

㊀月令曰季春月虹始見
㊁詩經曰衣裳楚楚注楚楚鮮明皃
㊂說文曰霓屈虹青赤或白色

燦映山川　人衣楚楚㊁

每格瀉合色㊂漆其狀如螺蝀又硯筆揩飾畧
物如物影之相映而暗有画山水人物之意

卽鈿螺老蚌車螯玉珧之類有片有沙

霞錦㊀

㊀劉禹錫詩曰飾霞張錦帳
㊁顔服虔詩曰天孫機上絢光華
㊂禹貢曰其篚織貝鄭注云貝錦名也
㊉山海經曰東海有氷蚕其繭五色織為文錦
●拾遺記曰康老子嘗賣一錦遇有一波斯見之曰此氷蚕所織也

天機㊁織貝㊂　氷蠶㊉失文

天真光彩如霞如錦以之飾畧則華妍而康
老子所賣亦不及也

雨灌　卽鬆刷有大小數等及蟹足踈鬣馬尾

猪鬃又有灰刷滦刷

沛然不偏　絶塵膏澤

以漆喻水故蘸刷拂畐比雨匏面無纇如雨下塵埃不起爲佳又漆偏則作病故曰不偏

露清㊀　即罌子桐油

色隨百花　滴瀝後素㊀

油清如露調顏料則如露在百花上各色無所不應也後素言露從花上墜時見正色而却至繪事也

霜挫㊀　即削刀並捲鏨

極陰殺木㊁　初陽斯生㊂

霜殺木乃生萌之初而刀削樸乃髹漆之初也

淮南子曰春雨之灌万物也渾然而流沛然而施

史記五帝紀注曰如百穀之仰膏雨

㊀博物志曰氣之清者莫如露

㊀論語曰繪事後素

㊀孝經援神契曰霜以挫物

㊁春秋元命包曰霜以殺木

㊂歲時記曰冬至一陽生

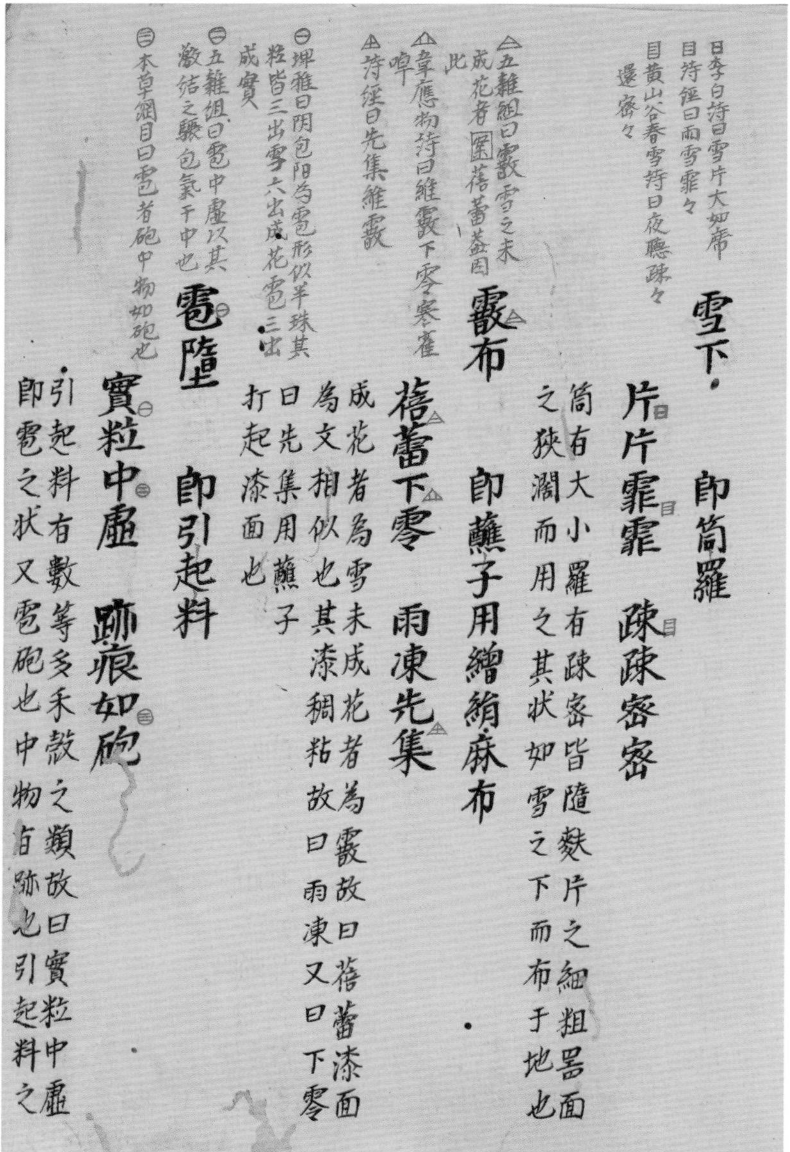

日李白詩曰雪片大如席
目詩經曰雨雪霏々
目黃山谷春雪詩曰夜聽疎々還密々

雪下・　卽筒羅

片片㊀霏霏㊀疎疎密密㊀

筒有大小羅有疎密皆隨麩片之細粗留面
之狹濶而用之其狀如雪之下而布于地也

△五雜俎曰霰雪之未成花者圏稸蓄蓋因此
△韋應物詩曰維霰下零寒雀嘷
△詩經曰先集維霰

霰布△　卽麯子用繒綃麻布・

稸蓄△下零△　雨凍先集△

成花者為雪未成花者為霰故曰稸蓄漆面
為文相似也其漆稠粘故曰雨凍又曰下零
曰先集用麯子
打起漆面也

㊀埤雅曰陰包陽為雹形似羊珠其粒皆三出雪六出成花雹三出成實
㊁五雜俎曰雹中虛以其激結之驟包氣于中也
㊂本草綱目曰雹者砲中物如砲也

雹墜　卽引起料

實粒㊀中虛㊁　跡痕如砲㊂

・引起料有數等多禾穀之類故曰實粒中虛
卽雹之狀又雹砲也中物有跡也引起料之

痕跡為文
以比之也

霧籠　卽粉筆並粉盞

陽起陰起　百狀朦朧

霧起于朝起于暮朱髹黑髹卽陰陽之色而
畧上之粉道百般文圖輕疎而如山水艸木
被籠于霧中・
而朦朧也

△論語曰四時行焉百物生
焉

△考工記曰水有時以凝有
時以澤此天時也注言百工之
事當審其時也

時行△　卽挑子有木有竹有骨

百物斯生△　水為凝澤△

漆工審天時而用漆莫不依挑子如四時行
焉百物生焉漆或為垸或為當或為糙或為
匏如水有時以凝
有時以澤也・

㊀　春景曰媚景

春媚㊀　卽漆畫筆有寫象細鈎遊絲打界排頭

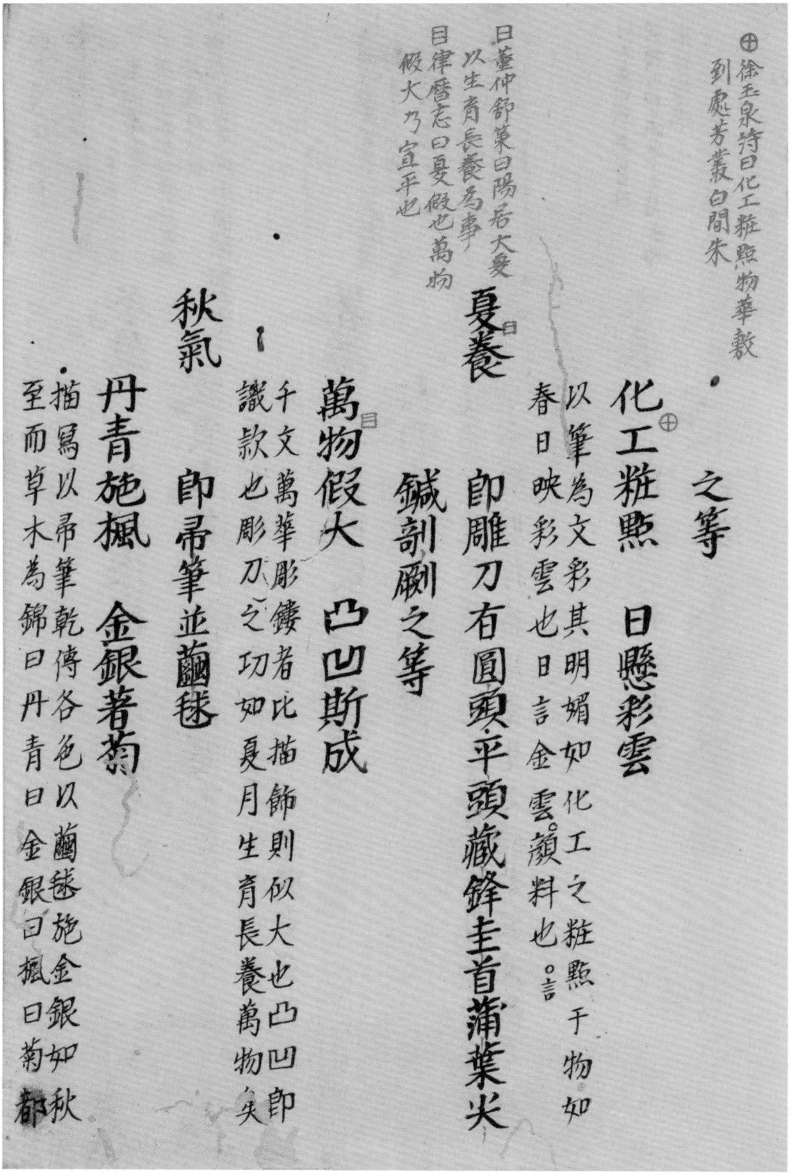
⊕徐玉泉詩曰化工粧點物華數
到處芳叢白間朱
之等
化工粧點　日懸彩雲
以筆為文彩其明媚如化工之粧點于物如
春日映彩雲也日言金雲。顔料也。言
卽雕刀有圓頭·平頭藏鋒圭首蒲葉尖
鏚剞劂之等
曰董仲舒策曰陽居大夏
以生育長養為事
目律曆志曰夏假也萬物
假大乃宜平也
夏養
萬物假大　凸凹斯成
千文萬華彫鏤者比描飾則似大也凸凹卽
識款也彫刀之功如夏月生育長養萬物矣
卽帚筆並藺毯
秋氣
丹青施楓　金銀著菊
描寫以帚筆乾傅各色以藺毯施金銀如秋
至而草木為錦曰丹青曰金銀曰楓曰菊都

言各色
百華也

㊀千文曰秋收冬〻藏
㊁月令曰冬〻其神玄冥
㊂尔雅曰冬〻為玄英氣黑而清英也
㊂漢律歷志曰冬〻終也物終藏乃可称
㊉月令曰天地不通閉塞而成冬〻

冬〻藏㊀ 即濕漆桶並濕漆韆

玄冥㊁玄英㊂ 終藏㊂閉塞㊉

玄冥玄英猶言冬〻水以漆喻水玄言其色已
濕漆貯器者皆盖藏令不漾凝更宜閉塞也

△月令曰季夏之月土潤溽暑大雨時行。玉篇曰溽濕暑也

暑溽△ 即蔭室▲

▲史記滑稽傳曰二世立又欲漆其城優旃曰顧難為蔭室

大雨時行△ 濕熱鬱蒸

蔭室中以水濕則氣薰蒸不然則漆難乾故
曰大雨時行盖以季夏之候者取濕熱之氣
甚矣

日千文曰寒來暑往
目月令曰孟冬〻之月水始氷地始凍

寒來日 即朽有竹有骨有銅

已氷目已凍 令水土堅

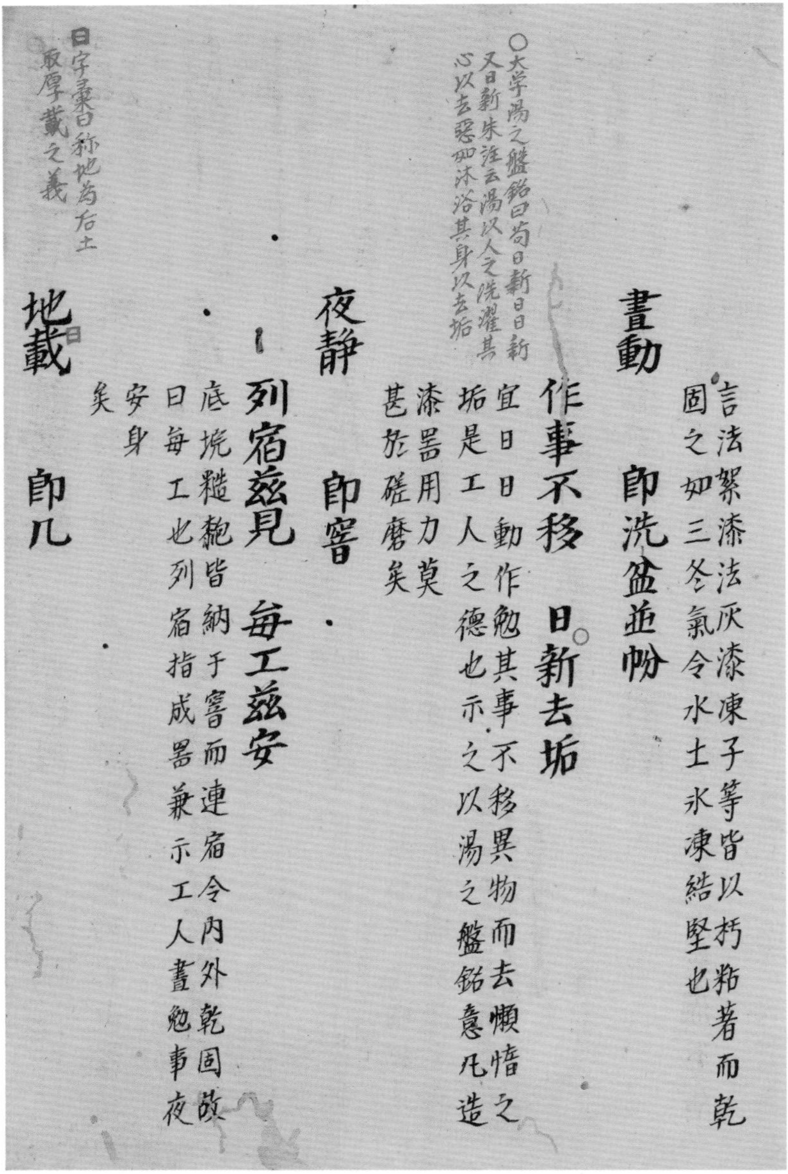

晝動　卽洗盆並帉

言法絮漆法灰漆凍子等皆以朽粘著而乾
固之如三冬氣令水土氷凍結堅也

○大学湯之盤銘曰苟日新日日新
又日新朱注云湯以人之洗濯其
心以去惡如沐浴其身以去垢

作事不移　日新去垢

宜日日動作勉其事不移異物而去懶惰之
垢是工人之德也示之以湯之盤銘意凡造
漆器用力莫
甚於磋磨矣

夜靜　卽窨

列宿茲見　每工茲安

底垸髹皆納于窨而連宿令內外乾固故
日每工也列宿指成器兼示工人晝勉事夜
安身
矣

地載日　卽几

日字彙曰示地爲后土
取厚載之義

☒説文曰元氣初分重濁陰為地萬物所陳列也

維重☒維靜　陳列☒山河

此物重靜都承諸器如地之載物也山指捎盤河指摸鑿

㊀風俗通曰黄者光也厚也中和之色德四季与地同功

土厚㊀　卽灰有角骨蛤石甎及坏屑磁屑炭末之等

㊁圖書編曰水火土天地之大化也

⊕五雜組曰土永不耗

大化㊁之元（説文曰元始也）　不耗⊕之質

黄者㊀厚也土色也灰漆以厚為佳凡物燒之則皆歸土土能生百物而永不滅灰漆之體總如卒土然矣

⊙史記張釈之傳曰以北山石為槨用紵絮斮陳絮漆其間註漢書音義曰斮絮以漆著其間

卽布並斮絮⊙麻筋

△河圖括地象地下有八柱廣十萬里有三千六百軸互相牽制

柱括△

土下△軸連　爲之不陷

二句言布筋包裹捲榡在灰下而灰漆不陷如地下有八柱也

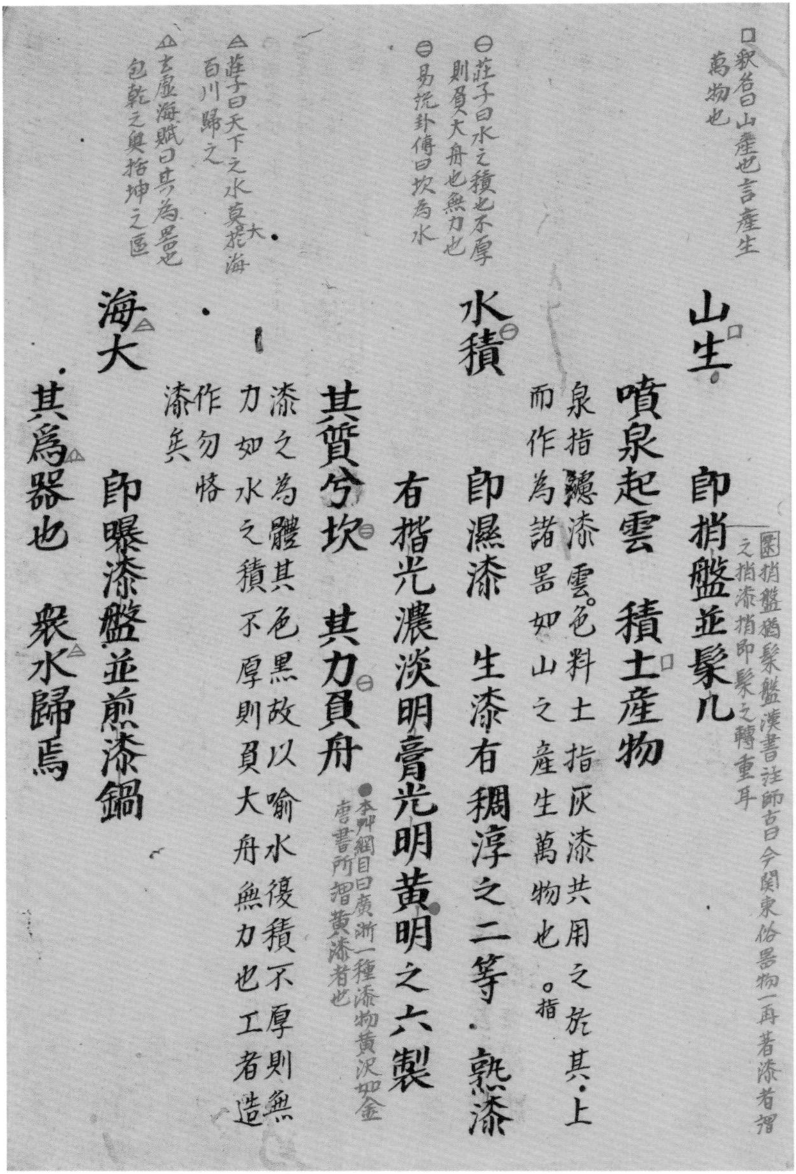

圖 捎盤猶髹盤漢書註師古曰今関東俗器物一再著漆者謂之捎漆捎即髹之轉重耳

釈名曰山產也言產生萬物也

山生 卽捎盤並髹几

噴泉起雲 積土產物

泉指髹漆雲色料土指灰漆共用之於其上

而作為諸器如山之產生萬物也 ○指

莊子曰水之積也不厚則負大舟也無力也

水積 卽濕漆 生漆有稠淳之二等 熟漆

有揩光濃淡明膏光明黃明之六製

本艸綱目曰廣浙一種漆物黃沢如金唐書所謂黃漆者也

易說卦傳曰坎為水

其質兮坎 其力負舟

漆之為體其色黑故以喻水復積不厚則無

力如水之積不厚則負大舟無力也工者造

作勿略漆兵

莊子曰天下之水莫大於海百川歸之

玄虛海賦曰其為器也包乾之奧括坤之區

海大 卽曝漆盤並煎漆鍋

其為器也 衆水歸焉

此器共大而以製熟諸漆者故比諸海之大而百川歸之矣

水經曰鰌魚長數十里穴居海底魚入穴則潮上出則潮退魚入有節故潮水有期

潮期 卽曝漆挑子

鰌尾反轉　波濤去來

鰌尾反轉打挑子之貌波濤去来挑黐漆之貌凡漆之曝熟有佳期亦如潮水有期也

易繫辭曰河出圖洛出書聖人則之
同曰凡天地之數五十有五

河出 卽模鑿並斜頭刀剉刀

五十有五　生成干圖

五十有五天一至地十之總數言蝻片之點抹鉤條總五十有五式皆刀鑿刺成之以比之河出圖也

洛現 卽筆硯並揩筆硯

對十中五　定位支書

四方四隅之數皆相對得十而五乃中央之數言揣飾十五體皆出于筆硯中以比之龜書出于浴也

△孟子曰原泉混々不舍晝夜

△歸去來辭曰泉涓々始流

泉湧△ **卽漉車並幦**

高源混混△ **回流涓涓**△

漆漉過時其狀如泉之湧而混混下流也漉車轉軸回緊則漆出於布面故曰回流也

□後漢王霸傳曰光武擊王郎至滹沱河吏曰無船霸詭曰冰堅可渡北至河冰已合

冰合□ **卽膠有牛皮有鹿角有魚膘**

兩岸相連 **凝堅可渡**□

兩岸相連言二物縫合凝堅可渡言膠汁如水之凝澤而乾則有力也

㊀莊子曰輪扁曰斲輪徐則甘而不固疾則苦而不入不徐不疾得之於手應之於心口不能言有數存焉

楷法第二

法者制作之理也知、聖人之意而巧者述之以傳之後世者列示焉

考工記曰知者創物巧者述之守之世謂之工

三法

巧法造化 天地和同萬物生 ㊀手心應得百工就

質則人身 骨肉皮筋巧作神 瘦肥美醜文為眼

文象陰陽 定位自然成凸凹 生成天質見玄黄

法造化者百工之通法也 文質者髹工之要道也

二戒

淫巧蕩心㊁ 過奇擅醜

行濫奪目㊂ 失眞亡實

共百工之通戒而漆匠須尤嚴矣

㊁禮記月令曰毋或作為淫巧以蕩上心○廣義云淫巧過奇搖動君心則生奢侈

㊂唐律曰諸造器用之物及絹布之属有行濫短狹而賣者各杖六十註云不牢謂之行不眞謂之濫

曰禮記王制曰用器不中度不鬻於市

△案此三條共借用論語之字

㊀尹文子曰為巧使人不能得從此獨巧也

四失

㊂制度不中　不鬻市

△工過不改　是謂過

△器成不省　不忠乎

△倦懶不力　不可彫

三病

㊀獨巧不傳　國工守累世。俗匠擅一時

考工記輪人註曰國之名工

巧趣不貫　如巧拙造車　似男女同席

考工記曰一器而工聚焉者車為多

文彩不適　貂狗何相續　紫朱豈共宜

晉趙王倫纂位奴卒亦加爵位貂不足狗尾續

論語曰惡紫之奪朱也

六十四過

㲺漆之六過 說文曰㲺桼垸已後桼之也

冰解 漆稀而仰俯失候旁上側下淫泆之過

●髤耕録曰膠漆稠和令稀稠得所又曰若緊再晒若慢加生漆

泧痕 漆慢而刷布不均之過

○遵生八牋曰定窑俱白骨加以泑水有如淚痕者 案 漆器亦有此狀而爲過

皺皵 漆緊而蔭室過熱之過

連珠 隧稜凹稜也山稜凸稜也内壁下底際也齦際齒根也漆潦之過

顃點 髹時不防風塵及不挑去飛絲之過

△髤耕録曰磨去漆中顃 案 說文顃絲節也琴經所謂蒂蔕也

刷痕 漆過稠而用硬毛刷之過

□同曰漆器物上不要見刷痕

色漆之二過

灰脆 漆製和油多之過

黯暗 漆不透明而用顏料少之過

彩油之二過

柔黏 油不辨真僞之過

帶黃 煎熟過焦之過

貼金之二過

癜斑 粘貼輕忽漫綴之過

粉黃 襯漆厚而浸潤之過

罩漆之二過

點暈 濾絹不密及刷後不挑去纇之過

濃淡 刷之往來有浮沉之過

刷蹟之二過

節縮 用刷渋滯虷行之過

摸糊 漆不稠緊刷毫軟之過

蓓蕾之二過

不齊 漆有厚薄蘸起有輕重之過

潰痿 漆不粘稠急緊之過

指磨之五過

露垸 觚稜方角及平稜圓稜過磨之過

抓痕 平面車磨用力及磨石有砂之過

毛孔 漆有水氣及浮漚不拂之過

不明 指光油摩澤漆未足之過

○玉篇曰摸糊漫貌

黴點 退光不精漆製失所之過

磨顯之三過

蹉跡 磨磋急忽之過

蔽隱 磨顯不及之過

漸滅 磨顯太過之過

描寫之四過

斷續 筆頭漆少之過

淫浸 筆頭漆多之過

忽脫 蔭而過候之過

粉枯 息氣未翳先施金之過

識文之二過

狹濶　写起軽忽之過

高低　稠漆失所之過

隱起之二過

齊平　堆起無心計之過

相反　物象不用意之過

灑金之二過

偏纍　下布不均之過

刺起　麩片不壓定之過

綴蛔之二過

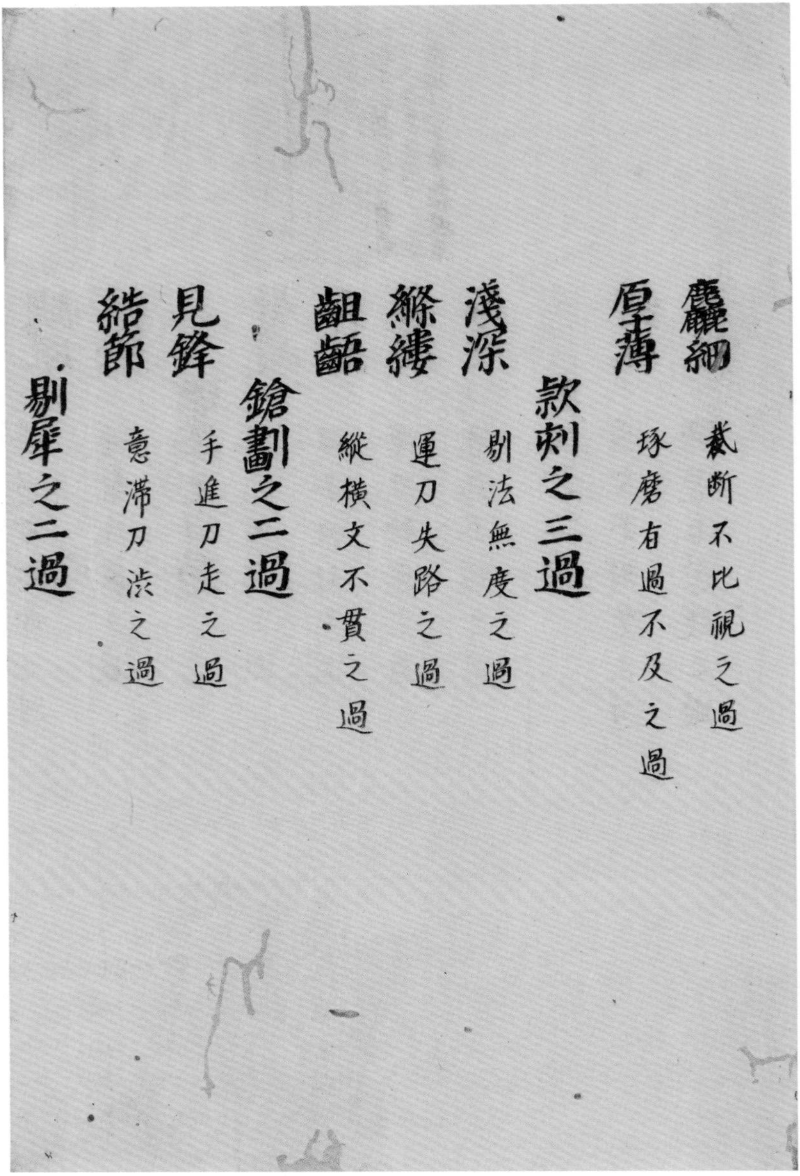

麤細　截断不比視之過
厚薄　琢磨有過不及之過
款刺之三過
淺深　剔法無度之過
縧縷　運刀失路之過
齟齬　縱横文不貫之過
鎗劃之二過
見鋒　手進刀走之過
結節　意滯刀澁之過
剔犀之二過

缺朊　漆過緊枯燥之過

絲絚　層髹失數之過

雕漆之四過

骨瘦　暴刻無肉之過

玷缺　刀不快利之過

鋒痕　運刀輕忽之過

角稜　磨熟不精之過

○遵生八牋剔紅下曰雲南以此為業奈用刀不善藏鋒又不磨熟稜角

裹衣之二過

錯縫　器衣不相度之過

浮脱　粘著有緊緩之過

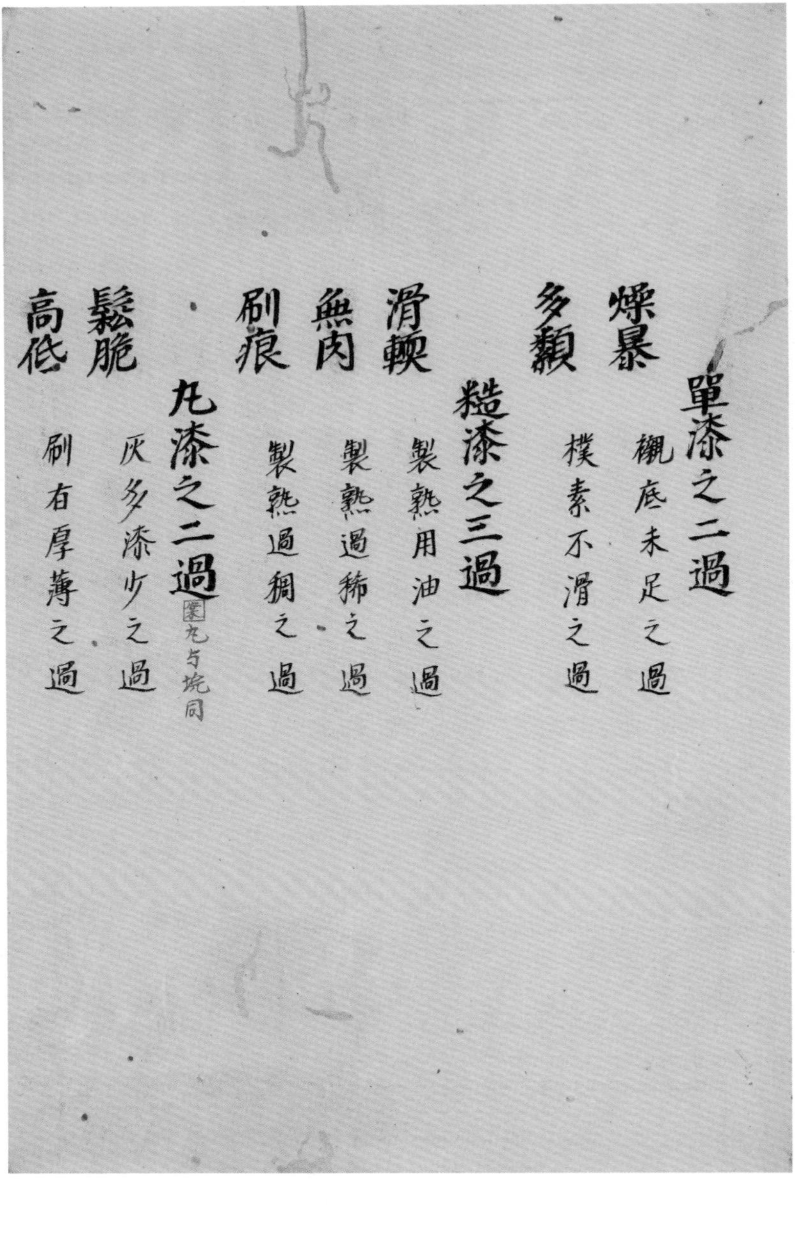

單漆之二過
燥暴　襯底未足之過
多顡　樸素不滑之過
糙漆之三過
滑輭　製熟用油之過
無肉　製熟過稀之過
刷痕　製熟過稠之過
九漆之二過　九与垸同
鬆脆　灰多漆少之過
高低　刷有厚薄之過

布漆之二過

邪尾　貼布有急緩之過

浮起　粘貼不均之過

捎當之二過

鹽惡　質料多漆少之過

瘦陷　未乾固輙垸之過

補綴之二過

愈毁　無尚古之意之過

不當　不試看其色之過

髹飾録乾集終

德川宗敬氏寄贈

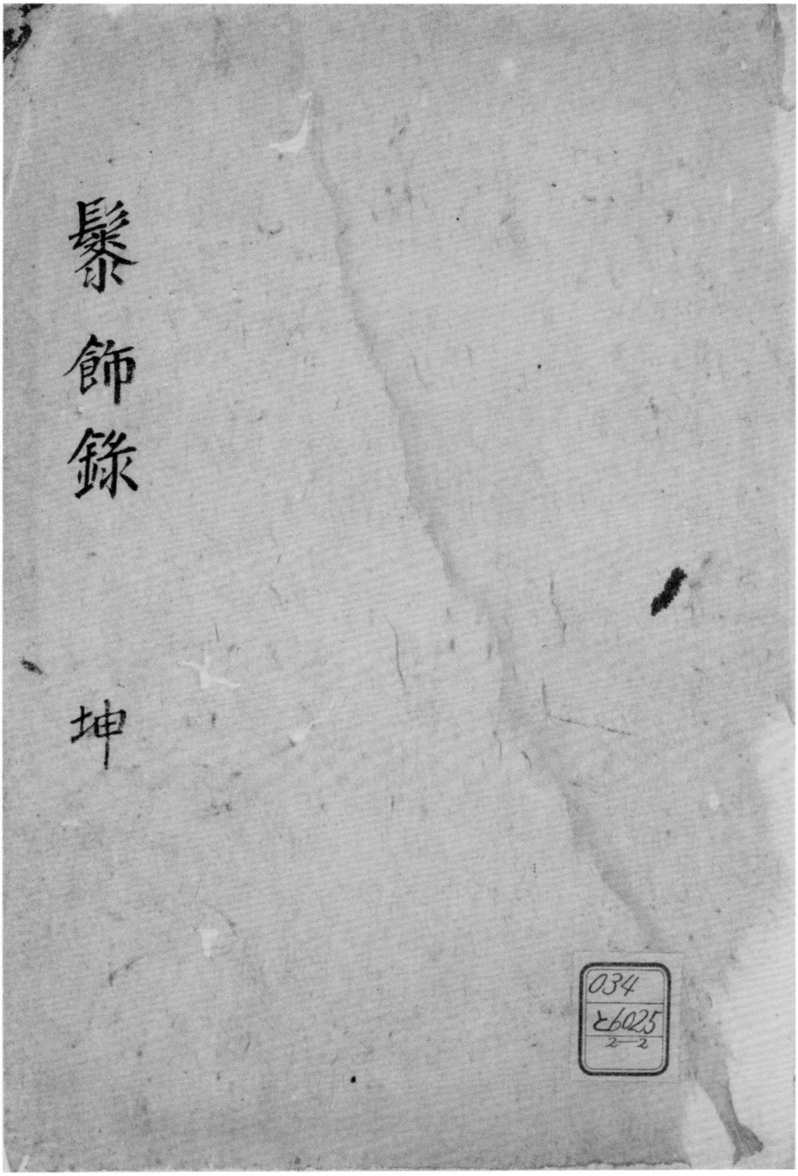
髹飾錄
坤
034
と6025
2-2

○說文曰漆本作桼木汁可以髹桼物其字象水滴而下之形也

○易經坤卦彖曰至哉坤元萬物資生乃順承天

髹飾録坤集

平沙　黄成　大成　著
西塘　楊明　清仲　註

凡髹器質爲陰文爲陽文亦有陰陽描飾爲陽描爲以漆漆木汁也木所生者火而其象凸故爲陽雕飾爲陰雕鏤以刀刀黑金也金所生者水而其象凹故爲陰此以各飾衆文皆然矣今分類擧事而列于此以爲坤集坤所以化生萬物而質體文飾乃工巧之育長也坤德至哉

○質色第三　此純素無文者屬陰以爲質者列在于

黑髹(一) 一名烏漆(二) 一名玄漆(三) 增 一名皂漆 晉書輿服志曰皂輪車但皂漆輪轂上加青油

即黑漆也正黑光澤爲佳揩光(四)要黑玉退光(五)要 見乎序中

烏木(六)

熟漆不良糙漆不厚細灰不用黑料則紫黑若古器以透明紫色爲美揩光欲黳滑光瑩退光欲敦朴古色近來揩光有澤(七)漆之法其光滑殊爲可愛矣

(四)案 揩光乃光漆也類書纂要亦言揩光△遵生八牋曰器底光黑漆△事林廣記曰畫匣外漆以黑光又琴經有出光之法

(五)文房器具箋曰研匣退光漆者為佳又云罩匣黑退光漆亦佳

(七)与旅同 說文曰黑色也盧亦同 書經曰盧弓一盧矢百 左傳曰旅弓矢千 杜注黑弓也 揚子作彤弓黸矢△集韻黸黑甚

朱髹(八) 一名硃紅漆(九) 一名丹漆(十) 增 一名紅漆(十一) 又赤漆(十二)

即朱漆也鮮紅明亮爲佳揩光者其色如珊瑚 吳子曰掩以朱漆△居家必備曰用硃漆漆之

退光者朴雅又有矮紅漆甚不貴

髹之春暖夏熱其色紅亮秋涼其色殷紅冬寒乃不可又其明暗在膏漆銀朱調和之增減也

倭漆竊(十三)丹帶黃又用丹砂者暗且帶黃如用絳礬顏色愈暗矣

(一)前漢書外戚傳注曰髹或作髤今關西俗云黑髹盤朱髹盤

(二)南史蔡道恭傳曰用四石烏漆大弓△燕翼貽謀曰未仕者烏漆素鞍

(三)元史祭祀志曰匵趺並用玄漆△杜氏通典同 案 玄㮰玄甲皆漆色也

(六)清秘藏曰琴漆光退盡黯黯如海蚌殼貨烏木者為古

(七)案 抱朴子曰石芝黑者如澤漆物異而字義相似

(八)見于前黑髹之下

(九)救急方曰治白禿瘡以破碗紅漆器刮取漆硃燒灰油調傳之△大明會典曰朱紅漆柳箱 案 碗朱通用

(十)新語曰飾以丹漆△洗苑曰丹漆不文

(十一)遵生八牋曰有金邊紅漆三替撞盒△三才圖會曰黃蓋今制紅漆蓋柄

(十二)三禮圖曰赤漆者曰彤弓

(十三)續字彙補曰竊古淺字竊丹淺赤也

○三礼圖曰後鄭云黄彝謂黄目以黄金為目郊特牲曰黄目鬱氣之上尊也黄者中也目者氣之清明者也言酌於中而清明於外也其彝与舟並以金漆通漆[按]拠此見之則所謂金漆即黄漆又有金漆樹与之不同

㊀春明退朝録曰綠髹器始於王冀公家祥符天禧中每為會即盛陳之然製自江南頗質朴慶暦後淅中始造盛行於時

㊁筆經曰近有人以綠沉漆竹管及鏤管[按]綠沉弓綠沉搶皆言漆色也

黄髹 一名金漆

即黄漆也鮮明光滑為佳揩光亦好不宜退光

○夢溪筆談曰小木器以色綾木為之如黄漆[按]黄門黄閣皆言漆色也

共帯紅者美帯青者悪

色如蒸栗為佳帯紅者用雞冠雄黄故好帯青者用薫黄故不可

緑髹㊀ 一名緑㊁沉漆 [増]一名青漆

南史曰武帝興光樓上施青漆世人謂之青樓

即緑漆也其色有淺深總欲㊂沉揩光者忌見金

㊂魏武帝令内中婦曾置嚴具綠漆甚華好

星用合粉者甚畀

㊃考工記弓人曰絲欲沉注如在水中時色[按]綠沉言光澤鮮明野客叢書云物色之深者皆為綠沉杜律注以為西瓜色

明漆不美則色暗揩光見金星者料末不精細也臭黄韶粉相和則変為緑謂之合粉緑劣于漆緑太遠矣

紫髹 一名紫漆

△寄園寄所寄曰已有紫漆搶而丹漆書曰其前方漆乃起木上烟々　○出于耳談

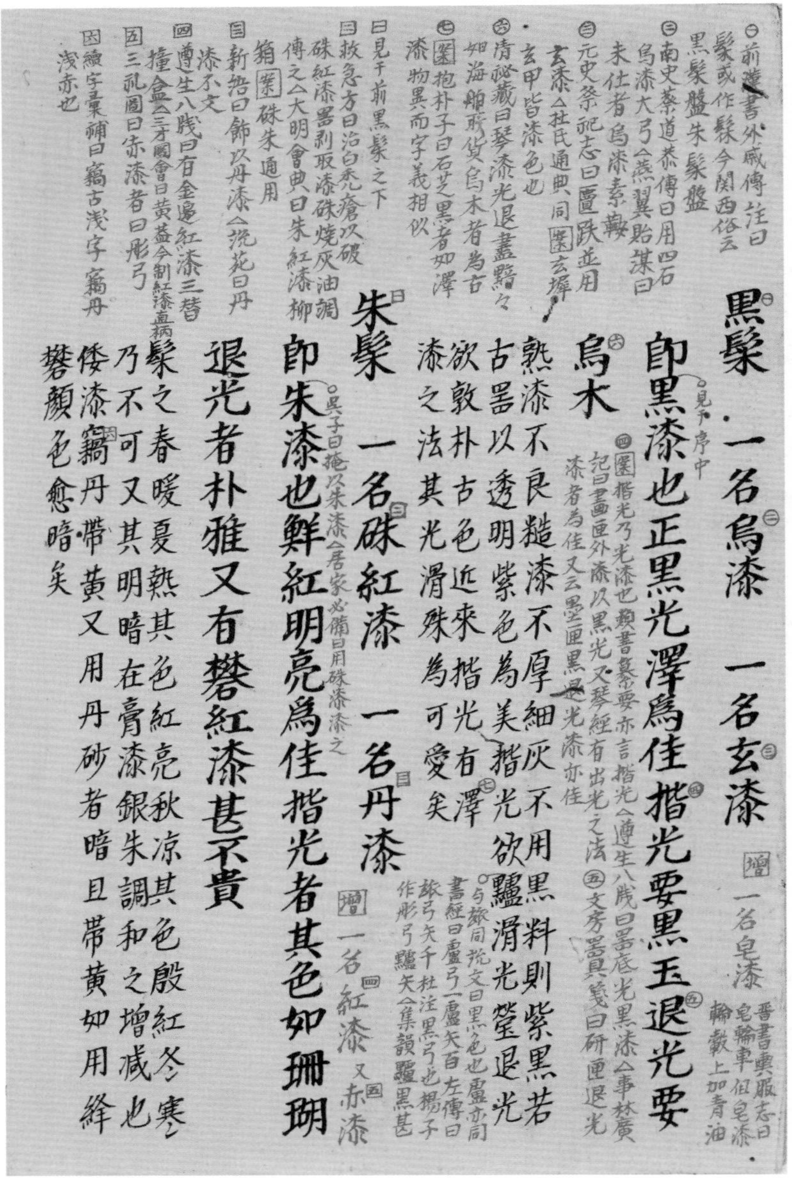

黑髹㊀一名烏漆㊁一名玄漆㊂　【增】一名皁漆（晉書輿服志曰皁輪車但皁漆輪轂上加青油）

即黑漆也正黑光澤爲佳揩光㊃要黑玉退光要㊄（○見于序中）（㊃【案】揩光乃光漆也類書纂要亦言揩光△遵生八牋曰器底光黑漆△事林廣記曰畫匣外漆以黑光又琴經有出光之法　㊄文房器具箋曰研匣退光漆者爲佳又云黑匣退光漆亦佳）

烏木㊅

熟漆不良糙漆不厚細灰不用黑料則紫黑若古器以透明紫色爲美揩光欲黳滑光瑩退光欲敦朴古色近來揩光有澤㊆漆之法其光滑殊爲可愛矣（○弓旅同恍文曰黑色也盧亦同書經曰盧弓一盧矢百左傳曰旅弓矢千杜注黑弓也揚子作彤弓黳矢△集韻黳黑甚）

朱髹㊀　一名硃紅漆㊁　一名丹漆㊂　【增】一名紅漆㊃　又赤漆㊄

即朱漆也鮮紅明亮爲佳揩光者其色如珊瑚（○吳子曰掩以朱漆△居家必備曰用硃漆漆之）

退光者朴雅又有礬紅漆甚不貴

髹之春暖夏熱其色紅亮秋涼其色殷紅冬寒乃不可又其明暗在膏漆銀朱調和之增減也

倭漆竊㊅丹帶黃又用丹砂者暗且帶黃如用絳礬顏色愈暗矣

㊀前漢書外戚傳注曰髹或作髤今關西俗云黑髹盤朱髹盤

㊁南史綦道恭傳曰用四石烏漆大弓△燕翼貽謀曰未仕者烏漆素鞍

㊂元史祭祀志曰匱趺並用玄漆△杜氏通典同【案】玄擇玄甲皆漆色也

㊅清秘藏曰琴漆光退盡黯黯如海蚌所貨烏木者爲古

㊆【案】抱朴子曰石芝黑者如澤漆物異而字義相似

㊀見于前黑髹之下

㊁救急方曰治白禿及瘡以破硃紅漆器剥取漆硃燒灰油調傳之△大明會典曰朱紅漆柳箱【案】硃朱通用

㊂新語曰飾以丹漆△挩苑曰丹漆不文

㊃遵生八牋曰有金邊紅漆三替撞盒△三才圖會曰黃蓋今制紅漆直柄

㊄三禮圖曰赤漆者曰彤弓

㊅續字彙補曰竊古淺字竊丹淺赤也

○三禮圖曰後鄭云黄彝謂黄目以黄金為目郊特牲曰黄目鬱氣之上尊也黄者中也目者氣之清明者也言酌於中而清明於外也其彝亦與舟並以金漆通漆案據此見之則所謂金漆即黄漆又有金漆樹与之不同

黄髹　一名金漆

即黄漆也鮮明光滑為佳揩光亦好不宜退光

○夢溪筆談曰小木器以色綾木為之如黄漆案黄門黄閤皆言漆色也

共帶紅者美帶青者惡

色如蒸栗為佳帶紅者用雞冠雄黄故好帶青者用薫黄故不可

㊀春明退朝錄曰綠髹器始於王冀公家祥符天禧中每為會即盛陳之然製自江南頗質朴慶曆後浙中始造盛行於時

㊂筆經曰近有人以綠沉漆竹管及鏤管案綠沉弓綠沉搶皆言漆色也

綠髹　一名綠沉　增一名綠

增一名青漆

南史曰武帝興光樓上施青漆世人謂之青樓

魏武帝令内中婦曾置嚴具綠漆甚華好

即綠漆也其色有淺深總欲沉揩光者忌見金星用合粉者甚卑

㊄考工記弓人曰漆欲沉注如在水中時色案綠沉言光澤鮮明野客叢書云物色之深者皆為綠沉杜律注以為西瓜色

明漆不美則色暗揩光見金星者料末不精細也臭黄韶粉相和則變為綠謂之合粉綠劣于漆綠太遠矣

紫髹　一名紫漆

㊁寄園寄所寄曰已有紫漆擡而丹漆書其前方漆出起木上炯々。出于耳談

△周礼曰漆車藩蔽豻䄙雀飾
注雀黒多赤少之色
△左傳成公二年注殷紅赤黒
○天工開物曰代赭石殷紅色
△清祕藏曰烏玉琴大中五年處
士金儒斲其色赤如新栗殻
即赤黒漆也有明暗淺深故有雀頭栗殻銅紫
騂毛殷紅之數名又有土朱漆

此數色皆因丹黒調和之法銀硃絳礬異其色
宜看之試牌而得其所又土朱者赭石也

褐髹

有紫褐黒褐茶褐荔枝色之等揩光亦可也

又有枯瓢秋葉等總依顏料調和之法為淺深
如紫漆之法

○類書纂要曰油飾注油
漆粉飾△明令曰一品二
品其門綠油三品至五
品其門黒油△三礼圖曰
綘以木為之紅油畫之銅字
恐相傳為誤

油飾

即桐油調色也各色鮮明複髹飾中之一奇也

然不宜黒

比色漆則殊鮮妍然黒唯宜漆色而白唯非油
則無應矣

日弘簡録曰百濟上金髹鎧士被以從甲光炫目
日三才圖會日椅今制木胎渾金飾之
目七種類藁曰古有貼金而無描金洒金

金髹日 一名渾金漆日

即貼金漆也無癜斑爲美又有泥金漆不浮光

圕大明會典曰紫方傘柄及貼金木葫蘆

又有貼銀者易黴黑也黄糙宜于新黑糙宜于

古

黄糙宜于新器者養益金色故也黑糙宜于古器者其金處處摩残成黑斑以爲雅賞也癜斑見于貼金二過之下

○紋䰉第四

䰉面爲細紋屬陽者列在于此

○案洞天清録所謂歙硯刷絲如髪簪亦象形命名如此

刷絲。

即刷跡紋也纖細分明爲妙色漆者太美

其紋如機上經縷爲佳用色漆爲難故黑漆刷絲上用色漆擦被以假色漆刷絲殊拙其器良

○圏其様媚言宋鮑照詩宋鮑照詩曰清潭圓翠會花薄綠綺紋然矣

又至色漆摩朧見黒縷而文理分明稍似巧也

綺○紋刷絲

紋有流水洄淵連山波疊雲石皴龍蛇鱗等用色漆者亦奇

龍蛇鱗者二物之名又有雲頭雨脚雲波相接浪淘沙等

□圏刺絲作元織物之名此物法之

刺□絲花

五彩花文如刺絲花色地紋共纖細爲妙

刷跡作花文如紅花黃果綠葉黒枝之類其地或纖刷絲或細蓓蕾其色或紫或褐華彩可愛

△圏蓓蕾痂華也張氏醫通傷寒舌上生紅點名紅蓓蕾琴經以漆顆為蓓蕾共言細點又有粗者如小瘡瘰疱謂之蓓蕾

蓓△蕾漆

有細粗細者如飯糝粗者如粒米故有穠花淪漪

海石皺之名彩漆亦可用

蓓蕾其文籏籏穠花其文攢攢淪漪其文鱗鱗

海石皺其文磊磊

○罩明第五

罩漆如水之清故屬陰其透徹底色

明于外者列在于此

罩朱髹　一名赤底漆

○案底漬如琴經言五徽並蚌徽須先用膠粉為底之底後傚此

即赤糙罩漆也明徹紫滑爲良揩光者佳絶

揩光者似易成却太難矣諸罩漆之巧更難得

耳

罩黄髹　一名黄底漆

即黄糙罩漆也糙色正黄罩漆透明爲好

赤底罩厚為佳

黄底罩薄為佳

罩金髹　一名金漆

○老学庵筆記曰元豐中王荆公居半山好佛書毎以故金漆版書案文獻通考曰金漆竹擔者恐此物

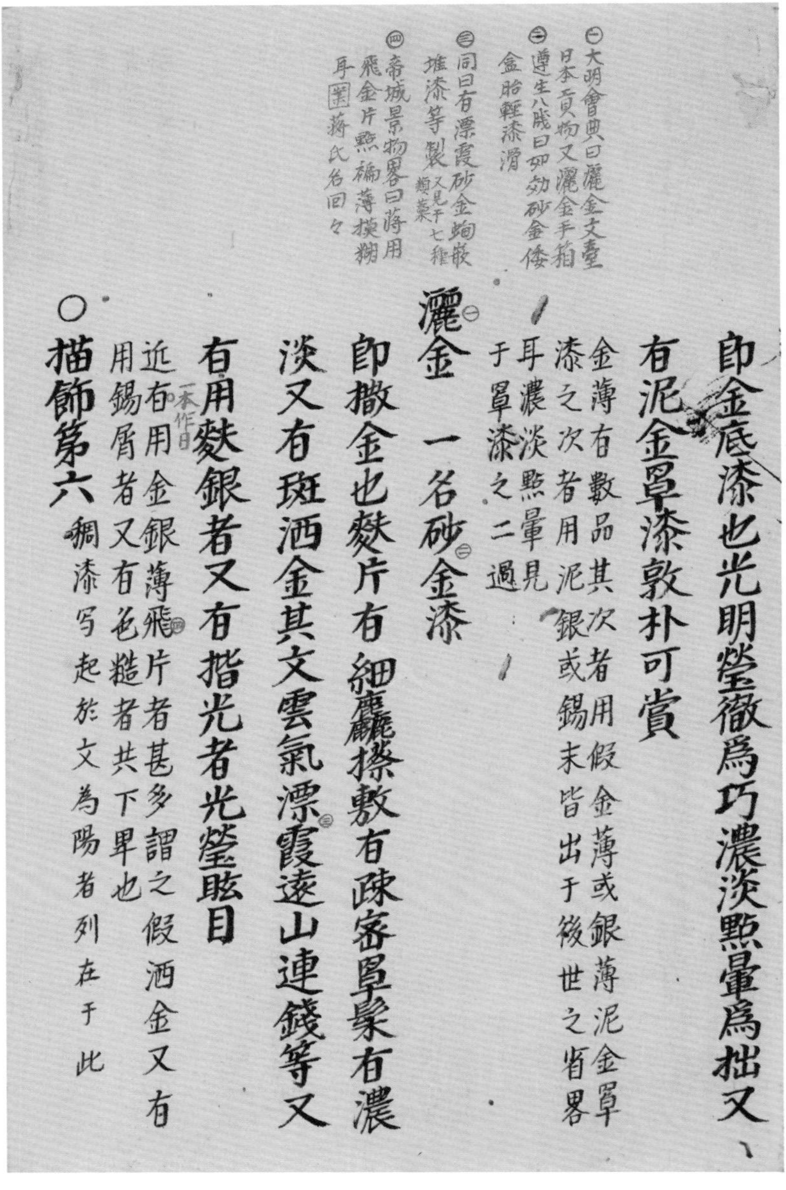

㊀大明會典曰灑金文臺日本貢物又灑金手箱
㊁遵生八牋曰如効砂金倭金胎輕漆滑
㊂同曰有漂霞砂金蜔嵌堆漆等製 又見于七稚類藁
㊃帝城景物畧曰蔣用飛金片點綴薄模糊手圜蔣氏名回々

即金底漆也光明瑩徹爲巧濃淡點暈爲拙又
有泥金畧漆敦朴可賞
金薄有數品其次者用假金薄或銀薄泥金罩
漆之次者用泥銀或錫末皆出于後世之省畧
耳濃淡點暈見
于罩漆之二過
灑金㊀ 一名砂㊁金漆
即撒金也麩片有細麤擦敷有疎密罩髹有濃
淡又有斑洒金其文雲氣漂㊂霞遠山連錢等又
有用麩銀者又有揩光者光瑩眩目
近有（一本作日）用金銀薄飛㊃片者甚多謂之假洒金又有
用錫屑者又有色糙者共下卑也
○描飾第六 稠漆写起於文為陽者列在于此

曰大明會典曰描金雲鳳泥香色木匣一箇△明令曰庶民鞍不得描金

㊂皇明文則揚義士傳曰宣德間嘗遣人至倭國傳泥金畫漆之法

描金曰 一名泥金畫漆㊂

即純金花文也朱地黑質共宜焉其文以山水翎毛花果人物故事等而細鉤爲陽疏理為陰或黑漆理或彩金象

疏理其理如刻陽中之陰也泥薄金色有黄青赤錯施以為象謂之彩金象又加之混金漆而或填或暈

㊀帝城景物略曰正統中揚塤之描漆△遵生八戕同

㊂遵生八戕曰如黑漆描花方匣何文如之

描漆㊀ 一名描華㊂

增 一名彩漆畫 晉書輿服志曰以彩漆畫輪轂故名曰畫輪車△鄴中紀曰石虎雲母五明金薄莫難扇薄打純金如蟬翼二面彩漆畫

即設色畫漆也其文各物備色粉澤爛然如錦繡細鉤皴理以黑漆或劃理又有彩質者先以黑漆描寫而後填五彩又有各色乾著者不浮

光以二色相接為暈處多為巧

若人面及白花白羽毛用粉油也填五彩者不空黑質其外匡朦朧不可辨故曰彤質又乾著先漆象而後傳色料比濕漆設色則殊雅也金鉤者見于斒爛門

○三礼圖曰蜃尊漆尊畫為蜃形概尊漆尊以朱帶者酒壺有畫飾爵畫赤雲氣舟畫青雲氣散畫青雲氣菱苕華飾○右今皆出于此依本書而可考 風俗通曰婦人始嫁作漆畫屐○東宮旧事曰太子納妃有漆畫手巾薰籠

漆畫

即古昔之文飾而多是純色畫也又有施丹青而如畫家所謂沒骨者古飾所一變也

今之描漆家不敢作近有朱質朱文黑質黑文者亦朴雅也

描油　一名描錦

增 一名油畫三礼圖曰洗其外油畫水文菱花及魚以飾之又曰雞彝比舟漆赤中唯局足內青油畫雞為飾

即油色繪飾也其文飛禽走獸昆蟲百花雲霞人物一一無不備天真之色其理或黑或金或

曰遵生八牋曰揚画和靖觀梅圖屏以斷紋而梅花點々如雪其用色之妙可知
園揚氏名塤

斷

如天藍雪白桃紅則漆所不相應也古人畫飾
多用油今見古祭器中有純色油文者

描金罩漆

黑赤黄三糙皆有之其文與描金相似又寫意
則不用黑理又如白描亦好
今處處皮市多作之又有用銀者又有其地假
洒金者又有器銘詩句等以朱或黄者

○塡嵌第七 在于此
五彩金鈿其文陷于地故屬陰乃列

遵生八牋曰宣德有塡漆器皿以五彩稠漆堆成花色磨平如画似更難製
至敗如新

塡漆

即塡彩漆也磨顯其文有乾色有濕色妍媚光
滑又有鏤嵌者其地錦綾細文者愈美艷

帝城景物畧曰塡漆刻成花鳥彩塡漆磨平如画久
愈新也

磨顯填漆䰍前設文鏤嵌填漆䰍後設文濕色
重暈者為妙又一種有黑質紅細文者其文異
禽怪獸而界郭空間之處皆為羅文細條縠縐
栗斑疊雲藻蔓通天花兒等紋甚精緻其制原
出于南
方也

綺紋填漆

即填刷紋也其刷紋黑而間隙或朱或黄或綠
或紫或褐又文質之色互相反亦可也
有加圓花文或天寶海珍圖者又有刻絲填漆
與前之刻絲花可互考矣

○說文曰彰文章也字彙曰鳥獸羽毛之文

彰髹

即斑文填漆也有疊雲斑豆斑粟斑蓓蕾斑暈
眼斑花點斑穠花斑青苔斑雨點斑彣（廣韵曰青与赤雜也）斑彪（玉篇曰彪虎文也）斑

瑇瑁斑犀花斑魚鱗斑雉尾斑綴縠紋石絡紋等彩華瓌然可愛

有加金者璀粲眩目凡一切造物禽羽獸毛魚鱗介甲有文彰者皆象之而極倣摸之工巧為天真之文故其類不可窮也

螺鈿　一名蜔嵌　一名陷蚌　一名坎螺

目洪武正韻曰陷蚌曰螺鈿

即螺填也百般文圖點抹鉤條總精細密緻如畫為妙又分截殼色隨彩而施綴者光華可賞又有片嵌者界郭理皴皆以劃文又近有加沙者沙有細粗

殼片古者厚而今者漸薄也點抹鉤條總五十有五等無所不足也殼色有青黄赤白也沙者

曰通鑑陳紀曰上性儉素私宴用瓦器蚌盤注曰蚌盤者髹器以蚌為飾今謂之螺鈿△游宦紀聞曰螺鈿籠匣高麗國所進△韻学集成曰鈿蕩練切音甸以寶貝飾器

目遵生八牋曰廣中滇南蜔嵌琵琶

回方勻泊宅編曰螺填器本出倭國物象百態頗極工巧非若今市人所售者

案詩經曰貝冑朱綅周禮曰翟車貝面雖其製与螺鈿異以介甲飾器其來也尚矣又唐史王鉷傳曰以寶鈿為井幹者亦此類耳

殼屑分粗中細或為樹下苔蘚或為石面皴文或為山頭霞氣或為汀上細沙頭屑極粗者以為氷裂文或石皴亦用凡沙与極薄片宜磨頭指光其色熠熠共不宜朱質矣

○琴經曰蚌徽須先用膠粉為底庶得徽不黑

襯色蜔嵌

即色底螺鈿也其文宜花鳥艸蟲各色瑩徹煥然如佛郎嵌又加金銀襯者儼似嵌金銀片子琴徽用之亦好矣

此製多片嵌劃理也

○遵生八牋曰金銀片嵌光㶊圓盒又云嵌金銀片子酒盤

嵌金

嵌銀

嵌金銀

【案】三代有金銀片嵌絲嵌鼎彝而後傚之此製恐原于此宋史曰蜀中雷氏琴最上者玉徽次金徽次螺蚌徽其金徽者即所謂嵌金也

右三種片屑綫各可用有純施者有雜嵌者皆宜磨現指光

有片嵌沙嵌絲嵌之别而若濃淡為暈者非屑則不能作也假製者用鍮錫易生黴氣甚不可

犀皮 或作西皮或犀毗

曰同話録曰髹器称之西皮者世人誤以為犀角之犀非也乃西方馬韉自黑而丹自丹而黄時復改易五色相疊馬鐙磨擦有凹處粲然成文遂以髹器倣為之 ◇癖上腐談曰漆器有所謂犀皮者出西昆國訛而為犀皮

曰圏皮毗相通漢書所謂犀毗史記作胥紕戰國策作師比華帯鉤之名而未詳其製書以待博物之君子

文有片雲圓花松鱗諸斑近有紅面者共光滑為美

礴㓲諸斑黑面紅中黄底為原法紅面者黒為中黄為底黄面赤黒互為中為底

○陽識第八

此其文漆堆挺出為陽中陽者列在于

◇圏輟耕録論古銅器曰漢以来或用陽識其字凸

○圏師陽識見于後之識文

識文描金

有用屑金者有用泥金者或金理或劃文比描

金則尤爲精巧

傳金屑者貴焉倭製殊妙
黑理者為下底

識文描漆

其著色或合漆寫起或色料擦抹其理文或金

或黑或劃

各色乾傳末金
理文者為最

槍花漆

其文儼如繡綉爲妙其質諸色皆宜焉

其地紅則其文去紅或浅深別之他色亦然矣
理鉤皆絲間露地色細齊為巧或以鎗金亦佳

○案品字箋曰槍刺也北地以刺繡為槍花比製衣家之

堆漆

遵生八牋曰堆漆製以新安方信川為佳○帝城景物畧同

五車韻瑞曰前輩詩云規圓方竹杖漆却断紋琴

○史記封禪書注曰識猶表識○游宦紀聞曰識是之挺出者

其文以華藻香草靈芝雲鉤綵環之類漆淫泆不起立延引而侵界者不足觀又各色重層者堪愛金銀地者愈華

寫起識文質與文互異其色也淫泆延引則須漆却焉複色者要如剔犀共不用理鉤以與他之文爲異也淫泆侵界見于描寫四過之下淫侵

識文

有平起有線起其色有通黑有通朱共文際忌

爲連珠

平起者用陰理線起者陽文耳堆漆以漆写起識文以灰堆起堆漆文質異色識文花地純色以爲殊别也連珠見于髹漆六過之下

○史記索隱註曰白金三品其一龍文隱起肉好皆圓其二肉好皆方隱起馬形其三肉圓好方皆為隱起龜甲文

○堆起第九

其文高低灰起加彫琢陽中有陰者列在于此

隱起描金

其文各物之高低傚天質灰起而稜角圓滑為妙用金屑為上泥金次之其理或金或刻

屑金文刻理為最上泥金象金理次之黑漆理蓋不好故不載焉又漆凍模脫者似巧無活意

隱起描漆

設色有乾濕二種理鉤有金黑刻三等

乾色泥金理者妍媚刻理者清雅濕色黑理者近俗

隱起描油

其文同隱起描漆而用油色耳

五綵間色無所不備故比隱起描漆則最美黑理鈎亦不甚卑

彫刻為隱現陰中有陽者列在于此

○雕鏤第十　㊁遵生八牋曰宋人彫紅漆器　[增]一名珠彫　○遵生八牋曰珠彫茶橐亦可。續字彙補曰珠与朱通

剔紅㊀

即彫紅漆也髹層之厚薄朱色之明暗彫鏤之精粗太甚有巧拙唐制多印板刻平錦朱色彫法古拙可賞後有陷地黃錦者宋元之制藏鋒㊃清楚隱起圓滑纖細精緻又有無錦紋者共有象旁刀跡見黑綫者極精巧又有黃錦者黃地㊂者次之又鏨胎者不堪用㊄

唐制．如上説而刀法快利非後人所能及陷地黃錦者其錦多似細鈎雲興宋元以來之剔法

㊀格古要論曰剔紅器皿無新旧但看硃厚色鮮紅潤堅重者為好

㊂遵生八牋剔紅下曰有蝎地者紅花黃地二色炫觀[圏]蝎地即黃地以色名耳 今格古要論曰若黃地子剔山水人物及花木飛走者雖用工細巧容易脫起

㊃同剔紅下曰雲南以此為業奈用刀不善藏鋒

㊄同曰有偽造者鏨朱堆起彫鏤以朱漆蓋覆二次

㊀遵生八牋曰宋人彫紅漆器如宮中用盒多以金銀為胎以朱漆厚堆至數十層始刻人物樓臺花草等像刀法之工彫鏤之巧儼若（剔紅下）畫圖△格古要論曰宋朝內府中物多是金銀作素

㊁遵生八牋剔紅下曰有錫胎者

大異也藏鋒清楚運刀之通法隱起圓滑壓花之刀法纖細精緻錦紋之刺法自宋元至國朝皆用此法古人精造之器剔跡之紅間露黑綫一二帶一綫者或在上或在下重綫者其間相去或狹或闊無定法所以家家為記也黃錦黃地亦可賞蓍胎者蓍朱重漆以銀朱為面故剔跡殷暗也又近琉球國產精巧而鮮紅然而工趣去古甚遠矣

金銀胎剔紅㊀

宋內府中器有金胎銀胎者近日有鍮胎錫胎㊁者即所假傚也

金銀胎多文間見其胎也漆地刺錦者不漆器內又通漆者上掌則太重鍮錫㊁胎者多通漆又有磁胎者布漆胎者共非宋制也

剔黃

制如剔紅而通黃又有紅地者

有紅錦者絶美也

剔綠

制與剔紅同而通綠又有黃地者朱地者

有朱錦者黃錦者殊華也

剔黑

即雕㈠黑漆也制比彫紅則敦朴古雅又朱㈡錦者美甚朱地黃地者次之

有錦地者素地者又黃錦綠錦綠地亦有馬紕黑者為古

剔彩 一名彫彩漆

㈠遵生八牋曰墨匣有雕紅黑漆匣亦佳墨言雕紅雕黑二物

㈡同剔紅下曰以朱為地刻錦以黑為面刻花錦地壓花紅黑可愛

○遵生八牋曰有用五色漆胎刻法深淺隨妝露色如紅花綠葉黃心黑石之類奪目可觀傳世甚少

有重色彫漆有堆色彫漆如紅花綠葉紫枝黃果彩雲黑石及輕重雷文之類絢豔恍目

[案]博古圖有漢輕重雷敦豆其文可見

重色者繁文素地堆色者疎文錦地為常俱其地不用黃黑二色之外侵奪壓花之光彩故也

重色俗曰橫色

堆色俗曰豎色

複色雕漆

有朱面有黑面共多黃地子而鏤錦紋者少矣

髹法同剔犀而錯綠色為異彫法同剔彩而不露色為異也

○格古要論曰假剔紅用灰團起外用硃漆漆之故曰堆紅又曰罩紅[案]以灰堆起故曰堆紅罩蓋也以朱漆包蓋也

堆紅○ 一名罩紅○ [增]一名假○剔紅

即假彫紅也灰漆堆起朱漆罩覆故有其名又有木胎彫刻者工巧愈遠矣

有灰起刀刺者有漆凍脫印者

堆綵

即假彫綵也制如堆紅而畢以五綵爲異

今有飾黑質以各色凍子隱起圈堆杇頭印劃不加一刀之彫鏤者又有花様錦紋脫印成者俱名堆錦亦此類也

剔犀○ 【案】剔犀即剔犀皮之畧語

有朱面有黑面有透明紫面或烏間朱綫或紅間黑帶或彫黶等複或三色更疊其文皆疏刺劒鐶縧環重圈回文雲鉤之類純朱者不好

此制原於犀毗而極巧致精複色多且厚用款刺故名三色更疊言朱黄黑錯重也用緣者非

○格古要論曰古剔犀器皿以滑地紫犀為貴如膠棗色俗謂之棗兒犀福州旧做者色黄滑地圓花兒者謂之福犀△香祖筆記曰滑地紫犀元時禾郡西塘楊滙所作【案】稗史類編曰今之黑朱漆而刻畫而為之以作器皿名曰犀皮意海犀之皮必不如是△演繁露曰今世用朱黄黑三色漆沓冒而彫刻令其文層見疊出名犀皮与虎刺同此二書以彫刻為文為犀皮者即剔犀皮也

○格古要論剔犀下曰底如仰瓦光澤又曰有剔深峻者

古製剔法有仰○瓦有峻○深

鐫蜔㊀

其文飛走花果人物百象有隱現爲佳殼色五彩自備光耀射目圓滑精細沉重緊密爲妙

殼色鈿螺玉㊁珧老蚌等之殼也圓滑精細乃刻法也沉重緊密乃嵌法也

㊀遵生八牋曰如蜔嵌鐫刻觀音普陀坐像山水樹石視若遊絲白描

㊁卓氏藻林曰以蛤骨飾弓曰珧[案]是亦此類耳詳于尔雅注疏

款□彩

有漆色者有油色者漆○宜乾填油色宜粉襯用金銀爲絢者倩盼之美愈成焉又有各色純用者又有金銀純雜者

陰刻文圖如打本之印板而陷衆色故名然各色純填者不可謂之彩各以其色命名而可也

□史記封禪書注曰款刻也

△游宦紀聞曰款謂陰字是凹入者刻畫成之

○色

○鎗劃第十一 細鏤嵌色於文為陰中陰者列在于此

鎗金㊀ 鎗或作戧㊁或作創 一名鏤㊂金

鎗銀㊀

朱地黑質共可飾細鉤纖皴運刀要流暢而忌結節物象細鉤之間一一劃刷絲為妙又有用銀者謂之鎗銀

宜朱黑二質他色多不可其文陷以金薄或泥金用銀者宜黑漆但一時之美久則黴暗余間見宋元之諸器希有重漆劃花者戧跡露金胎或銀胎文圖燦爛分明也鎗金銀之制蓋原于此矣結節見于鎗劃二過下

鎗彩

㊀輟耕録曰鎗金鎗銀法凡器用什物先用黑漆為地以針刻畫用新羅漆嵌所刻縫罅以金薄或銀薄 右見文

㊁大明會典曰朱紅戧金皮箱十五對

㊂小窻別紀曰遣取丹陽公主鏤金函枕闔王應麟玉海呂頌謝賜鏤金牙尺是雖非漆器其工趣相同

刺法如鎗金不劃絲歟色如款彩不粉襯

又有純色者空以各色稱焉

字彙曰斒斕色不純也

○斒斕第十二

金銀寶貝五采斑斕者列在于此總所出於宋元名匠之新意而取

二飾三飾可相適者而錯施為一飾也

○遵生八戕曰倣効倭器泥金描彩種々克肖　右省文

○描金加彩漆

描金中加絲色者

金象色象皆黑理也

描金加蚼

描金雜螺片者

螺象之處必用金雙鉤也

處一本作邉

描金加蚼錯彩漆

描金中加螺片與色漆者

金象以黑理螺片与彩漆以金細鉤也

描金𣪊沙金

描金中加洒金者

加洒金之處皆為金理鉤倭人製金象亦為金理也

描金錯洒金加蚼

描金中加洒金與螺片者

金象以黑理洒金及螺片皆金細鉤也

金理鉤描漆

其文全描漆爲金細鉤耳
又有爲金細鉤而後填五
采者謂之金鉤填色描漆
描漆錯蜔
彩漆中加蜔片者
彩漆用黑理
螺象用劃理
金理鉤描漆加蜔
金細鉤描彩漆襍螺片者
五彩金細並施而爲
金象之處多黑理
金理鉤描油
金細鉤彩油飾者

又金細鉤填油色
漬皺點亦有焉

金雙鉤螺鈿

嵌蚌象而金鉤其外匡者

朱黑二質共用蚌象皆劃理故曰雙鉤又有用
金細鉤者久而金理盡脱落故以劃理為佳

填漆加蚼

填彩漆中錯蚌片者

又有嵌襯色
螺片者亦佳

填漆加蚼金銀片

綵漆與金銀片及螺片襍嵌者

又有加蚼与金有加蚼与銀
有加蚼与金銀隨製異其稱

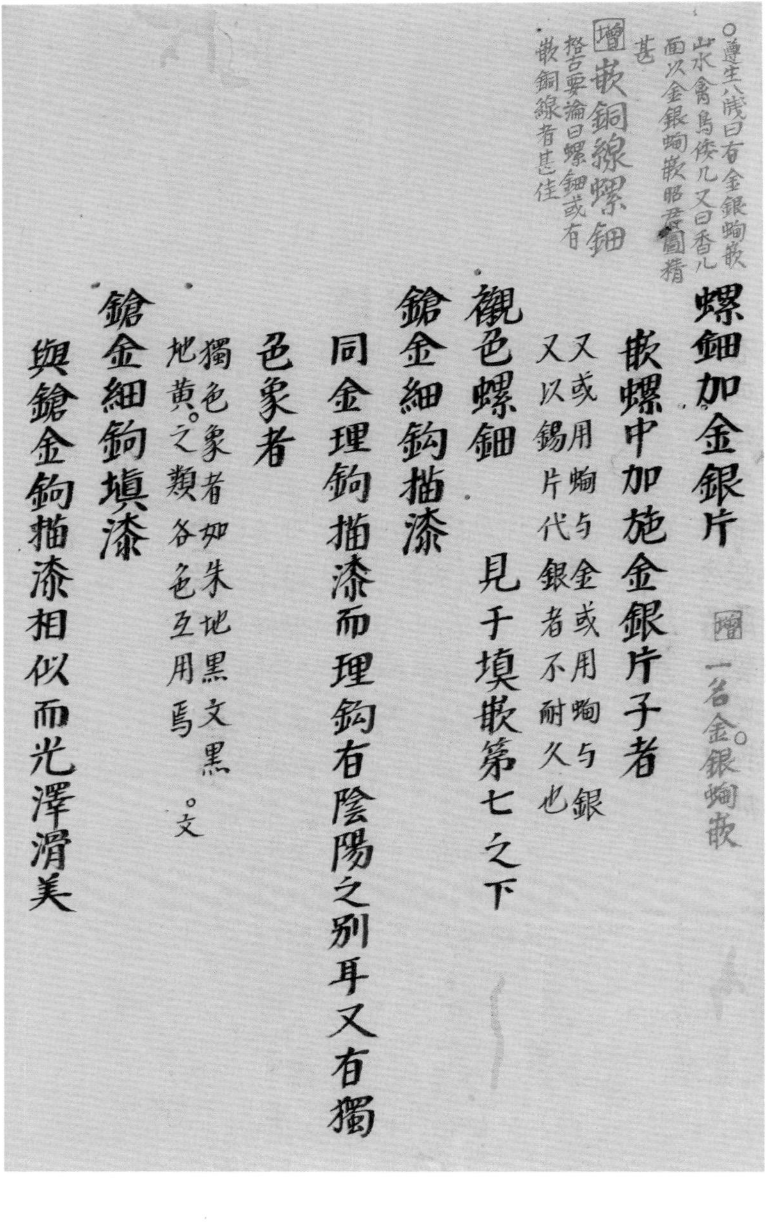

○遵生八牋曰有金銀螄嵌山水禽鳥倭几又曰香几面以金銀螄嵌昭君圖精甚

增 嵌銅線螺鈿

格古要論曰螺鈿或有嵌銅線者甚佳

螺鈿加金銀片　增 一名金銀螄嵌

嵌螺中加施金銀片子者

又或用螄与金或用螄与銀

又以錫片代銀者不耐久也

襯色螺鈿　見于填嵌第七之下

鎗金細鉤描漆

同金理鉤描漆而理鉤有陰陽之別耳又有獨

色象者

獨色象者如朱地黑文黑

地黄。之類各色互用焉　○文

鎗金細鉤填漆

與鎗金鉤描漆相似而光澤滑美

有其地為錦紋者其錦
或填色或鎗金

雕漆錯鐫蜔

黑質上彫彩漆及鐫螺殻爲飾者
彫漆有筆写厚堆者有
重鬏為板子而彫嵌者

彩油錯泥金加蜔金銀片

彩油繪飾錯施泥金蜔片金銀片等眞設文冨

麗者
或加金屑或加洒金亦有焉
此文宣德以前所未曾有也

百寶嵌

珊瑚琥珀瑪瑙寶石玳瑁鈿螺象牙犀角之類

△皇明文則張汝衡揚義士傳曰宣德間嘗遣人至倭國傳泥金画漆之法以歸揚塤遂習之而自出已意以五色金鈿並施不止旧法純用金之巴致物色各称天真爛然倭人見之亦齰指称嘆以為不可及

〇西京雜記曰漢制天子筆管以錯寶為跗△遵生八牋曰如雕刻寶嵌紫檀等器其費心思工

與彩漆板子錯襍而鐫刻廂嵌者貴甚

有隱起者有平頂者又近日加
蜜花燒色代玉石亦一奇也

○玉篇曰複重衣也

○複飾第十三 美其質而華其文者列在于此即
二飾重施也復宋元至　國初皆
巧工所
述作也

洒金地諸飾

金理鈎螺鈿　描金加蜔　金理鈎描漆加蚌

金理鈎描漆　識文描金　識文描漆

嵌鐫螺　彫彩錯鐫螺　隱起描金

隱起描漆　彫漆

所列諸飾皆空洒金地而不空平写款識之文
沙金地亦然焉今人多假洒金上設平写描金

或描漆皆假倣此製也

細斑地諸飾

識文描漆　識文描金　識文描金加蚼

彫漆　嵌鐫螺　彫彩錯鐫螺

隱起描金　隱起描漆　金理鉤嵌蚌

戧金鉤描漆　獨色象鎗金

所列諸飾皆㝎細斑地而其斑黑緑紅黄紫褐而質色亦然乃六色互用又有二色三色錯雜者又有質斑同色以淺深分者總揩光填色也

綺紋地諸飾

壓文同細斑地諸飾

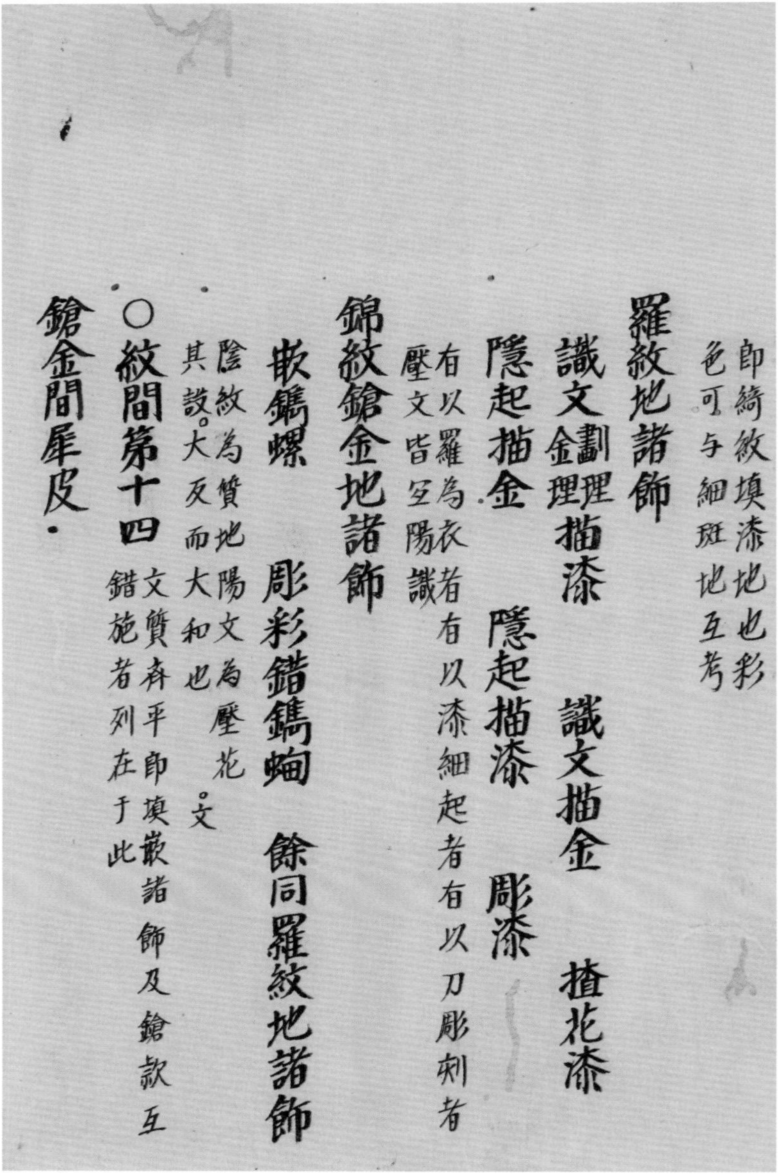
即綺紋填漆地也彩
色可与細斑地互考
羅紋地諸飾
識文劃理金理描漆　識文描金　揸花漆
隱起描金　隱起描漆　彫漆
有以羅為衣者有以漆細起者有以刀彫刻者
壓文皆空陽識
錦紋鎗金地諸飾
嵌鐫螺　彫彩錯鐫蜔　餘同羅紋地諸飾
陰紋為質地陽文為壓花
其設。大反而大和也。文
○紋間第十四　文質齊平即填嵌諸飾及鎗款互
錯施者列在于此
鎗金間犀皮。

○格古要論曰鎗金人物景致用鑽攢空閑處故謂之攢犀

即攢犀也其文宜折枝花飛禽蜂蝶及天寶海

珎圖之類

其間有磨斑者有鑽斑者

款彩間犀皮

似攢犀而其文款彩者

今謂之款文攢犀

嵌蚌間填漆

填漆間螺鈿

右二飾文間相反者文宜大花而間宜細錦

細錦後有細斑地綺紋地也

填蚌間戧金

鈿花文鎗細錦者

此製文間相反者
不可故不錄焉

嵌金間螺鈿

片嵌金花細填螺錦者

又有銀花者有金銀花
者又有間地沙蚌者

填漆間沙蚌

間沙有細粗疎密

其間有重色
眼子斑者

○裹衣第十五 以物衣器而為質不用灰漆者列
在于此

○居家必備曰備具匣以輕木為之外加皮包厚漆

皮○衣

皮上糙䵷二髹而成又加文飾用薄羊皮者稜角接合處如無縫緘而漆面光滑又用縠紋皮亦可也

用縠紋皮者不互描飾唯色漆三層而磨平則隨皮皺露色為斑紋光華且堅而可耐久矣

羅衣

羅目正方灰絨平直爲善羅與絨必異色又加文飾

灰絨以灰漆壓畧之稜緣羅之邊端而為界域者又加文飾者可与稜飾第十三羅紋地諸飾互攷又等稜色數疊而磨平為斑紋者不作絨亦可

考證出于質色第三油飾

紙衣

貼紙三四重不露胚胎之木理者佳而漆漏燥

或紙上毛茨爲纇者不堪用

是韋衣之簡製而標以倭紙薄滑者好且不易敗也

○單素第十六 榛冒一髹而成者列在于此

單漆

有合色漆及髹色皆漆飾中尤簡易而便急也

底法不全者漆燥暴也今固柱梁多用之

單油

總同單漆而用油色者樓門扉牕省工者用之

一種有錯色重圏者盆盂楪合之類皿底合内多不漆皆堅木所車旋葢南方所作而今多傚之亦

單油漆之類故附于此

黄明單漆

即黄底單漆也透明鮮黄光滑爲良又有罩漆

墨畫者

有一髤而成者數澤而成者又画中或加金或加朱又有揩光者其面潤滑木理燦然旦花堂之梔卓也

罩朱單漆

即赤底單漆也法同黄明單漆

又有底後爲描銀而如描金罩漆者

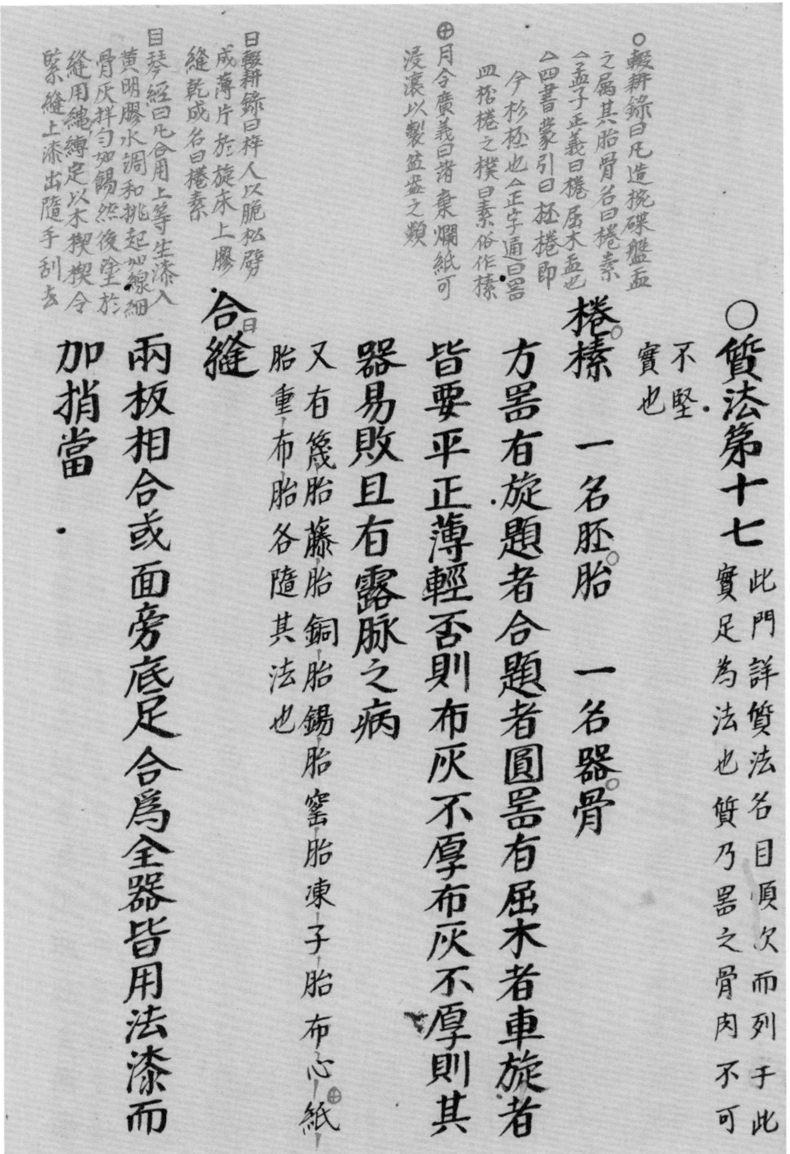

○質法第十七　此門詳質法名目順次而列于此實足為法也質乃器之骨肉不可不堅實也

○髹飾錄曰凡造撓碟盤盂之屬其胎骨名曰棬素△孟子正義曰棬屈木盂也△四書蒙引曰柸棬即今杉柸也△正字通曰器皿棬之樸曰素俗作榡

⊕月令廣義曰諸棗爛紙可浸漉以製盆盎之類

棬榡　一名胚胎　一名器骨

方器有旋題者合題者圓器有屈木者車旋者皆要平正薄輕否則布灰不厚布灰不厚則其器易敗且有露脉之病

又有篾胎藤胎銅胎錫胎窰胎凍子胎布心紙胎重布胎各隨其法也

日髹飾錄曰梓人以脆松劈成薄片於旋床上膠縫乾成名曰棬素

目琴經曰凡合用上等生漆入黃明膠水調和挑起如線細骨灰拌勻加錫然後塗於縫用繩縛定以木楔楔令緊縫上漆出隨手刮去

合縫

兩板相合或面旁底足合為全器皆用法漆而加捎當

合縫粘著皆匾縧縛定以木楔令緊合森成器
待乾而捎當焉

○輟耕錄曰捲素刀剜
膠縫卻煬牛皮膠和
生漆微嵌縫中名曰
捎當　當去声
案 捎髹也當底也

捎當

凡器物先剅劃縫會之處而法漆嵌之及通體
生漆刷之候乾胎骨始固而加布漆
器面窊缺節眼等深者法漆中加木屑斮絮嵌
之

△髹經曰一應漆器多用布
漆琴則不用

●考工記賈疏曰以革鞔鞍
垸漆之

布漆

捎當後用法漆衣麻布以令䰍面無露脉且稜
角縫合之處不易解脫而加垸漆

○輟耕錄曰以麻筋
代布

古有用革韋衣後世以布代皮近俗有。麻。筋及
厚紙代布制度漸失矣。以

說文曰垸以桼和灰而髹也
案 故後名灰漆。集韻曰
垸或通作丸髹 案 考工
記注作丸漆又司後教
官之職角人註骨入漆
涜者故从骨作髋骨

垸漆・一名灰漆

即骨灰也流毖境字

目琴經曰鹿角灰為上牛角灰次之或雜銅鍮等屑尤妙

▲髤耕錄曰鰻水好桐油煎沸如蜜之狀却取磚灰石灰細麩和勻 此法詳于本書今略出于此

目琴經灰法曰第一次灰粗而薄第二次中灰勻而厚次用細灰縴邊作稜角第四次灰補平

用角灰目磁屑爲上骨灰蛤灰次之甎灰坏屑砥

灰爲下皆篩過分麤中細而次第布之如左灰 髤耕錄曰灰乃磚瓦擣屑篩過分麤中細

畢而加糙漆 ■髤耕錄曰如髤工自家造賣低歹之物不用膠漆止用猪血厚糊之類。格古要論曰用藕泥其賤不可當

用坏屑枯炭末和以厚糊■猪血藕泥膠汁等者

今賤工所爲何足用又有鰻▲水者勝之鰻水即

灰膏

子也

目第一次麤灰漆 要薄而密

目第二次中灰漆 要厚而均

目第三次作起稜角補平窊缺 共用中灰爲善故在第三次

目第四次細灰漆 要厚薄之間

第五次起線緣 脣𡧁邉稜爲線緣或界緘者於細灰磨了後有以起

線批推起者有以法
灰漆為縷粘絡者

糙漆㊀

以之實垸腠滑灰面其法如左糙畢而加麭漆為文飾器全成焉

㊁第一次灰糙　要良厚而磨宜正平

㊁第二次生漆糙　要薄而均

㊂第三次煎糙　要不為皺皵

右三糙者古法而髹琴必用之今造器皿者一次用生漆糙二次用曜糙而止又有赤糙黃糙又細灰後以生漆擦之代一次糙者肉愈薄也

〔案〕曜耀同

㊀輟耕録曰細灰車磨方漆之謂之糙漆〔案〕車磋也糙漬如麤糙之糙

㊁琴經曰第一次糙用生漆入灰第二次糙亦用好生漆第三用煎糙 省文 本書有煎糙法

●琴經曰以上等生漆入烏雞子清用漆工謂之耀糙

漆際㊀：

口酉陽雜俎曰五品以上漆棺六品以下只得漆際

素器貯水書匣防濕等用之

今市上所售器漆際者多不和斮絮唯垸際漆界者易解脫也

○尚古第十八

一篇之大尾名尚古者蓋黄氏之意在于斯故此書總論成飾而不載造法所以温古知新也

○琴經曰古琴以斷紋為證有蛇腹斷其紋横截如蛇腹下紋又有細紋斷即牛毛斷如髮千百條又有梅花斷其紋如梅花片

○琴箋曰有龍紋斷其紋圓大有龜紋冰裂紋者

○清祕藏曰烏玉琴名斷紋隱起如蛇蚹奇物也

斷紋

髹器歷年愈久而斷紋愈生是出于人工而成于天工者也古琴有梅花斷有則寶之有蛇腹斷次之有牛毛斷又次之他器多牛毛斷又有冰裂斷龜紋斷亂絲斷荷葉斷縠紋斷凡揩光牢固者多疎斷稀漆脆虛者多細斷且易浮起

不足珍賞焉

又有諸斷交出或一旁生彼一旁生是或每面為衆斷者天工苟不可窮也

補綴

補古器之缺剥擊痕尤難焉漆之新古色之明暗相當爲妙又修綴失其缺片者隨其痕而上畫雲氣黑髹以赤朱漆以黄之類如此五色金鈿互異其色而不掩痕迹却有雅趣也

補綴古器令縫痕不覺者可巧手以縫拙作不可庸工以當精製此以其難可知又補處為雲氣者蓋好事家倣条器画雲氣者作之今玩賞家呼之曰雲綴

倣傚

○七種類萬某曰天順間有楊塤者精明漆理各色俱可合而於倭漆尤妙其漂霞山水人物神氣飛動真描寫之不如愈久愈鮮也世號楊倭漆

摸擬歷代古器及宋元名匠所造或諸夷倭製等者以其不易得爲好古之士備玩賞耳非爲賣骨董者之欺人貪價者作也凡倣傚之所巧不必要形似唯得古人之巧趣與土風之所以然爲主然後攻歷歲之遠近而設骨剥斷紋及去油漆之氣也

要文飾全不異本器則須印摸後熟視而施色如彫鏤識款則蠟墨乾打之依紙背而印模俱不失毫釐然而（上本作而）有款者摸之則當款旁復加一款曰某姓名倣造

髹飾錄坤集終

德川宗敬氏寄贈

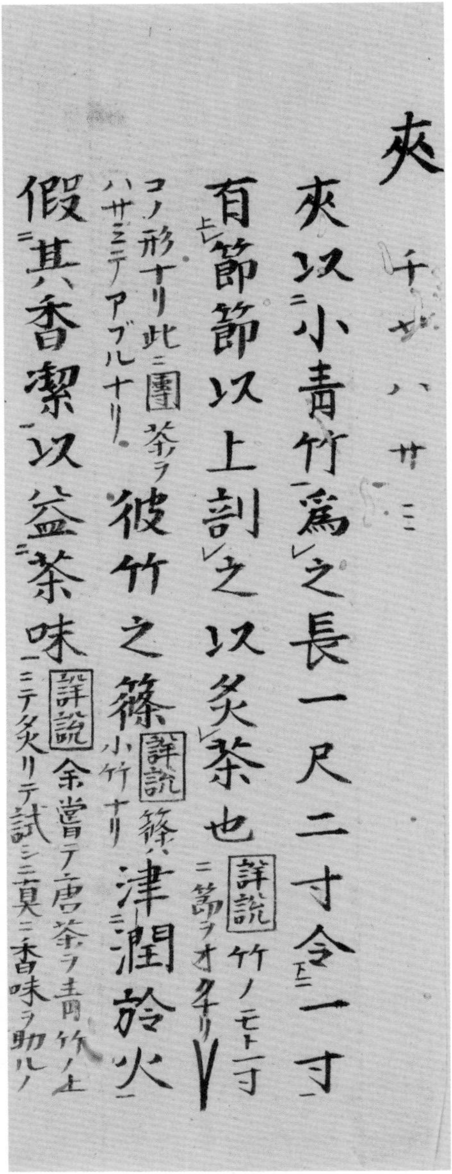

夾ハサミ

夾以小青竹為之長一尺二寸令一寸

有節節以上剖之以炙茶也 詳説 竹ノモト一寸ニ節ヲオクナリ

コノ形ナリ此ニ團茶ヲハサミテアブルナリ 彼竹之篠 詳説 篠ハ小竹ナリ 津潤於火

假其香潔以益茶味 詳説 余嘗テ唐茶ヲ青竹ノ上ニテ炙リテ試ミニ眞ニ香味ヲ助ルノ

髮飾録
乾坤
全
和2217

髹飾錄
乾坤
全

髹飾録考證未備焉有經目則補之可也加色料利益者別有集解矣　壽碌堂主人

㊀周礼宗伯礼曰駹車雚蔽然禨髹飾鄭玄謂駹車邊側有漆飾也㊟髹飾之字蓋
取于此

㊁　杜林於西川得漆書古文尚書一巻科斗即壞　佩觿集　記曰孔壁汲冢竹簡科斗
皆漆書　字苑曰科斗為字之祖　上古無筆墨以竹挺點漆書竹上竹硬漆膩畫不能行
故頭麤尾細似其形耳

㊂事物紀源載韓非子曰舜作食器墨漆其上禹作祭器漆其外朱畫其内　説苑同

㊃尚書禹貢曰厥貢漆絲

㊄㊟周礼所謂革路木路羣車駹車漆車亦皆有漆飾　故言如此

㊅周礼考工記曰弓人為弓取六材又曰漆也者以為受霜露也

㊆事物紀原載礼記明堂位曰夏后以揭豆注曰無異物之飾也凡造物之初未始不本於樸
素後王以為未足以致誠敬故因之加文焉

㊇史記滑稽傳曰秦二世立又欲漆其城

㊈史記曰趙襄子最怨智伯漆其頭以為飲器

㊉諸器皆有漆飾不遑記

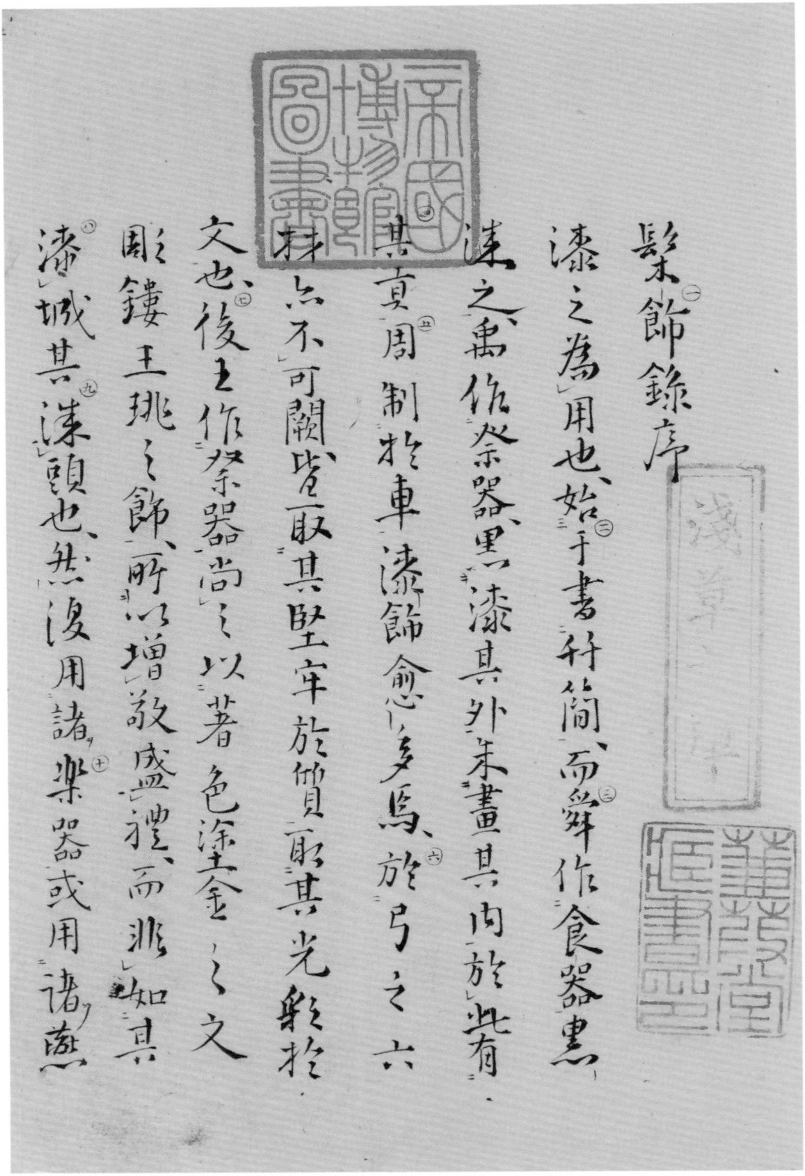

髹飾錄序

漆之為用也、始于書竹簡、而舜作食器、黒
漆之、禹作祭器、黒漆其外、朱畫其内、於此有
其貢、周制於車、漆飾愈多焉、於弓之六
材亦不可闕、皆取其堅牢於質、取其光彩於
文也、後王作祭器、尚之以著色塗金之文
彫鏤玉珧之飾、所以增敬盛禮、而非如其
漆城其漆頭也、然復用諸樂器、或用諸燕

器或用諸兵仗，或用諸文具，或用諸（十一）宮室，或用諸（十二）壽器，皆取其堅牢於質，取其光彩於文。嗚呼，漆之為用也，其大哉！又液（十三）葉共療疾，其益不少。唯漆（十四）身為癩狀者，其毒耳。蓋古無漆工，令百工各隨其用，使之從漆，固之益於器而盛于世，別有漆工，漢代其時也。後漢申（十五）屠蟠假其名也。然而今之工法，以唐為古格，以宋元為通法，又出國朝廠工

（十一）前漢書趙皇后傳曰：中庭彤朱，而殿上髹漆。

（十二）礼記檀弓曰：君即位而為椑，歲一漆之。

（十三）抱朴子曰：漆葉黏凡藪之草也，樊阿服之，壽滿二百歲。圖液溫漆也，切用詳于諸本草。

（十四）史記曰：豫讓又漆身為厲。注：古多假厲為賴，今之癩字從病。

（十五）後漢書曰：申屠蟠字子龍，家貧，傭為漆工，郭林宗見而奇之。

之始製者殊多，是為新式於此千文萬華，紛然不可勝識矣。(十六)新安黃平沙稱一時名匠，復精明古今之髹法，曾著髹飾錄二卷，而文質不適者，陰陽失位者，各色不應者，都不載焉。足以為法，今每條贅一言，傳諸後匠，為工巧之一助云。

天啓乙丑春三月(十七)西塘揚明撰

(十六) 遵生八牋曰：穆宗時新安黃平沙造剔紅，可比園廠，花果人物之妙，刀法圓滑清朗。

(十七) 格古要論古漆器下曰：元朝嘉興府西塘楊滙新作者，雖重數多，剔得深峻，其膏子少黑。楊明恐楊滙之裔乎。

髹飾録乾集

平沙　黃成　大成著

西塘　楊明　清仲註

凡工人之作爲器物，猶天地之造化。此以有聖者，有神者，皆示以功以法。故良工利其器，然而利器如四時，美材如五行。四時行，五行全，而百物生焉。四善合，五采備，而工巧成焉。今命名附贊，而示于此，以爲乾集。乾所以始生萬物，而髹具工則，乃工巧之元氣也。乾德至哉。一本注作大為是

利用第一　非利器美材，則巧工難爲良器，故列在于其首。

㈠書經皐陶謨曰：天工人其代之

㈡五雜組曰：大約百工技藝，俱有至極，造其極者謂之聖，不可知者謂之神

㈢

㈣論語之語

㈤考工記曰：天有時，地有氣，材有美，工有巧，合此四者，然後可以爲良。注：良，善也

㈥易經乾卦彖曰：大哉乾元，萬物資始，乃統天

天運㈠ 即旋牀㈡

有餘㈢不足 損之補之

其狀圓而循環㈠不輟令椀合盆盂正圓無苦㈣窳故以天名焉

即金有泥屑麩薄片線之等

日輝㈤

人君㈤有㈥和 蠕魅㈦無犯

太陽明于天人君德于地則蠕魅不干邪諂不害諸器施之則生輝光鬼魅不敢干也

即銀有泥屑麩薄片線之等

月照㈧

寶㈨臣㈧維佐 如㈩燭精光

其光皎如月又有燭銀凡寶貨以金為主以銀為佐飾物亦然故為臣

病光

即帶有未有竹

㈠朱子大学序曰天運循環無往不復

㈡髹耕録曰旋旋牀上膠黏而成名楪素[棬]今見華産漆器灰漆黑光共用之磨者多矣

㈣史記五帝記注曰苦音古麤也窳音庾病也

㈢老子曰天之道其猶張弓乎高者抑之下者举之有餘者損之不足者補之

㈤淮南子曰日者太陽之精人君象也

㈥白虎通曰金精和之至也

㈦前漢書曰使絶國者皆受金泥璽封注云以金為泥封函鬼魅不敢干也

㈧徐氏筆精曰隂不可抗陽臣不可敵君故於文閏者為月

㈨楚書曰楚國無以為寶惟善以為寶朱注言寶善人也

㈩尔雅註曰銀有精光如燭也

明靜不動　百事自安

木蔕接北梁、竹蔕接牡梁、其狀如宿列也、動則不吉、亦如宿光也、

即沽架北梁為陰道、牡梁為陽道、

星纏㈠

次行㈢連影㈢　陵棄有期区

北梁有竅故為陰道、牡梁有筍故為陽道、鮑數畧而接架、其狀如列星次行、反轉失候則溜洪氷解故日有期、又菜日宿日星、皆指畧物比百物之氣皆成星也、

即蔭室中之棧

津橫△

衆星攢聚△　為童於空△

天河小星所攢聚也、以栈橫架蔭室中之空處以列衆畧、其狀相似也、

風吹

即揩光石●並浮炭◒

㈠ 駱賓王帝京篇曰五緯連影集星纏
㈢ 五車韻瑞曰星之纏次星所次行也
区 登壇必究曰星在下而上曰陵在下而下曰棄

△ 尒雅曰折木謂之津橫即天河也
△ 天經或問曰天河實是小星攢聚一帶為一直白練焉
△ 詩箋曰倬彼雲漢為章於天
● 輟耕錄曰用揩光石磨去漆中纇雷上聲即麤礪石也
◒ 琹經退光出光法曰小楊木燒為桴炭又用砂杉木

○五雜俎曰風之微也一紙之隔則不能過及其怒也拔木折屋百物之生非風不能長養

曰曲礼曰毋雷同注曰雷之發声無不同時應者

曰輟耕録曰磚石車磨去之髹法

■叙名曰雷碾也如轉物有所碾

㊂東坡詩曰電光時掣紫金蛇

㊂揚雄賦曰霹靂列缺吐火施鞭

㊀埤雅曰電陰陽激耀与雷同氣

㊀韓賀慶雲表曰五彩五色光華不可偏觀

◎西京雜記曰五色雲為瑞

輕爲長養　怒爲拔折

此物其用与風相似也、其磨輕則于面光滑無抓痕、怒則稜角顯、灰有玷瑕也、

即磚石有麤細之等

雷同　碾聲發時　百物應出

髹器無不用磨而成者、其聲如雷其用亦如雷也、

即錯有劍面茅葉方條之等

電掣　施鞭吐光、與雷同氣

施鞭言其所用之状、吐光言落屑霏霏、其用似磨石故曰与雷同氣

即各色料有銀朱丹砂絳礬赭石雄黄

雲彩　雌黄靛花漆緑石青石緑韶粉烟煤之

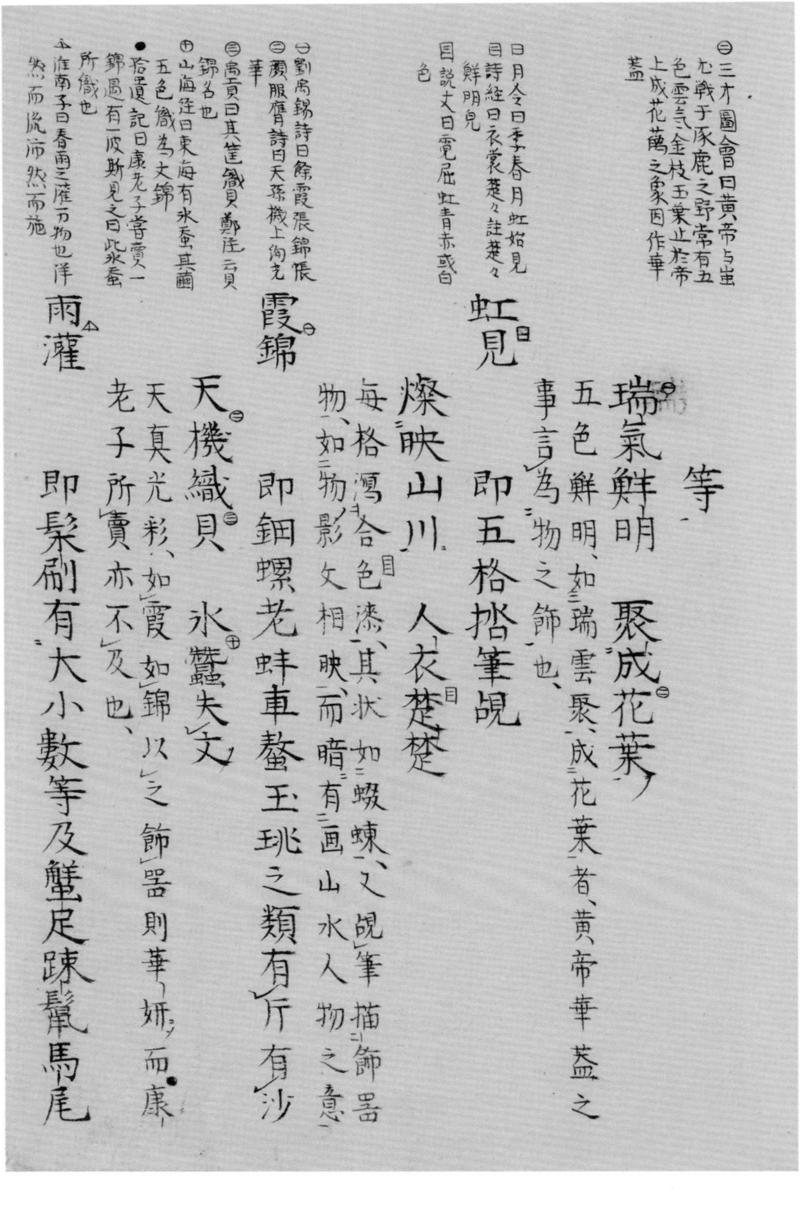
等

瑞(一)氣鮮明　聚成花葉(二)

五色鮮明、如瑞雲聚、成花葉者、黃帝華蓋之

事言為物之飾也、

即五格搭筆覗

虹見(日)

燦映山川　人衣楚楚(目)

每格瀉合色(目)漆、其狀如蝃蝀、又覗筆描飾器

物、如物影文相映、而暗有画山水人物之意、

即鈿螺老蚌車鳌玉珧之類有斤有沙

霞錦(一)

天機(二)織貝(三)　冰蠶(十)失文

天真光彩、如霞如錦以之飾器則華妍而康

老子所賣亦不及也、

雨灌(⺊)

即鬃刷有大小數等及蟹足䟱鬣馬尾

(一)三才圖會曰黃帝与蚩尤戰于涿鹿之野常有五色雲气金枝玉葉止於帝上成花葩之象因作華蓋

日月令曰季春月虹始見

目詩經曰衣裳楚々註楚々鮮明皃

目說文曰霓屈虹青赤或白色

(一)劉禹錫詩曰餘霞張錦張

(二)覆服齊詩曰天孫織上絢光華

(三)禹貢曰其篚織貝鄭注云貝錦名也

(十)山海經曰東海有氷蚕其繭五色織為文錦

●拾遺記曰康老子嘗賣一錦遇有一波斯見之曰此氷蚕所織也

⺊淮南子曰春雨之灌万物也洋然而流亦然而施

猪鬃又有灰刷染刷

沛然不偏▲絶塵膏澤㐃
以漆喻水、故蘸刷拂器、比雨、匏面無類如雨
下塵埃不起為佳、又漆偏則作病故曰不偏

即鬣子桐油

露清日

色隨百花滴瀝後素目
油清如露調顏料則如露在百花上各色無
所不應也、後素言露從花上墜時見正色而
却至繪
事也

霜挫㈠

即削刀並捲鏨ツボギリ

極陰殺木㈡初陽斯生㈢
霜殺木乃生萠之初、而
刀削樸乃髤漆之初也

㐃史記五帝紀註曰如百穀之仰膏雨
日博物志曰氣之清者莫如露
目論語曰繪事後素
㈠孝經援神契曰霜以挫物
㈡春秋元命包曰霜以殺木
㈢歲時記曰冬至一陽生

雪下　即筒羅

片片(一)霏霏(二)　疎疎(三)密密

筒有大小、羅有疎密、皆隨麩片之細粗冐面之狭濶而用之其状如雪之下而布于地也、

(一)李白詩曰雪片大如席
(二)詩経曰雨雪霏々
(三)黄山谷春雪詩曰夜聽疎々還密々

霰布(四)　即蘸子用縿絹麻布

蓓蕾(四)下零(四)　雨凍先集(五)

成花者為雪未成花者為霰故曰蓓蕾漆面為文相似也、其漆稠粘故曰雨凍又曰下零曰先集用蘸子打起漆面也、

(四)五雜俎曰霰雪之未成花者蓓蕾盍因此
(四)韋應物詩曰維霰下零寒雀噂
(五)詩経曰先集維霰

雹墮(一)　即引起料

實粒(一)中虚(二)　跡痕如砲(三)

引起料有數等、多禾穀之類、故曰實粒中虚即雹之状又雹砲也、中物有跡也引起料之

(一)爾雅曰陰包陽為雹形似半珠其粒三出雪六出成花雹三出成實
(二)五雜俎曰雹中虚以其激结之驟包氣于中也
(三)本草綱目曰雹者砲中物如砲也

痕跡為文以比之也

霡霂 即粉筆並粉盞

陽起陰起 百狀朦朧

霡起于朝起于暮朱髮黑髮即陰陽之色而器上之粉道百般文圖匙陳而如山水艸木被霡于霡中而朦朧也

△論語曰四時行焉百物生焉
△考工記曰水有時以凝有時以澤此天時也注言百工之事當審其時也

時行 即桃子有朱有竹有骨

百物斯生 水為凝澤

繇工審天時而用漆莫不依桃子如四時行焉百物生焉漆或為坑或為當或為糙或為魏如水有時以凝有時以澤也

日春景曰媚景

春媚 即漆畫筆有寫象細鈎遊絲打界排頭

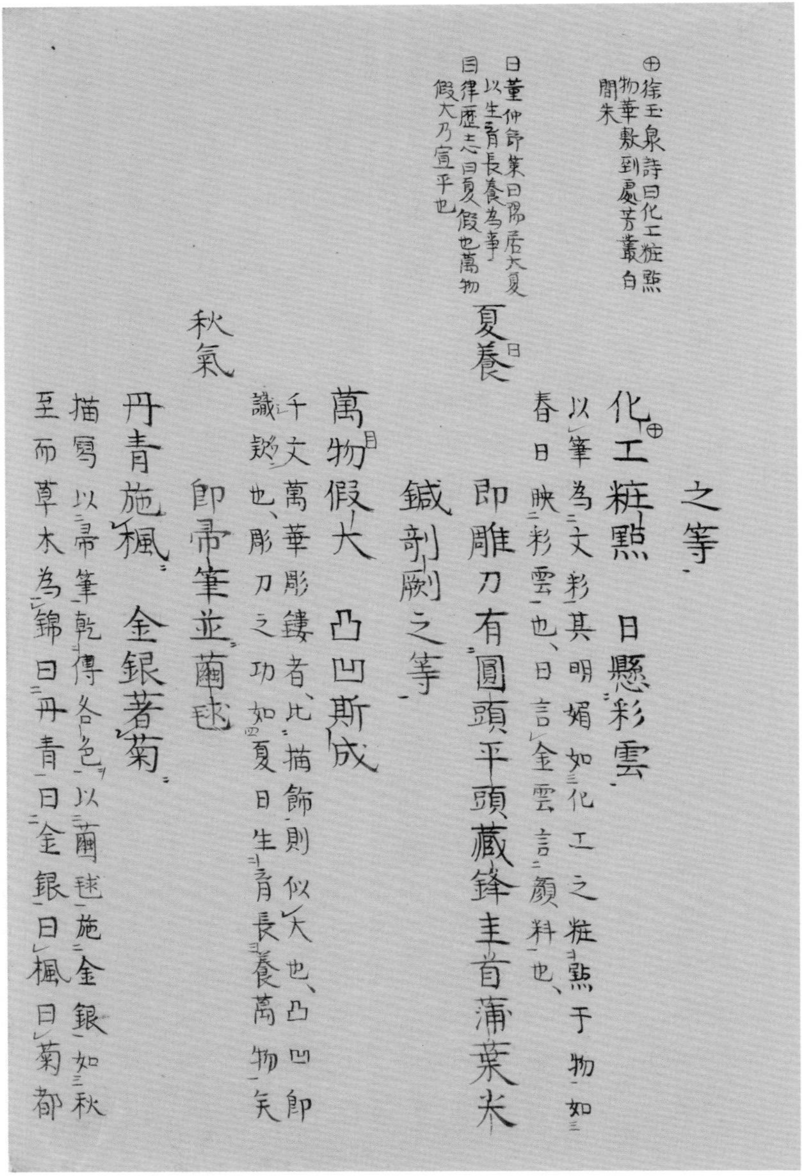

之等、

化工粧點　日懸彩雲、

以筆為文彩、其明媚如化工之粧點于物、如
春日映彩雲也、日言金雲言顏料也、

即雕刀有圓頭平頭藏鋒圭首蒲葉米
鍼剞劂之等、

徐玉泉詩曰化工粧點物華敷到處芳叢自閒朱

夏養

日董仲舒策曰陽居大夏以生育長養為事
同律歷志曰夏假也萬物假大乃宣平也

萬物假大　凸凹斯成

千文萬華彫鏤者、比描飾則似大也、凸凹即
識款也、彫刀之功如夏日生育長養萬物矣

即帋筆並繭毬

秋氣

丹青施楓　金銀著菊

描寫以帋筆乾傳各色、以繭毬施金銀、如秋
至而草木為錦、日丹青、日金銀、日楓、日菊、都

痕跡為文以比之也

霧籠

即粉筆並粉盞

陽起陰起　百狀朦朧

霧起于朝起于暮。米髹黑髹即陰陽之色。而器上之粉道百般文圖疑疎而如山水艸木被籠于霧中而朦朧也

時行

△論語曰四時行焉百物生焉

△考工記曰水有時以凝

即桃子有米有竹有骨

工審天時而用漆莫不依挑子如四時行

百物生焉漆或為抗或為當或為糙或為

漆如水有時以凝漆莫不依挑子如四時行

時以澤也　為抗或為當或為糙或為

漆如水有時以凝

有時以澤也

春媚

㊀春景曰媚景

即漆畫筆有寫象細鈎遊絲打界排頭

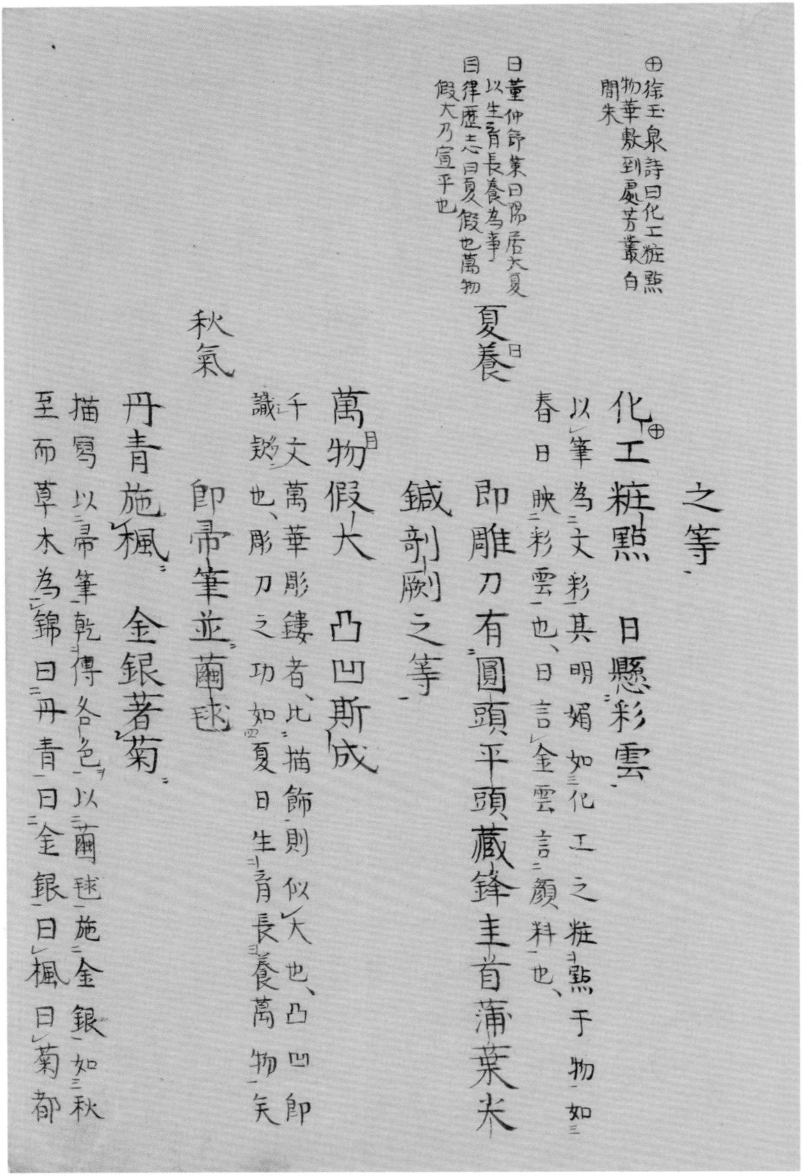
⊕徐玉泉詩曰化工粧點物華敷到處芳叢自間朱

日董仲舒策曰陽居大夏以生育長養為事

曰律歷志曰夏假也萬物假大乃宣平也

之等。

化工粧點⊕ 日懸彩雲。

以筆為文彩其明媚如化工之粧點于物如春日映彩雲也、日言金雲言顏料也、

即雕刀有圓頭平頭蔵鋒圭首蒲葉尖

鍼剞劂之等。

夏養日

萬物假大月 凸凹斯成

千文萬華彫鏤者、比描飾則似大也、凸凹即識欵也、彫刀之功如夏日生育長養萬物矣

即帚筆並繭毬。

秋氣

丹青施楓。 金銀著菊。

描寫以帚筆乾傳各色以繭毬施金銀如秋至而草木為錦曰丹青曰金銀曰楓曰菊都

言各色百華也

即濕漆桶並濕漆甕

㊀千文曰秋收冬藏
㊁月令曰冬其神玄冥
㊂尔雅曰冬為玄英氣黑而清英也
㊃漢律歷志曰冬終也物終藏乃可称
㊄月令曰天地不通閉塞而成冬

冬藏㊀

玄冥㊁玄英㊂　終藏㊃閉塞㊄

玄冥、玄英、猶言冬水以喩水玄、言其色、凡濕漆貯畜者皆蓋藏、令不漏凝、更宜閉塞也、

△月令曰季夏之月土潤溽暑大雨時行○玉篇曰溽濕暑也
▲史記滑稽傳曰二世立又欲漆其城優旃曰顧難為蔭室

暑溽△

即蔭室

大雨時行▲　濕熱鬱蒸

蔭室中以水濕則氣薰蒸、不然則漆難乾、故曰大雨時行、蓋以季夏之候有取濕熱之氣甚矣

㊀千文曰寒来暑往
㊁月令曰孟冬之月水始冰地始凍

寒來㊀

即朽有竹有骨有銅

已冰已凍㊁　令水土堅

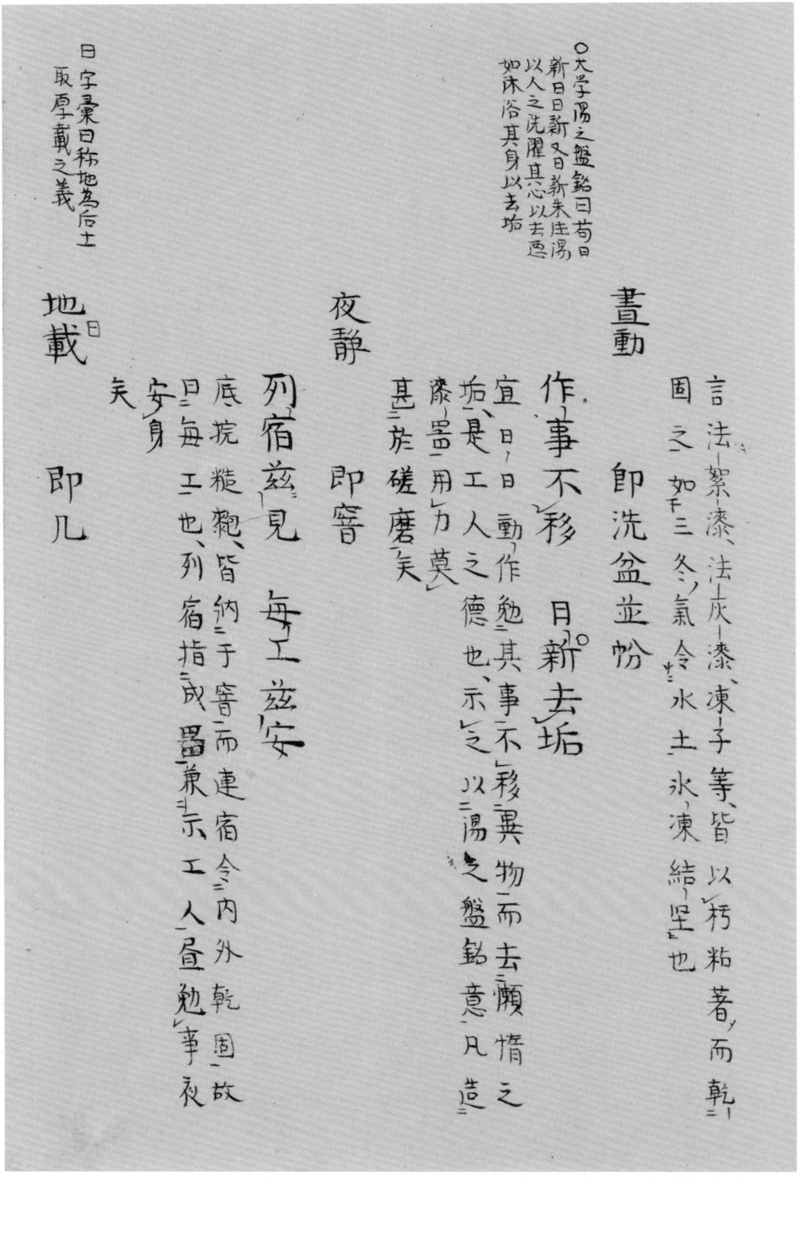

〇大学湯之盤銘曰苟日新日日新又日新朱注湯以人之洗濯其心以去悪如沐浴其身以去垢

言法絜漆、法灰漆、凍子等、皆以朽粘著而乾固之。如三冬氣令水土氷凍結堅也

晝動　即洗盆並粉

作事不移　日新去垢

宜日日動作勉其事不移異物而去懶惰之垢、是工人之德也、示之以湯之盤銘意。凡造漆器用力莫甚於磋磨矣

夜靜　即窨

列宿茲見　毎工茲安

底捖糙麭、皆納于窨而連宿令内外乾固、故曰毎工也、列宿指成器兼示工人晝勉事夜安身矣

日字彙曰称地為后土取厚載之義

地載　即几

維重維静　陳列山河

此物重静都承諸器如地之載物也山指捐盤河指摸鑿

即灰有角骨蛤石甎及抔屑磁屑炭末之等

土厚

大化之元　不耗之質

黄者厚也土色也灰漆以厚為佳凡物焼之則皆帰土土能生百物而永不滅灰漆之體惣如卒土然矣

桂括

即布並蔀絮麻筋

土下軸連　為之不陥

二句言布筋包裹捲褁在灰下而漆不陥如地下有八柱也

說文曰元気初分重濁陰為地萬物所陳列也

風俗通曰黄者光也厚也中和之色徳四季与地同功

爾雅偏曰水火土天地之大化也

說文曰元始也

五雜俎曰土永不耗

河図括地象地下有八柱廣十萬里有三千六百軸互相牽制

史記張敖之傳曰以北山石為槨用紵絮斮陳絮漆其間註漢書音義曰斮絮以漆著其間

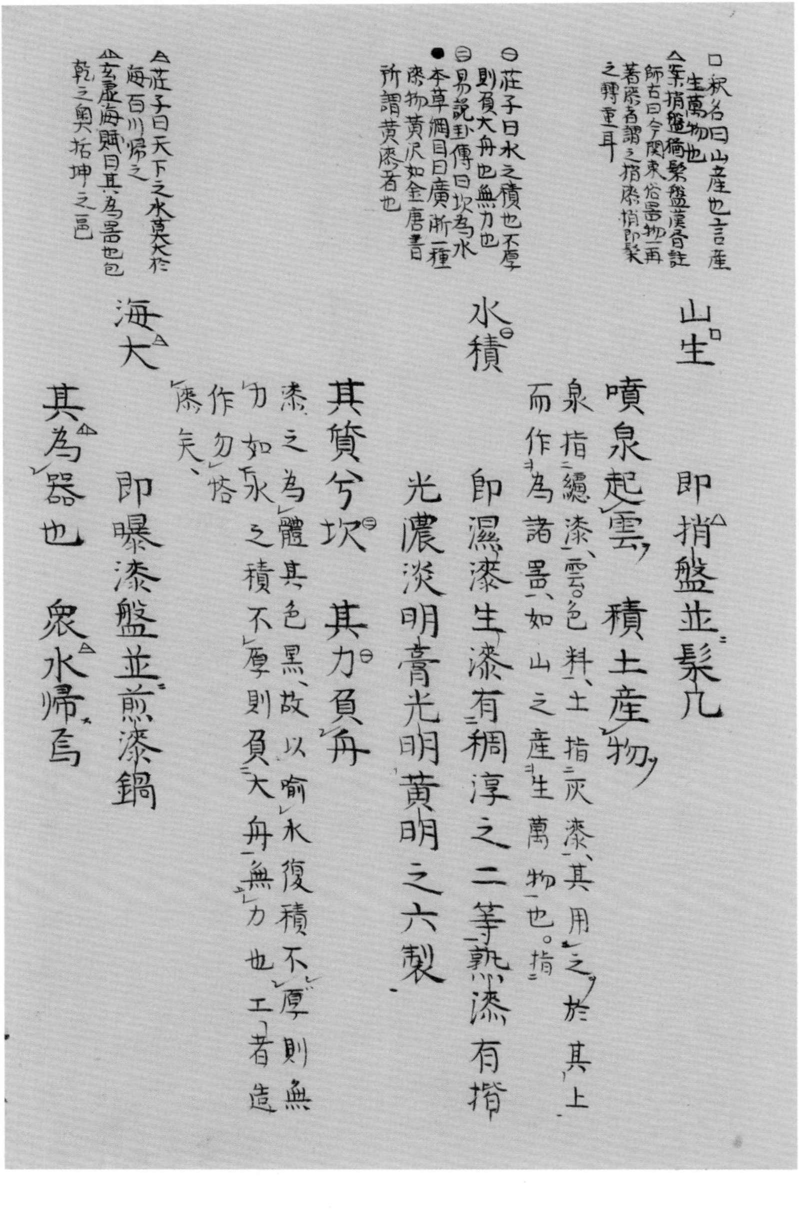

口釈名曰山産也言産
生萬物也
△案揩盤猶髤盤漢書註
師古曰今関東俗器物一再
著漆者謂之揩漆揩即髤
之聲重耳

山生口　即揩△盤並髤几
噴泉起雲　積土産物
泉指纏漆雲色料土指灰漆其用之於其上
而作為諸器如山之産生萬物也。指
即濕漆生漆有稠淳之二等熟漆有揩
光濃淡明膏光明黄明之六製

㊀荘子曰水之積也不厚
則負大舟也無力也
㊁易説卦傳曰坎為水
●本草綱目曰廣浙一種
漆物黄沢如金唐書
所謂黄漆者也

水積㊀　其質兮坎㊁　其力㊀負舟
漆之為体其色黒故以喩水復積不厚則無
力如水之積不厚則負大舟無力也工者造
作勿怠
漆矣

△荘子曰天下之水莫大於
海百川帰之
△玄虚海賦曰其為器也包
乾之奥括坤之區

海大△　即曝漆盤並煎漆鍋
其為△器也　衆水△帰焉

□水經曰鰌魚長數千里
穴居海底魚入穴則潮
上出則潮退魚入有節
故潮水有期

㊀易繫辭曰河出圖洛
出書聖人則之
㊀同曰凡天地之數五十
有五

此器共大而以製熟諸漆者、故比諸海之大
而百川歸之矣、

潮期□ 即曝漆桃子

鰌尾□反轉 波濤去来

鰌尾反轉打桃子之貌、波濤去来挑飜漆之
貌、凡漆之曝熟有佳期、亦如潮水有期也、

河出㊀ 即模鑿並斜頭刀削刀

五十㊀有五 生成千圖

五十有五天一至地十之總數、言蚌片之點
抹鈎條、總五十有五、或皆刀鑿刻成之、以比
之河出
圖也

洛現 即筆硯並揩筆硯

對十中五 定位支書

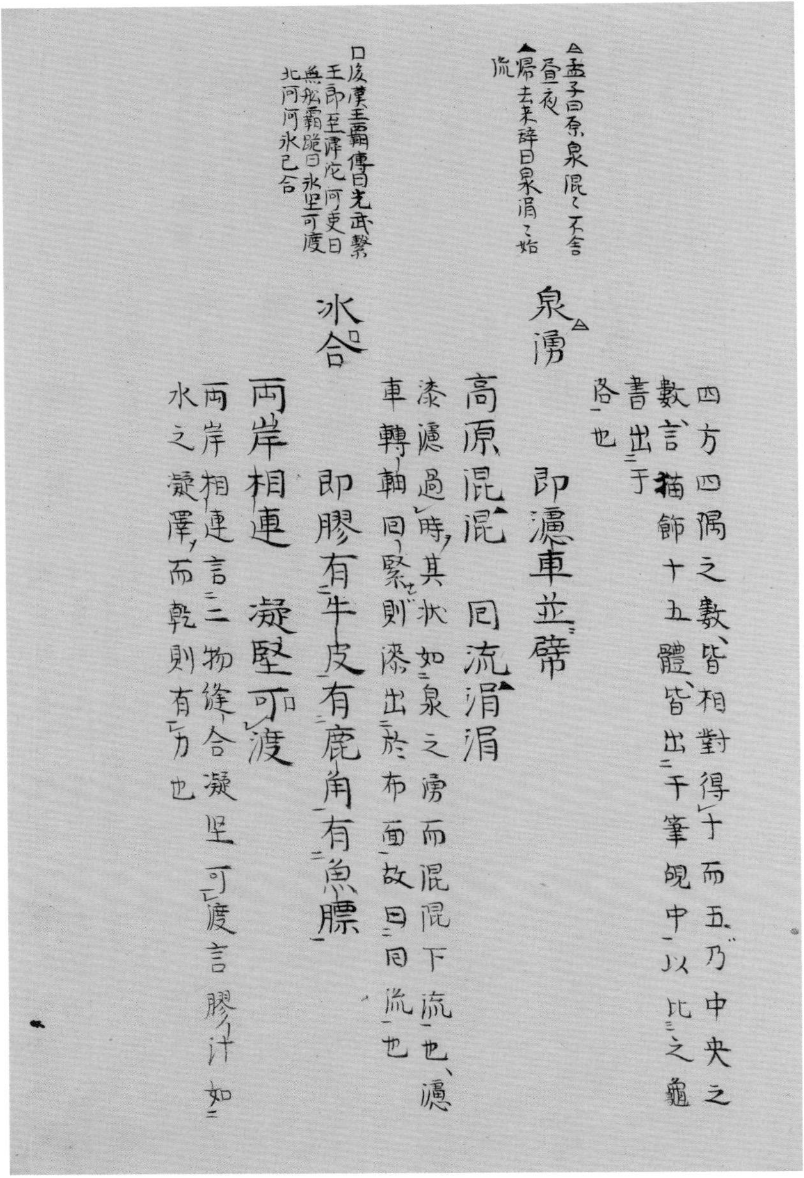

孟子曰原泉混混不舍晝夜
歸去來辭曰泉涓涓之始流

四方四隅之數皆相對得十而五乃中央之
數言猶飾十五體皆出于筆硯中以比之龜
書出于
洛也

泉湧
即濾車並啼
高原混混　同流涓涓
漆濾過時其狀如泉之湧而混混下流也濾
車轉軸回緊則漆出於布面故曰同流也
即膠有牛皮有鹿角有魚膘

後漢王霸傳曰光武擊王郎至滹沱河吏曰無船霸詭曰氷堅可度北河河氷已合

冰合
兩岸相連　凝堅可渡
兩岸相連言二物逢合凝堅可渡言膠汁如
水之凝澤而乾則有力也

楷法第二

法者制作之理也，知聖人之意而巧者述之以傳之後世者列示焉

考工記曰知者創物巧者述之守之世謂之工

三法

巧法造化，天地和同萬物生，㊀手心應得百工就。

質則人身，骨肉皮筋巧作神，瘦肥美醜文為眼。

文象陰陽，定位自然成凸凹，生成天質見玄黃。

法造化者百工之通法也，文質者髹工之要道也

二戒

淫巧蕩心㊁，過奇擅艷，失真亡實。

行濫奪目㊂，共百工之通戒，而漆匠須尤嚴矣。

㊀莊子曰輪扁曰斲輪徐則甘而不固疾則苦而不入不徐不疾得之於手應之於心口不能言有數存焉

㊁礼記月令曰毋或作為淫巧以蕩上心 廣義云淫巧過奇摇動君心則耆修

㊂唐律曰諸造器用之物及絹布之屬有行濫短狹而賣者各杖六十注云不牢謂之行不真謂之濫

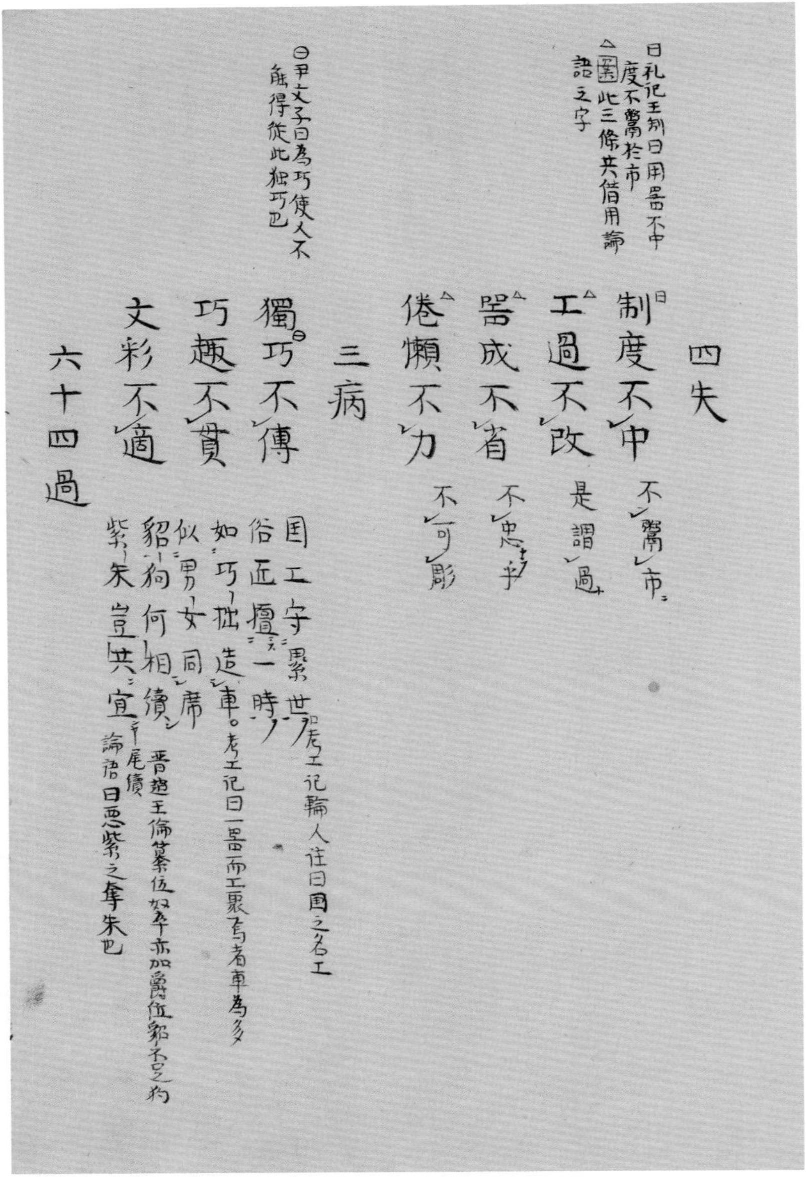
日礼記王制曰用器不中度不鬻於市
△圏此三條共借用論語之字

四失
制度不中　不鬻市
工過不改　是謂過
器成不省　不思乎
倦懶不力　不可彫

日尹文子曰為巧使人不能得從此独巧也

三病
獨巧不傳　国工守累世　考工記輪人注曰国之名工
巧趣不貫　俗匠擅一時　如巧拙造車。考工記曰一器而工聚焉者車為多
文彩不適　似男女同席　貂狗何相續　晉趙王倫篡位奴卒亦加爵位貂不足之狗尾續
紫朱豈共宜　論語曰悪紫之奪朱也

六十四過

麭漆之六過　說文曰麭桼垸已復桼之也

〇蓮生八勝曰定窑俱骨加以卵水有如淚痕者闕漆器亦有此狀而為過

冰解　桼稀，而仰俯失候，旁上側下淫泆之過

°淚痕　桼慢，而刷布不均之過

皺散　桼緊，而蔭室過熱之過

·輟耕録曰膠漆調和令稀稠得所又曰若緊再晒若慢加生漆

連珠　隧稜凹稜也山稜凸稜也內壁下底際也龈除齒根也　桼淚之過

△纇點　髹時不防風塵，及不挑去飛絲之過

△輟耕録曰磨去漆中纇闕說文纇絲節也琴經所謂碚纇也

口刷痕　桼過稠，而用硬毛刷之過

口同曰漆器物上不要見刷痕

色漆之二過

灰脆　桼製和油多之過

黯暗　桼不透明，而用顏料少之過

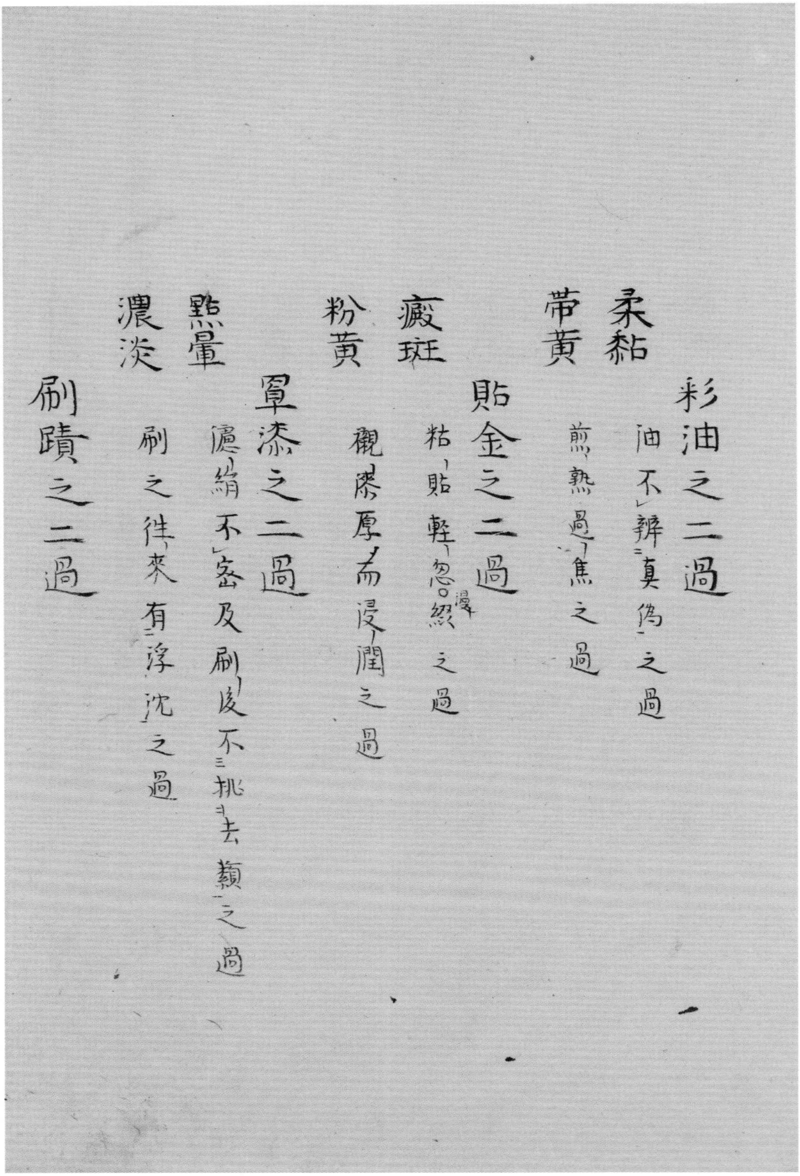
彩油之二過
油不辨真偽之過
煎熟過焦之過
柔黏
帶黄
貼金之二過
粘貼輕忽綴（漫）之過
癜斑
粉黄
襯漆厚而浸潤之過
罩漆之二過
濾絹不密及刷後不挑去顆之過
點暈
濃淡
刷之往來有浮沉之過
刷蹟之二過

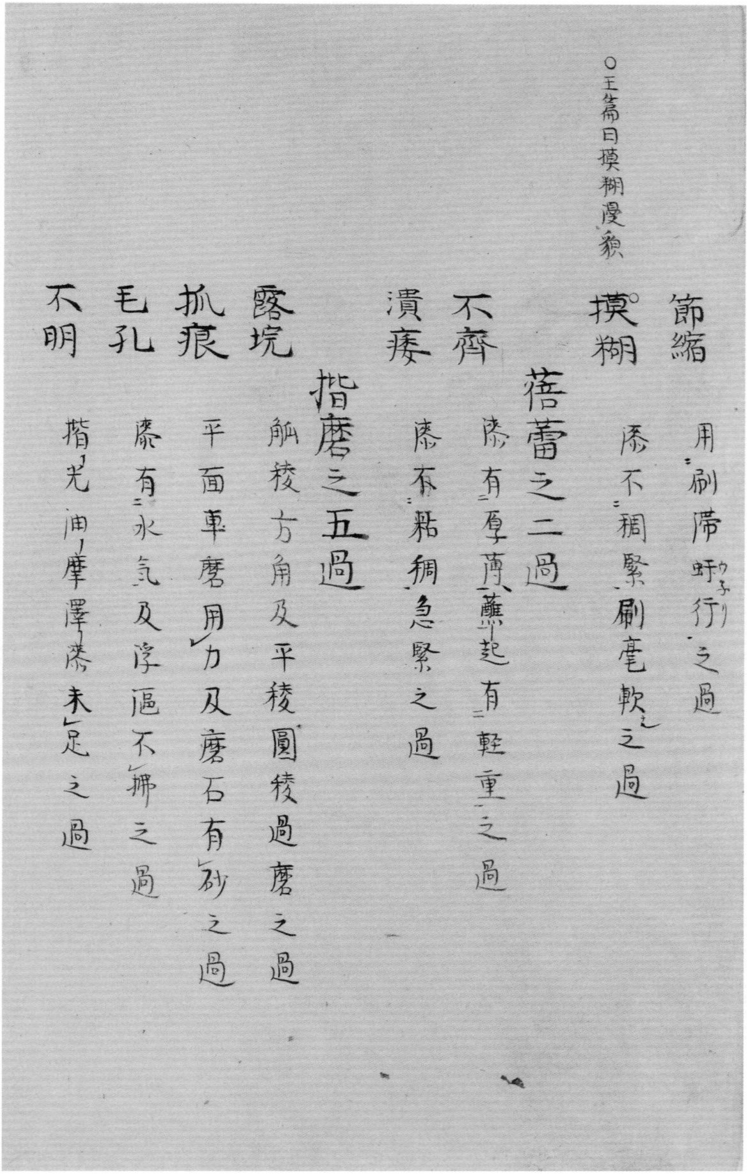

○玉篇曰摸糊漫貌

節縮　用刷帶蚪行之過

摸糊　漆不稠緊刷毫軟之過

蓓蕾之二過

不齊　漆有厚薄蘸起有輕重之過

漬痿　漆不粘稠急緊之過

揩磨之五過

露垸　觚稜方角及平稜圓稜過磨之過

抓痕　平面車磨用力及磨石有砂之過

毛孔　漆有水氣及浮漚不拂之過

不明　揩光油摩澤漆未足之過

黴黕　退光不精漆製失所之過

磨顯之三過

瑳跡　磨磋急忽之過

蔴隱　磨顯不及之過

漸滅　磨顯太過之過

描寫之四過

斷續　筆頭漆少之過

淫侵　筆頭漆多之過

忽脫　蘸而過候之過

粉枯　息氣未翳先施金之過

識文之二過

寫起輕忽之過

狹濶

稠疎失所之過

高低

隱起之二過

堆起無心計之過

齊平

物象不用意之過

相反

灑金之二過

下布不均之過

偏纍

麩片不壓定之過

刺起

綴蚼之二過

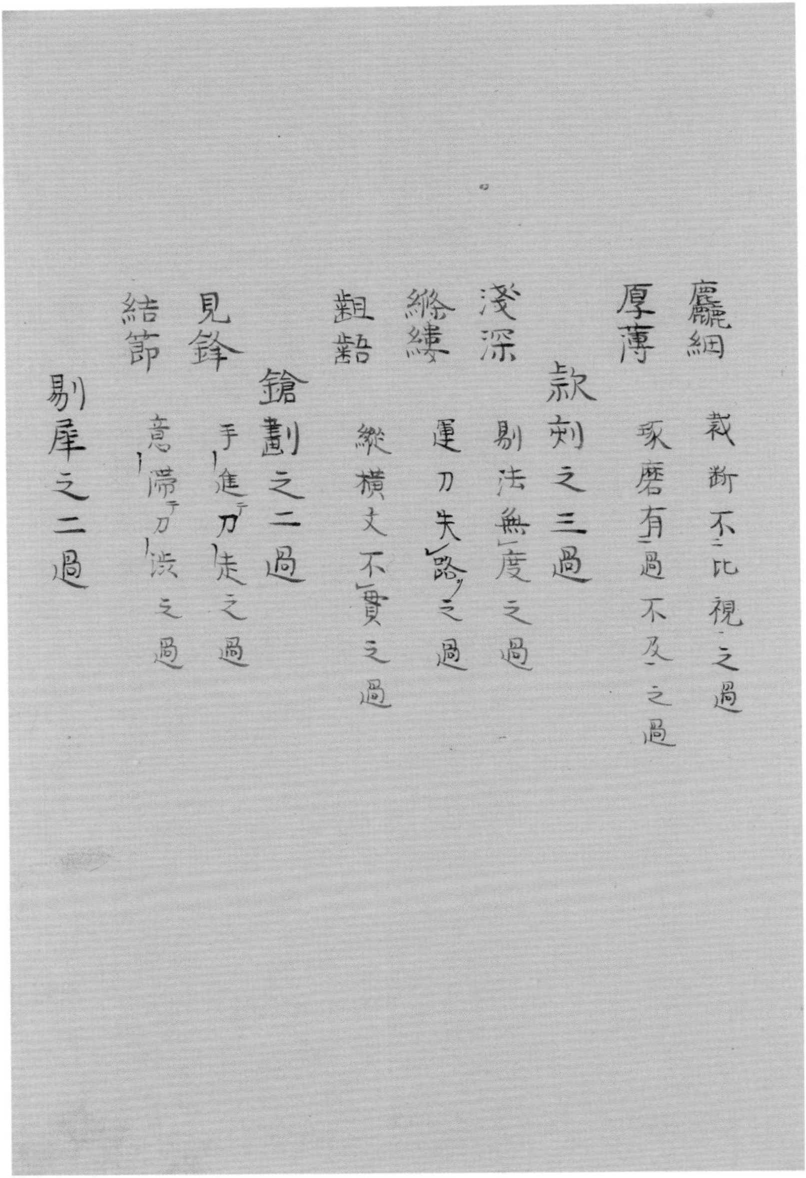

麤細　裁斷不比視之過

厚薄　琢磨有過不及之過

款刻之三過

淺深　剔法無度之過

繇縷　運刀失路之過

齟齬　縱橫文不貫之過

鎗劃之二過

見鋒　手進刀走之過

結節　意滯刀澁之過

剔犀之二過

缺脱　漆過緊枯燥之過

絲紅六　層纍失數之過

雕漆之四過

骨瘦　暴刻無肉之過

玷缺　刀不快利之過

鋒痕　運刀輕忽之過

角稜　磨熟不精之過

〇導生八歳剔紅下曰雲南以此為業奈用刀不善藏鋒又不磨熟稜角

裹之二過

錯縫　器衣不相度之過

浮脱　粘著有緊緩之過

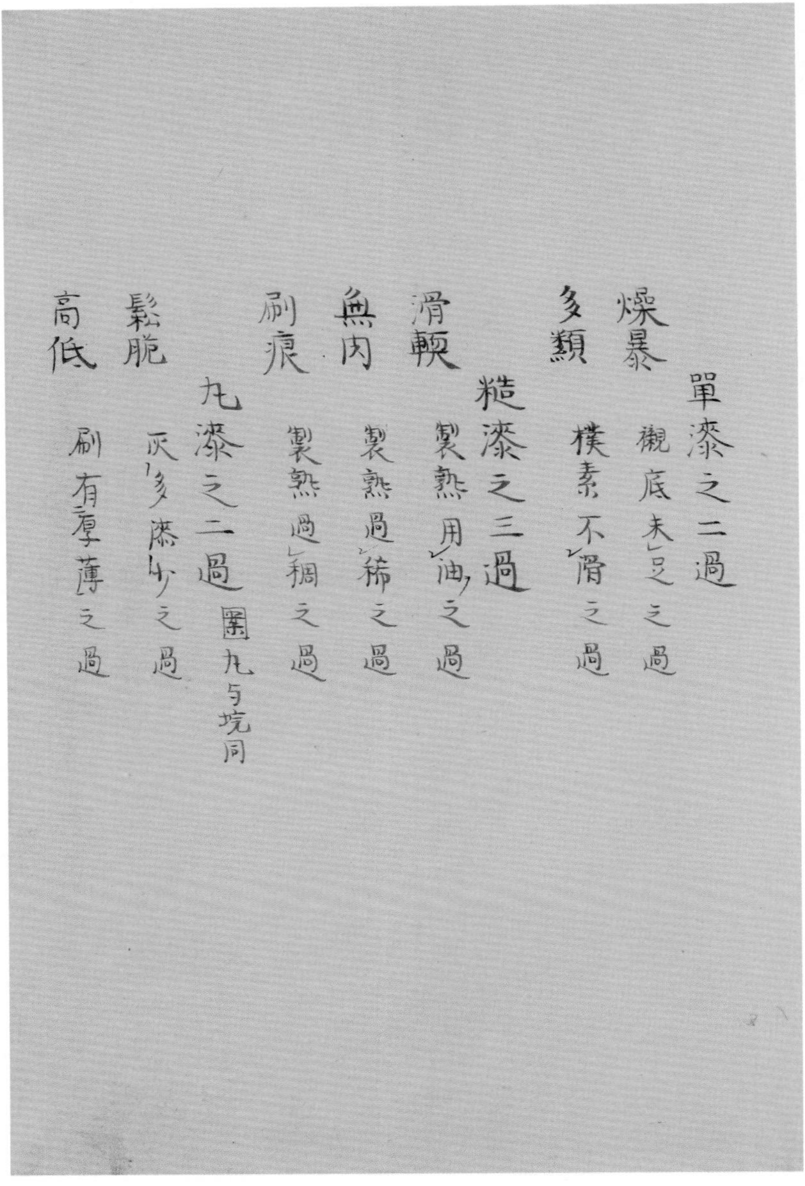
單漆之二過

燥暴　襯底未足之過

多類　樸素不滑之過

糙漆之三過

滑軟　製熟用油之過

魚肉　製熟過稀之過

刷痕　製熟過稠之過

九漆之二過　圖九与垸同

鬆脆　灰多漆少之過

高低　刷有厚薄之過

布漆之二過

邪尾　貼布有急緩之過

浮起　粘貼不均之過

捎當之二過

鹽惡　質料多漆少之過

瘦陷　未乾固輙垸之過

補綴之二過

愈毀　無尚古之意之過

不當　不試看其色之過

髹飾録乾集終

髹飾録坤集

平沙　黄成　大成　著

西塘　揚明　清仲　註

凡髹器質爲陰文爲陽文亦有陰陽描飾爲陽描寫以漆漆木汁也木所生者火而其象凸故爲陽雕飾爲陰雕鏤以刀刀黑金也金所生者水而其象凹故爲陰此以各飾衆文皆然矣今分類擧事而列于此以爲坤集坤所以化生萬物而質體文飾乃工巧之育長也坤德至哉

○説文曰漆本作桼木汁可以髹桼物其字象水滴而下之形也

○易經坤卦彖曰至哉坤元萬物資生乃順承天

質色第三　紙素無文者屬陰以爲質者列在于此

黑髹　一名烏漆　一名玄漆　圖一名皂漆　晉書輿服志曰皂輪車但皂漆輪轂上加青油

即黑漆也正黑光澤爲佳揩光要黑玉退光要（是乎房中）

圖揩光乃光漆也類纂要亦言揩光△遵生八牋曰書底光黑漆△事林廣記曰畫匣外漆以黑光又琴経有出光之法　文房器具箋曰研匣退光漆者爲佳又云墨匣黑退光漆亦佳

烏木

熟漆不良糙漆不厚細灰不用黑料則紫黑若古器以透明紫色爲美揩光欲黳滑光瑩退光欲敦朴古色近來揩光有澤漆之法其光滑殊爲可愛矣

書経曰盧弓一盧矢百左傳曰旅弓矢千杜注黑弓也揚子作彤弓驢矢△集韻黸黑甚也　黸与旅同説文曰黑色也盧黸同

朱髹　一名硃紅漆　一名丹漆　圖一名紅漆又赤漆

即朱漆也鮮紅明亮爲佳揩光者其色如珊瑚　（吳子曰掩以朱漆△居家必備曰用硃漆漆之）

退光者朴雅又有矬紅漆甚不貴

髹之春暖夏熱其色紅亮秋涼其色殷紅冬寒乃不可又其明暗在膏漆銀朱調和之增減也

倭漆竊丹帯黃又用丹砂者暗且帯黃如用絳礬顏色愈暗矣

(一)前漢書外戚傳註曰髹或作髤今關西俗云黑髹盤朱髹盤

(二)南史蔡道恭傳曰用四石烏漆大弓　燕翼貽謀曰未仕者烏漆素鞍

(三)元史祭祀志曰匱趺並用玄漆　杜氏通典同　圖玄揮

(六)玄甲皆漆色也

(七)清秘藏曰琴漆光退盡黯黯如海舶所貨烏木者爲古

圖抱朴子曰石芝黑者如澤漆　物異而字義相似

(日)見于前黑髹之下

(目)救急方曰治白禿瘡以破碗硃紅漆器剔取漆碎燒灰油調傳之△大明會典曰朱紅漆柳箱　硃朱通用

(目)新語曰飾以丹漆△說苑曰丹漆不文

(四)遵生八牋曰有金邊紅漆三替撞盒△三才圖會曰黃蓋今制絳漆直柄　三礼圖亦漆者曰彤弓

(因)續字彙補曰晃竊古浅字竊丹浅赤也

三礼圖曰後人鄭云黃彝謂黃目以黃金為目郊特牲曰黃目鬱氣之上尊也黃者中也目者氣之清明者也言酌於中而清明於外也其彝与舟並以金漆通漆[楷]擬此見之則所謂金漆即黃漆又有金漆樹与之不同

黃髹　一名金漆。

即黃漆也鮮明光滑為佳揩光亦好不宜退光

夢溪筆談曰小木器以色綫木為之如黃漆園黃門黃閣皆言漆色

共帶紅者美帶青者惡

色如蒸粟為佳帶紅者用雞冠雄黃故好帶青者用薑黃故不可

增　一名青漆　南史曰武帝興光樓上施青漆世人謂之青樓

綠髹　一名綠沉漆

魏武帝令內中婦曾置嚴具綠漆甚華好

即綠漆也其色有淺深總欲沉揩光者忌見金星用合粉者甚卑

考工記弓人合絲欲沉註如在水中時色圜綠沉言光澤鮮明

明漆不美則色暗揩光見金星者料末不精細也臭黃韶粉相和則変為綠謂之合粉綠劣于漆綠大遠矣

一　春明退朝錄曰綠髹器始於王冀公家祥符天禧中每為會即盛陳之然制衣自江南頗質朴慶暦後漸中始造盛行於時

二　筆經曰近有人以綠沉漆竹管及鏤管[楷]綠沉弓綠沉槍比白言漆色也

紫髹　一名紫漆

寄園寄所寄曰已有紫漆棺而丹漆書其前方漆凸起木上炯々　出于耳談

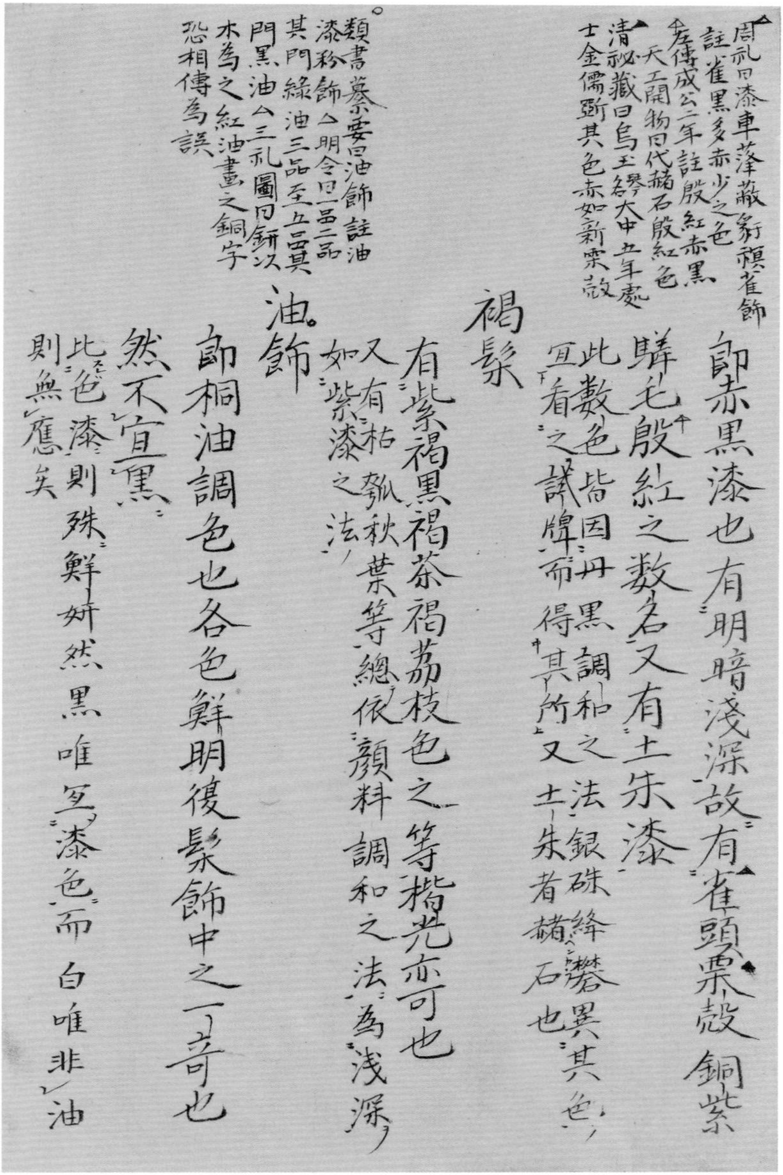

周礼曰漆車藩蔽䄅複雀飾
註雀黑多赤少之色
左傳成公二年註殷紅赤黑
天工開物曰代赭石殷紅色
清秘藏曰烏玉絛大中五年處
士金儒斲其色赤如新栗殻

即赤黒漆也有明暗浅深故有雀頭栗殻銅紫
騂毛殷紅之數名又有土朱漆
此數色皆因丹黑調和之法銀硃絳礬異其色
宜看之試牌而得其所又土朱者赭石也

褐髹

有紫褐黑褐茶褐荔枝色之等揩光亦可也
又有枯瓠秋葉等總依顔料調和之法為浅深
如紫漆之法

類書纂要曰油飾註油
漆稱飾△明令曰一品二品
其門緑油三品至五品其
門黒油△三礼圖曰飾以
木為之紅油畫之銅字
恐相傳為誤

油飾

即桐油調色也各色鮮明復髹飾中之一奇也
然不宜黒
此色漆則殊鮮妍然黒唯宜漆色而白唯非油
則無應矣

日弘簡錄曰百濟上金髹鎧
目士被以從甲光炫日
目三才圖會曰椅今制木胎
渾金飾之
目七種類藁曰古有貼金而無
描金洒金

金髹 一名渾金漆

即貼金漆也無癜斑為美又有泥金漆不浮光

目大明會典紫方傘柄及貼金木葫蘆

又有貼銀者易黴黑也黃糙宜于新黑糙宜于古

黃糙宜于新器者養益金色故也黑糙宜于古器者其金處處摩殘成黑斑以為雅賞也癜斑二見于貼金之下

紋䰉第四 䰉面為細紋屬陽者列在于此

刷絲

園洞天清錄所謂歙硯刷絲如髮密亦象形命名如此

即刷跡紋也纖細分明為妙色漆者大好

其紋如機上經縷為佳用色漆為難故黑漆刷絲上用色漆擦被以假色漆刷絲殊拙其器良

又至色漆摩脱見黒纓
而文理分明稍似巧也

○圜其様循宋鮑照詩曰
清潭圓翠會花傳縁
綺紋然矣

綺紋刷絲
紋有流水洄淵連山波疊雲石皺龍蛇鱗等用
色漆者亦奇
龍蛇鱗者二物之名又有雲頭而脚雲波相接
浪淘沙等

圜刻絲作元織物之名
此物法之

刻絲花
五彩花文如刺絲花色地紋共織細為妙
刷跡作花文如紅花黄果緑葉黒枝之類其地
或纖刷絲或細蓓蕾其色或紫或褐華彩可愛

圜蓓蕾始華也張氏
醫通傷寒舌上生紅
點名紅蓓蕾琴經以
漆纇為蓓蕾共言細
點又有粗者如小瘡濃
疱謂之蓓蕾

蓓蕾漆
有細粗細者如飦糝粗者如粒米故有穠花淪漪

海石皺之名彩漆亦可用
蓓蕾其文簇簇纈花其文攢攢淪漪其文鱗鱗
海石皺其文磊磊　罩漆如水之清故屬陰其透徹底色
罩明第五　明于外者列在于此
罩朱髹　一名赤底漆　○圜底讀如琴經言玉徽並蚌徽須光
用膠粉為底之底後倣此
即赤糙罩漆也明徹紫滑為良揩光者佳絶
揩光者似易成却太難矣諸罩漆之巧吏難得
耳
罩黄髹　一名黄底漆
即黄糙罩漆也糙色正黄罩漆透明為好
赤底罩厚為佳　○老学庵筆記曰元豐中王荊公居半山好
黄底罩薄為佳　觀佛書每以故金漆版書圜文獻通考
罩金髹　一名金漆　曰金漆竹檜者恐此物

即金底漆也光明瑩徹爲巧濃淡點暈爲拙又
有泥金罩漆斂朴可賞
金薄有數品其次者用假金薄或銀薄泥金罩
漆之次者用泥銀或錫末皆出于後世之省略
耳濃淡點暈見
于罩漆之二過
灑金（一）一名砂金漆
即撒金也麩片有細麁麤擦敷有疎密罩髹有濃
淡又有斑酒（洒）金（二）其文雲氣漂霞（三）遠山連錢等又
有用麩銀者又有揩光者光瑩眩目
近有用金銀薄飛片（四）者甚多謂之假酒金又有
用錫屑者又有色糙者共下品也
描飾第十八稠漆寫起於文爲陽者列在于此

（一）大明會典曰灑金文臺
日本貢物又灑金手箱
（二）遵生八牋曰如効砂金倭
金胎軒漆滑
（三）同曰有漂霞砂金蜔嵌
推漆等製衣
（四）帝城景物略曰蔣用
飛金片點徧薄模糊
耳園蔣氏名回々

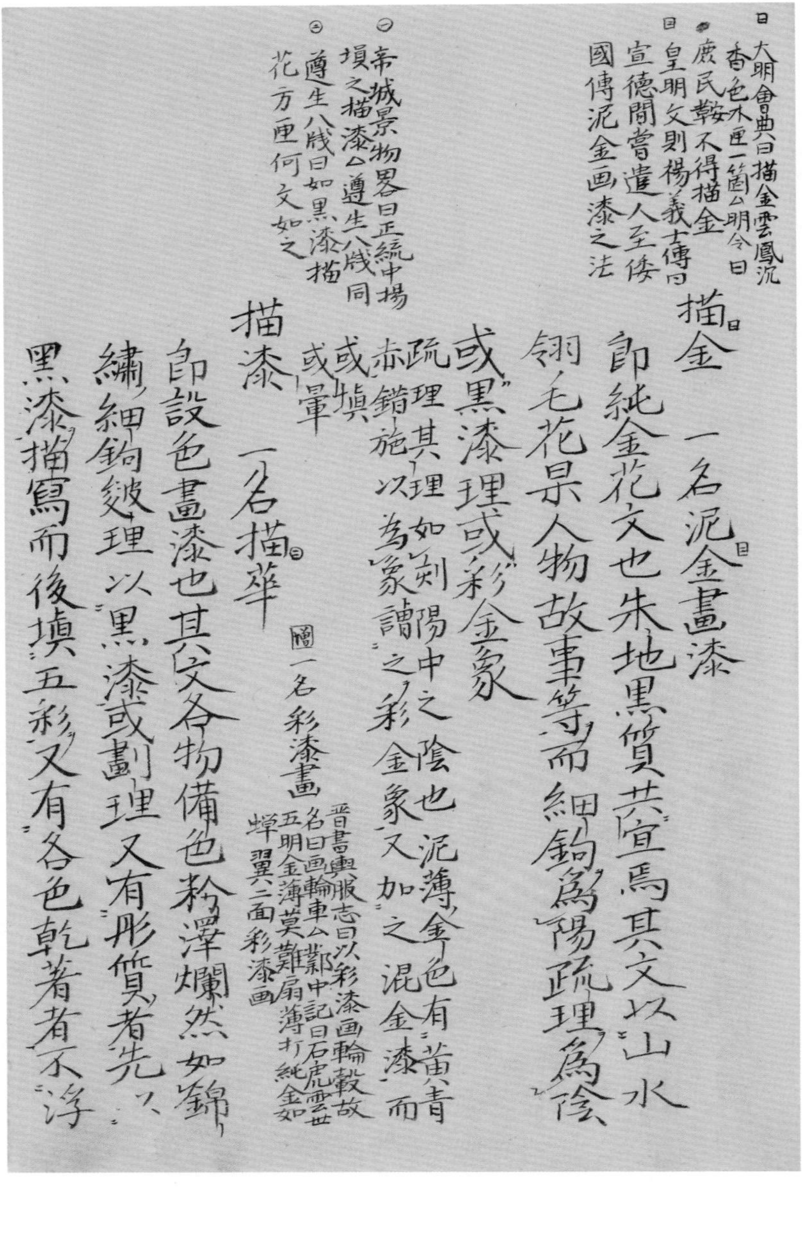

日 大明會典曰描金雲鳳沉香色木匣一箇ム明今日

庶民鞍不得描金

日 皇明文則楊義士傳曰宣德間嘗遣人至倭國傳泥金画漆之法

描金 一名泥金畫漆

即純金花文也朱地黒質共宜焉其文以山水翎毛花果人物故事等而細鉤爲陽疏理爲陰或黒漆理或彩金象

疏理其理如刻陽中之陰也 泥薄金色有黄青赤錯施以為象謂之彩金象又加之混金漆而或填或暈

(一) 帝城景物畧曰正統中楊塤之描漆ム遵生八牋同

(二) 遵生八牋曰如黒漆描花方匣何文如之

描漆 一名描華

圖一名彩漆畫

晋書輿服志曰以彩漆画輪轂故名曰画輪車ム鄴中記曰石虎雲母五明金薄莫難扇薄打純金如蟬翼二面彩漆画

即設色畫漆也其文各物備色粉澤爛然如錦繡細鉤皴理以黒漆或劃理又有形質者先以黒漆描寫而後填五彩又有各色乾著者不浮

光以二色相接為暈處多為巧

若人面及白花白羽毛用粉油也填五彩者亦宜黑質其外恒朦朧不可辨故曰形質又乾若先漆象而後傳色料比濕漆設色則殊雅也金鉤者見于斒斕門

漆畫

即古昔之文飾而多是純色畫也又有施丹青而如畫家所謂沒骨者古飾所一變也

今之描漆家不敢作近有朱質朱文黑質黑文者亦朴雅也

○三禮圖曰蜃尊漆尊畫為蜃形概尊漆尊以朱帶者酒壺有畫飾爵畫赤雲氣瓶畫青雲氣概畫青雲氣蔓若華飾○右今省出于此依本書而可考

風俗通曰婦人始嫁作漆畫屐○東宮旧事曰太子納妃有漆畫手巾薰籠

描油

描油 一名描錦 增 一名油畫

三禮圖曰洗其外油畫水文菱花及魚以飾之又曰雞彝此舟漆赤中唯局足內青油畫雞為飾

即油色繪飾也其文飛禽走獸昆蟲百花雲霞人物一一無不備天真之色其理或黑或金或

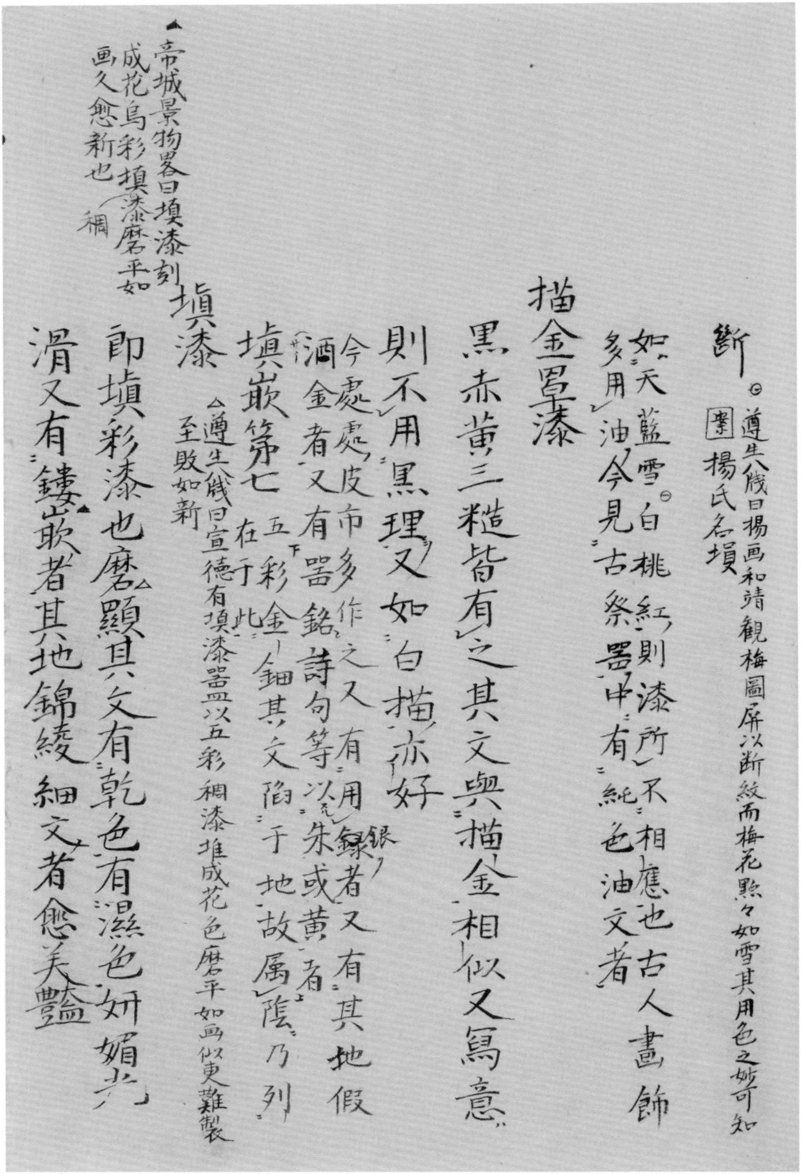
斷 ⊖遵生八牋曰揚画和靖觀梅圖屏以斷紋而梅花點々如雪其用色之妙可知
〔業〕楊氏名塤
如天藍雪⊖白桃紅則漆所不相應也古人畫飾
多用油今見古祭器中有純色油文者
描金罩漆
黑赤黃三糙皆有之其文與描金相似又冩意
則不用黑理又如白描亦好
今處處皮市多作之又有用銀綠者又有其地假
灑金者又有器銘詩句等以朱或黃者
填嵌第七 五彩金鈿其文陷于地故屬陰乃列在于此
填漆 △遵生八牋曰宣德有填漆器皿以五彩稠漆堆成花色磨平如画似更難製
至敗如新
△帝城景物略曰填漆刻成花鳥彩填漆磨平如
画久愈新也 稠
即填彩漆也磨顯其文有乾色有濕色妍媚光
滑又有鏤嵌者其地錦綾細文者愈美艷

磨顯塡漆。魏前設文。鏤嵌塡漆。魏後設文。濕色重暈者為妙。又一種有黒質紅細文者。其文異禽怪獸而界郭空間之處。皆為羅文細條縠縐粟斑疊雲藻蔓通天花兒等。紋甚精緻。其制原出于南方也。

綺紋塡漆

即塡刷紋也。其刷紋黒。而間隙或朱或黄或緑或紫或褐。又文質之色互相反亦可也

有加圓花文。或天寶海珍圖者。又有刻絲塡漆與前之刻絲花可互考矣

○說文曰彰文章也字彙曰鳥獸羽毛之文

彰髹

即斑文塡漆也。有疊雲斑。豆斑。粟斑。蓓蕾斑。暈眼斑。花點斑。穠花斑。青苔斑。雨點斑。彪斑玉篇曰虎文也。虎斑廣韵曰青与赤雜也

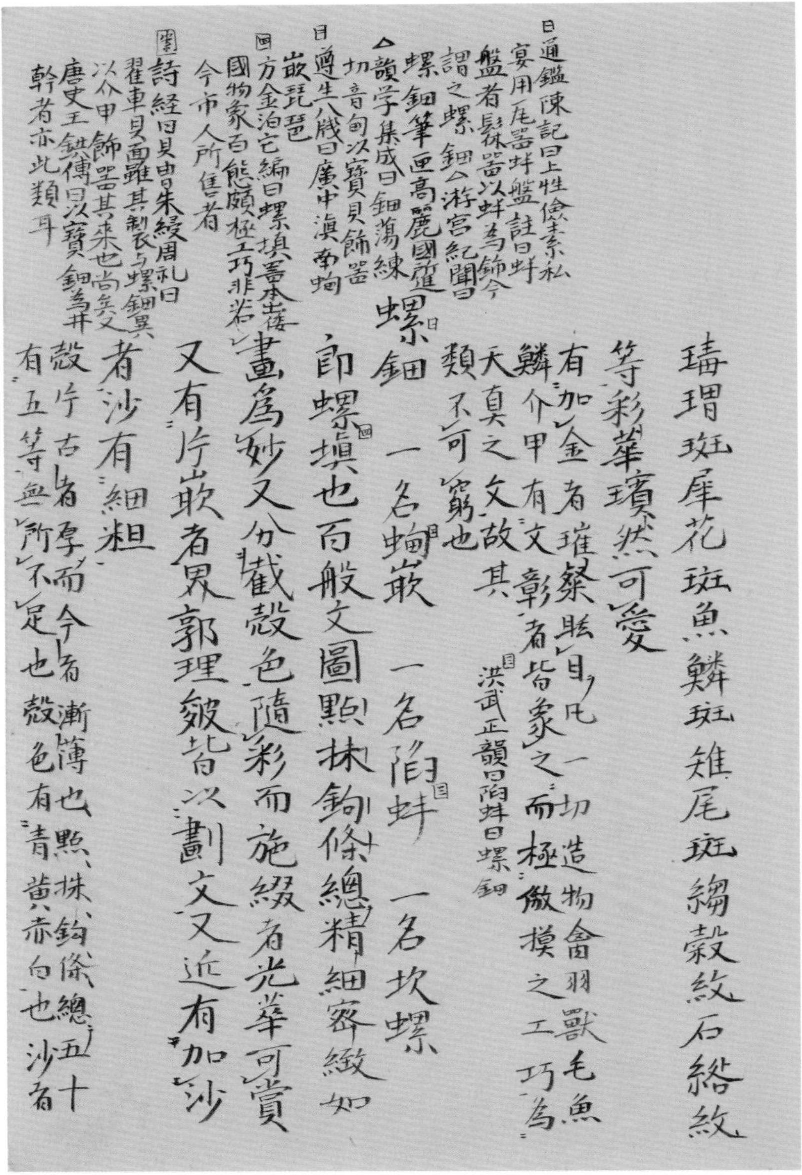
瑇瑁斑犀花斑魚鱗斑雉尾斑綯縠紋石絡紋
等彩華瓌然可愛
有加金者璀粲眩目凡一切造物禽羽獸毛魚
鱗介甲有文彰者皆象之而極微模之工巧爲
天真之文故其　洪武正韻曰陷蚌曰螺鈿
類不可窮也
螺鈿　一名蜔嵌　一名陷蚌　一名坎螺
即螺填也百般文圖點抹鉤條總精細密緻如
畫爲妙又分截殼色隨彩而施綴者光華可賞
又有片嵌者界郭理皴皆以劃文又近有加沙
者沙有細粗
殼片古者厚而今者漸薄也點抹鉤條總五十
有五等無所不足也殼色有青黃赤白也沙者

通鑑陳記曰上性儉素私宴用瓦器蚌盤註曰蚌盤者髹器以蚌為飾今謂之螺鈿
△游宦紀聞曰螺鈿筆匣高麗國進
△韻学集成曰鈿蕩練切音甸以寶貝飾器
遵生八牋曰廣中漁南蜔嵌琵琶
方金泊它編曰螺填書本出倭國物象百態頗極工巧非若今市人所售者
詩経曰貝冑朱綅周礼曰翟車貝面雖其制衣与螺鈿異以介甲飾器其来也尚矣又唐史王鉷傳曰以寶貝鈿為井幹者亦此類耳

皴唇分粗中細或為樹下苔蘚或為石面皴文或為山頭霞氣或為汀上細沙頭唇極粗者以為氷裂文或石皴亦用凡沙与極薄片宜磨頭揩光其色熠熠共不宜朱質矣

○琴經曰蚌徽須先用膠粉為底庶得嵌徽不黑

襯色蜔嵌

即色底螺鈿也其文宜花鳥草蟲各色瑩徹煥然如佛郎嵌又加金銀襯者儼似嵌金銀片子琴徽用之亦好矣

此製多片嵌劃理也

○遵生八牋曰金銀片嵌光頂圖盒又云嵌金銀片子酒盤

嵌金

圖三代有金銀片嵌絲嵌昂彝而後做之此製恐原于此宋史曰蜀中雷氏琴最上者三徽次金嵌徽次螺蚌徽其金嵌徽者即所謂嵌金也

嵌銀

嵌金銀

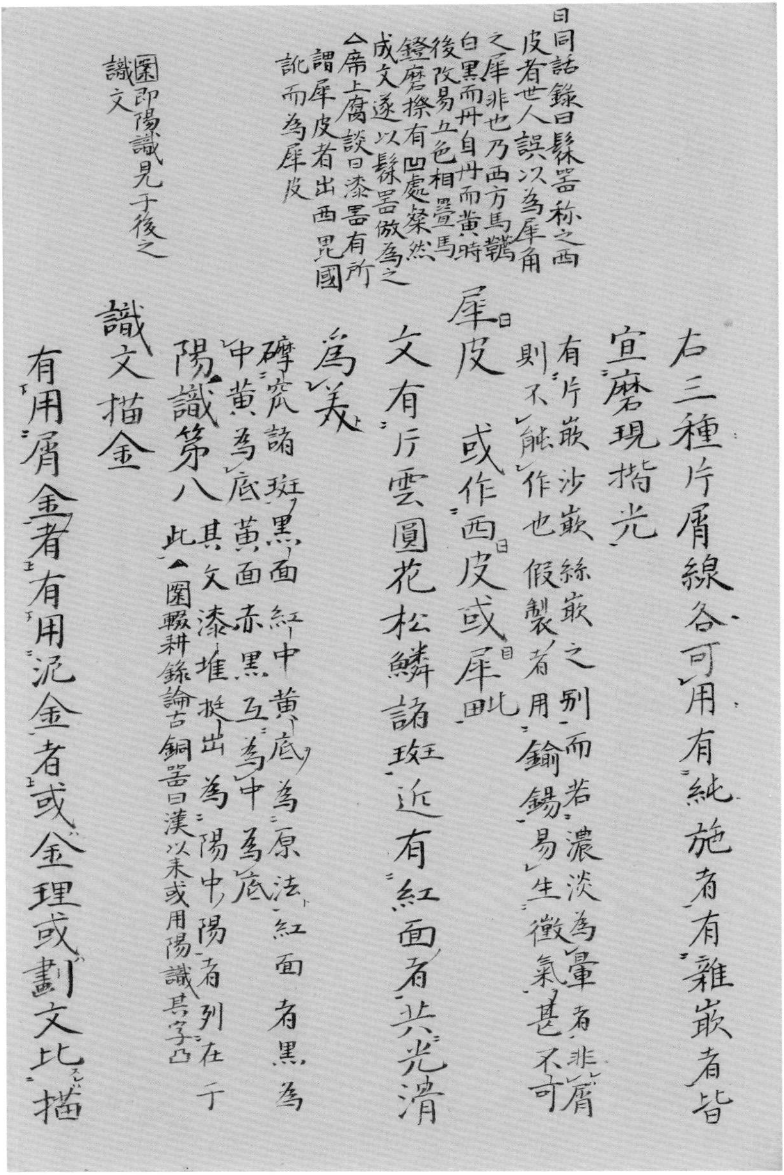

右三種片屑線各可用有純施者有雜嵌者皆
宜磨現揩光
有片嵌沙嵌絲嵌之別而若濃淡為暈者非屑
則不能作也假製者用鍮錫易生黴氣甚不可
犀皮 或作西皮或犀毗
曰同話錄曰髹器稱之西
皮者世人誤以為犀角
之犀非也乃西方馬韉
自黑而丹自丹而黃時
後改易五色相疊馬
鐙磨擦有凹處粲然
成文遂以髹器倣為之
席上腐談曰漆器有所
謂犀皮者出西毘國
訛而為犀皮
文有片雲圓花松鱗諸斑近有紅面者共光滑
為美
磨窊諸斑黑面紅中黃底為原法紅面者黑為
中黃為底黃面赤黑互為中為底
陽識第八 此其文漆堆挺出為陽中陽者列在于
園輟耕錄論古銅器曰漢以未或用陽識其字凸
識文描金
園即陽識見于後之
識文
有用屑金者有用泥金者或金理或劃文比描

金則尤為精巧

傳金屑者貴焉倭製殊妙

黑理者為下底

識文描漆

其著色或合漆寫起或色料擦抹其理文或金

或黑或劃

各色乾傳末金

理文者為最

○園品字箋曰揸刺也北地以刺繡為揸花此製象之

揸花漆

其文儼如繡綉為妙其質諸色皆宜焉

其地紅則其文去紅或淺深別之他色亦然矣

理鈎皆綵間露地色細齊為巧或以鎗金亦任

△遵生八牋曰堆漆製以新安方信川為佳○帝城景物畧同

堆漆

其文以苹藻香草靈芝雲鉤絲環之類漆淫泆不起立延引而侵界者不足觀又各色重層者堪愛金銀地者愈華

▲五車韻瑞曰前輩詩云規圓方竹杖漆却斷紋琴

寫起識文質與文互異其色也淫泆延引則須漆却焉複色者要如剔犀共不用理鉤以與他之文為異也淫泆侵界見于描寫四過之下淫侵

識文。

○史記封禪書註識猶表識○游宦紀聞曰識是挺出者

有平起有線起其色有通黑有通朱共文際忌為連珠

平起者用隱理線起者陽文耳堆漆以漆寫起識文以灰堆起堆漆文質異色識文花地純色以為殊別也連珠見于匏漆六過之下

〇史記索隱注曰白金三品其一龍文隱起肉好皆圓其二肉好皆方隱起馬形其三肉圜好方皆為隱起龜甲文

堆起第九 其文高低灰起加彫琢陽中有陰者列在于此

隱起描金。

其文各物之高低做天質灰起而稜角圓滑為妙用金屑為上泥金次之其理或金或刻 屑金文刻理為最上泥金象金理次之黑漆理叅不好故不載焉又漆凍模脫者似巧無活意

隱起描漆

設色有乾濕二種理鉤有金黑刻三等 乾色泥金理者有清雅濕色黑理者妍媚刻理者近俗

隱起描油

其文同隱起描漆而用油色耳

五綵間色無所不備故比隱起描漆則最美黑
理鈎亦不甚皁
彫剣為隱現陰中有陽者列在于此

雕鏤第十 ㈡遵生八戕曰宋人彫紅漆器 [增] 一名珠彫 ㈠遵生八戕曰珠彫茶壹豪亦可 續字彙補曰珠与朱通

剔紅

即彫㈡紅漆也髹層之厚薄朱色之明暗彫鏤之
精粗大甚有巧拙唐制多印板刻平錦朱色彫
法古拙可賞復有陷地黃錦者宋元之制藏鋒㈢
清楚隱起圓滑纖細精緻又有無錦紋者共有
象旁刀跡見黑綫者極精巧又有黃錦者黃地㈣
者次之又礬胎者㈤不堪用
唐制如上說而刀法快利非後人所能及陷地
黃錦者其錦多似細鈎雲與宋元以來之剔法

○格古要論曰剔紅器皿無新旧但看硃厚色鮮紅潤堅重者為好

㈢遵生八戕剔紅下曰有蔵地者紅花黃地二色炫観[閑]蔵地即黃地以色名耳 格古要論曰若黃地子剔山水人物及花木飛走者雖用工細巧容易脫起

㈣同剔紅下曰雲南以此為業奈用刀不善藏鋒

㈤同曰有偽造者礬朱堆起彫鏤以朱漆益覆二次

大異也藏鋒清楚運刀之通法隱起圖滑壓花之刀法纖細精緻錦紋之剣法自宋元至國朝皆用此法古人積造之器剔跡之紅間露黑線一二帯一線者或在上或在下重線者其間相去或狹或闊無定法所以家家爲記也黄綿黄地亦可賞犛胎者犛朱重漆以銀朱爲面故剔跡殷暗也又近琉球國産精巧而鮮紅然而工趣去古甚遠矣

○遵生八牋曰宋人彫紅漆器如宮中用盒多以金銀爲胎以朱漆厚堆至數十層始刻人物樓臺花草等像刀法之工彫鏤之巧儼若畫圖仝格古要論曰宋朝内府中物多是金銀作素

⊜遵生八牋剔紅下曰有錫胎者

金銀胎剔紅 ⊖

宋内府中器有金胎銀胎者近日有鍮胎錫胎⊜者卽所假倣也金銀胎多文間見其胎也漆地剣錦者不漆器内又通漆者上掌則太重鍮錫胎者多通漆又有磁胎者布漆胎者共非宋制也

剔黄

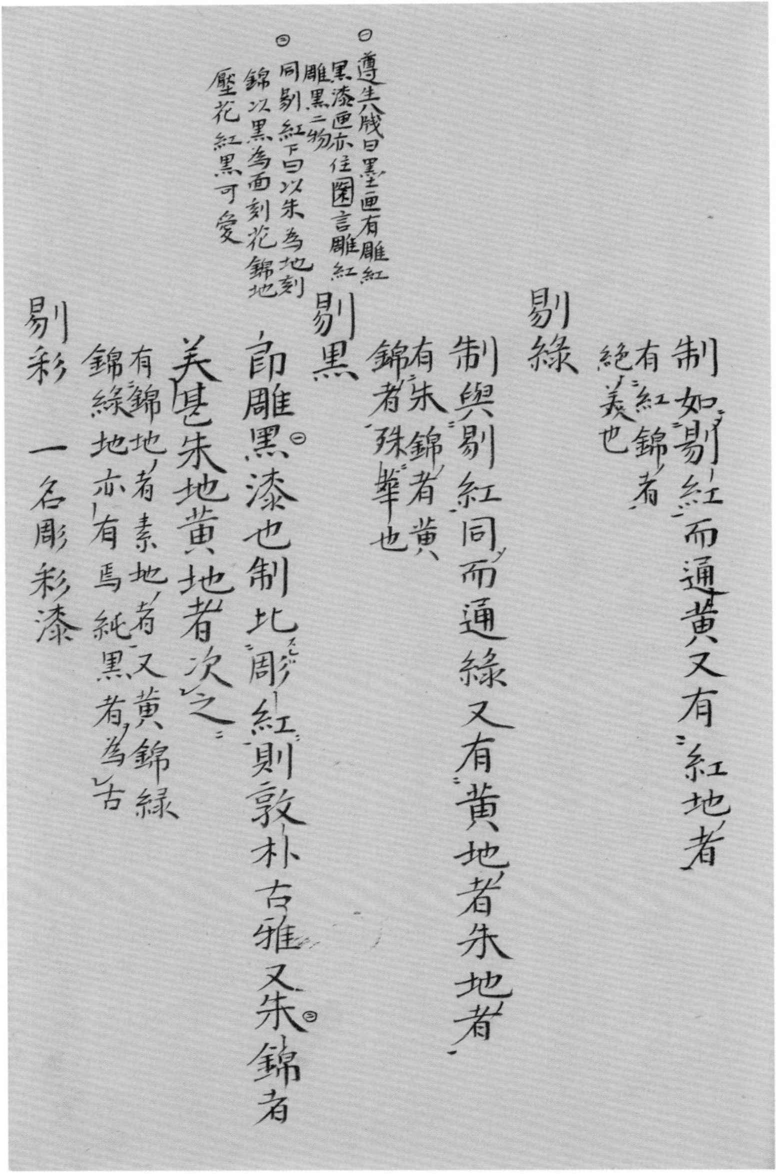

制如剔紅而通黃又有紅地者有紅錦者絶美也

剔綠

制與剔紅同而通綠又有黃地者朱地者有朱錦者黃錦者殊華也

剔黑

即雕黑㊀漆也制比彫紅則敦朴古雅又朱㊁錦者美甚朱地黃地者次之有錦地者素地者又黃錦綠錦綠地亦有焉純黑者為古

㊀遵生八牋曰黑之畫有雕紅黑漆畫亦佳圜言雕紅雕黑二物

㊁同剔紅下曰以朱為地刻錦以黑為面刻花錦地壓花紅黑可愛

剔彩 一名彫彩漆

遵生八牋曰有用五色漆胎刻法深浅随粧露色如紅花緑葉黄心黑石之類奪目可觀傳世甚

有重色彫漆有堆色彫漆如紅花緑葉紫枝黄杲彩雲黑石及輕重雷文之類絢豔恍目

圖博古圖有漢輕重雷紋豆其文可見

重色者繁文素地堆色者疎文錦地爲常但其地不用黄黑二色之外侵奪厭花之光彩故也

重色俗曰横色

堆色俗曰竪色

複色雕漆

有朱面有黑面共多黄地子而鏤錦紋者少矣髹法同剔犀而錯緑色爲異彫法同剔彩而不露色爲異也

格古要論曰假剔紅用灰團起外用硃漆漆之故曰堆紅又曰罩紅圜以灰堆起故堆紅罩籠也以朱漆包籠也

堆紅 一名罩紅 增 一名假剔紅

即假彫紅也灰漆堆起朱漆罩覆故有其名又有木胎彫刻者工巧愈遠矣

有灰起刀剜者有漆凍脫印者

堆綵

即假彫綵也制如堆紅而罩以五綵爲異

今有飾黒質以各色凍子隱起團堆杇頭印劃不加一刀之彫鏤者又有花様錦紋脫印成者俱名堆錦亦此類也

○格古要論曰古剔犀器皿以滑地紫犀爲貴如膠棗色俗謂之棗兒犀福州舊做者色黃滑地圓花兒者謂之福犀

香祖筆記曰滑地紫犀元時禾郡西塘楊滙所作

圏稗史類編曰今之黒朱漆而刻畫而爲之以作器皿名曰犀皮意海犀之皮必不如是△演繁露曰今世用朱黃黒三色漆沓冒而彫刻令其文層見疊出名犀皮与虎刺同此二事而改彫刻設文爲犀皮者即剔犀皮也

剔犀○

圏剔犀即剔犀皮之畧語

有朱面有黒面有透明紫面或烏間朱線或紅間黒帶或彫驢等複或三色更疊其文皆疏刻劒鐶絛環重圏回文雲鉤之類純朱者不好

此制原於錐毗而極巧致精複色多且厚用款刻故名三色更疊言朱黃黒錯重也用緣角者非

古製剔法有仰瓦有峻深

○格古要論剔犀下曰底如仰瓦光澤又曰有剔深峻者

其文飛走花果人物百象有隱現爲佳殼色五彩自備光耀射目圓滑精細沉重緊密爲妙

殼色鈿螺玉珧老蚌等之殼也圓滑精細乃刻法也沉重緊密乃嵌法也

鐫蜔

○遵生八牋曰如蜔殼鐫刻觀音普陀坐像山水樹石硯若蔗絲白描

㊁皁氏藻林曰以蛤骨飾弓曰桃園是亦類耳詳于尓雅註疏

款彩

○史記封禪書註曰款刻也○游宦紀聞曰款謂陰字是凹入者刻畫成之

有漆色者有油色者漆色宜乾填油色宜粉襯用金銀爲絢者倩盼之美愈成焉又有各色純用者又有金銀純雜者

陰刻文圖如本之印板而陷衆色故名然各色純填者不可謂之彩各以其色命名而可也

鎗劃第十一 細鏤嵌色於文爲陰中陰者列在于此

鎗金 鎗或作戧或作創㊀ 一名鏤金㊁

鎗銀㊂ 朱地黑質共可飾細鉤纖皴運刀要流暢而忌結節物象細鉤之間一一劃刷絲爲妙又有用銀者謂之鎗銀

宜朱黑二質他色多不可其文陷以金薄或泥金用銀者宜黑漆但一時之美久則殽暗余聞見宋元之諸器希有重漆劃花者戧跡露金胎或銀胎文圖燦爛分明也鎗金銀之制蓋原于此矣結節見于鎗劃二過下

㊀輟耕錄曰鎗金鎗銀法凡器用什物先用黑漆爲地以針刻畫用新羅漆嵌所刻縫罅以金薄或銀薄 右省文

㊁大明會典曰朱紅戧金皮箱十五對

㊂小窗別紀曰遣取丹陽公主鏤金函枕圖王應麟玉海呂頌謝賜鏤金牙尺是雖非漆器其工趣相同

鎗彩

剡法如鎗金不劃絲嵌色如款彩不粉襯

又有純色者亘

以各色稱焉

斒斕第十二 金銀寶貝五彩斑斕者列在于此

二飾三飾可相適者 總所出於宋元名匠之新意而取

而錯施爲一飾也

○描金加彩漆

描金中加緑色者

金象色象

皆黒理也

描金加蚼

描金雜螺填者

螺象之處必（一作邉）

用金雙鉤也

●字彙曰斒斕色不純也

○遵生八牋曰倣効倭

器泥金描彩種々

克肖　右者文

描金加蚼錯彩漆

描金中加螺片與色漆者

金象以黑理，螺片与彩漆以金細鉤也

描金散沙金

描金中加洒金者

加洒金之處皆為金理鉤，倭人製金象亦為金理也

描金錯洒金加蚼

描金中加洒金與螺片者

金象以黑理，洒金及螺片皆金細鉤也

金理鉤描漆

其文金描漆爲金細鉤耳
又有爲金細鉤而後填五
彩者謂之金鉤填色描漆

描漆錯蚼

彩漆中加蚼片者
彩漆用黑理
螺象用劃理

金理鉤描漆加蚼

金細鉤描彩漆襍螺片者
五彩金細並施而爲
金象之處多黑理

金理鉤描油

金細鉤彩油飾者

又金細鉤填油色漬皴點亦有焉

金雙鉤螺鈿

嵌蚌象而金鉤其外匡者

朱黑二質共用蚌象皆劃理故曰雙鉤又有用
金細鉤者久而金理盡脫落故以劃理爲佳

填漆加蚼

填彩漆中錯蚌片者

又有嵌襯色
螺片者亦佳

填漆加蚼金銀片

綵漆與金銀片及螺片襍嵌者

又有加蚼與金有加蚼與銀
有加蚼與金銀隨製異其稱

○遵生八牋曰有金銀蚼嵌山水禽鳥倭几又曰香元面以金銀蚼嵌昭君圖箱甚

增 嵌銅線螺鈿
格古要論曰螺鈿或有嵌銅線者甚佳

螺鈿加金銀片 增 一名金銀蚼嵌。

嵌螺中加施金銀片子者

又或用蚼与金或用蚼与銀

又以錫片代銀者不耐久也

襯色螺鈿　見于填嵌第七之下

鎗金細鉤描漆

同金理鉤描漆而理鉤有陰陽之別耳又有獨色象者

獨色象者如朱地黑文黑地黄文之類各色互用焉

鎗金細鉤填漆

與鎗金鉤描漆相似而光澤滑美

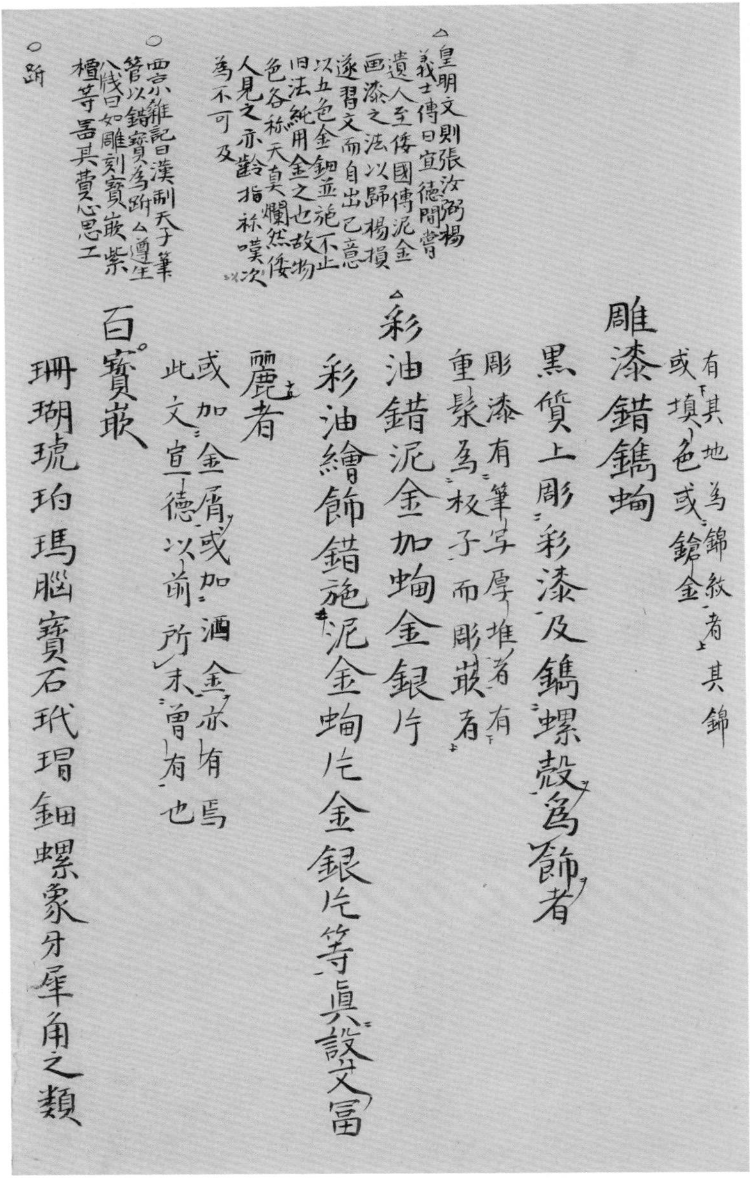
有其地爲錦紋者其錦
或填色或鎗金
雕漆錯鐫蚌
黑質上彫彩漆及鐫螺殼爲飾者
彫漆有筆写厚堆者有
重髹爲板子而彫嵌者
△彩油錯泥金加蚌金銀片
彩油繪飾錯施泥金蚌片金銀片等眞設文富
麗者
或加金屑或加洒金亦有焉
此文宣德以前所未曾有也
△皇明文則張汝弼楊義士傳曰宣德間嘗遣人至倭國傳泥金畫漆之法以歸楊損遂習文而自出己意以五色金鈿並施不止旧法純用金之也故物色各称天眞爛然倭人見之亦齡指称嘆以次以爲不可及
百寳嵌
珊瑚琥珀瑪瑙寳石玳瑁鈿螺象牙犀角之類
○西京雜記曰漢制天子筆管以錯寳爲跗ム遵生八牋曰如雕刻寳嵌紫檀等器具費心思工
○跗

與彩漆板子錯襍而鐫刻厢嵌者貴甚有隱起者有平頂者又近日加窰花燒色代玉石亦一奇也

複飾第十三　二美其質而華其文者列在于此即飾重施也復宋元至國初皆巧工所述作也

○玉篇曰複重衣也

洒金地諸飾

金理鉤螺鈿　描金加蚼　金理鉤描漆加蚌

金理鉤描漆　識文描金　識文描漆

嵌鐫螺　彫彩錯鐫螺　隱起描金

隱起描漆　彫漆

所列諸飾皆宜洒金地而不宜平写款戧之文沙金地亦然焉今人多假洒金上設平写描金

或描漆皆假於此製也

細斑地諸飾

識文描漆　識文描金　識文描金加蚼

彫漆　嵌鐫螺　彫彩錯鐫螺

隱起描金　隱起描漆　金理鉤嵌蚌

戧金鉤描漆　獨色象鎗金

所列諸飾皆宜細斑地而其斑黑綠紅黃紫褐而質色亦然乃六色互用又有二色三色錯雜者又有質斑同色以淺深分者總揩光填色也

綺紋地諸飾

壓文同細斑地諸飾

即綺紋填漆地也彩
色可与細斑地互考

羅紋地諸飾

識文劃理描漆　識文描金　揸花漆

隱起描金　隱起描漆　彫漆

有以羅為衣者有以漆細起者有以刀彫刻者
壓文皆宜陽識

錦紋鎗金地諸飾

嵌鑴螺　彫彩錯鑴蜔　餘同羅紋地諸飾

陰紋為質地陽文為壓花
其設文大文而大和也

紋間第十四　文質齊平即填嵌諸飾及鎗款互
錯施者列在于此

鎗金間犀皮

○格古要論曰鎗金人物景致用鑽攢空閑處故謂之攢犀

即攢犀也其文宜折枝花飛禽蜂蝶及天宝海珎圖之類

其間有磨斑者有鑽斑者

款彩間犀皮

似攢犀而其文款彩者

今謂之款文攢犀

嵌蚌間填漆

填漆間螺鈿

右二飾文間相反者文宜大花而間宜細錦

細錦復有細斑地綺紋地也

填蚌閒戧金

鈿花文鎗細錦者

此製文閒相反者不可故不錄焉

嵌金閒螺鈿

片嵌金花細填螺錦者

又有銀花者有金銀花者又有閒地沙蚌者

填漆閒沙蚌

閒沙有細粗疎密

其閒有重色眼子斑者

裹衣第十五 以物衣器而為質不用灰漆者列在于此

○居家必備曰備具画以輕
木為之外加皮包厚漆

皮衣

皮上糙麭二髹而成又加文飾用薄羊皮者稜
角接合處如無縫纖而漆面光滑又用縠紋皮
亦可也

用縠紋皮者不宜描飾唯色漆三層而磨平則
隨皮皺露色為斑紋光華且堅而可耐久矣

羅衣

罽羅目正方灰綫平直爲善羅與綫必異色又加
文飾

灰綫以灰漆壓罽之稜緣羅之邊端而為界域
者又加文飾者可與複飾第十三羅紋地諸飾
互攻又等複色數疊而磨
平為斑紋者不作綫亦可

紙衣

貼紙三四重不露胚胎之木理者佳而漆漏燥

或紙上毛茨爲纇者不堪用

是韋衣之簡製而襟次倭紙薄滑者好且不易敗也

單素第十六 榛器一髹而成者列在于此

單漆

有合色漆及髹色皆漆飾中尤簡易而便急也

底法不全者漆燥暴之也今固柱梁多用之

單油

總同單漆而用油色者樓門扉窗省工者用之

考證出于質色第三油飾

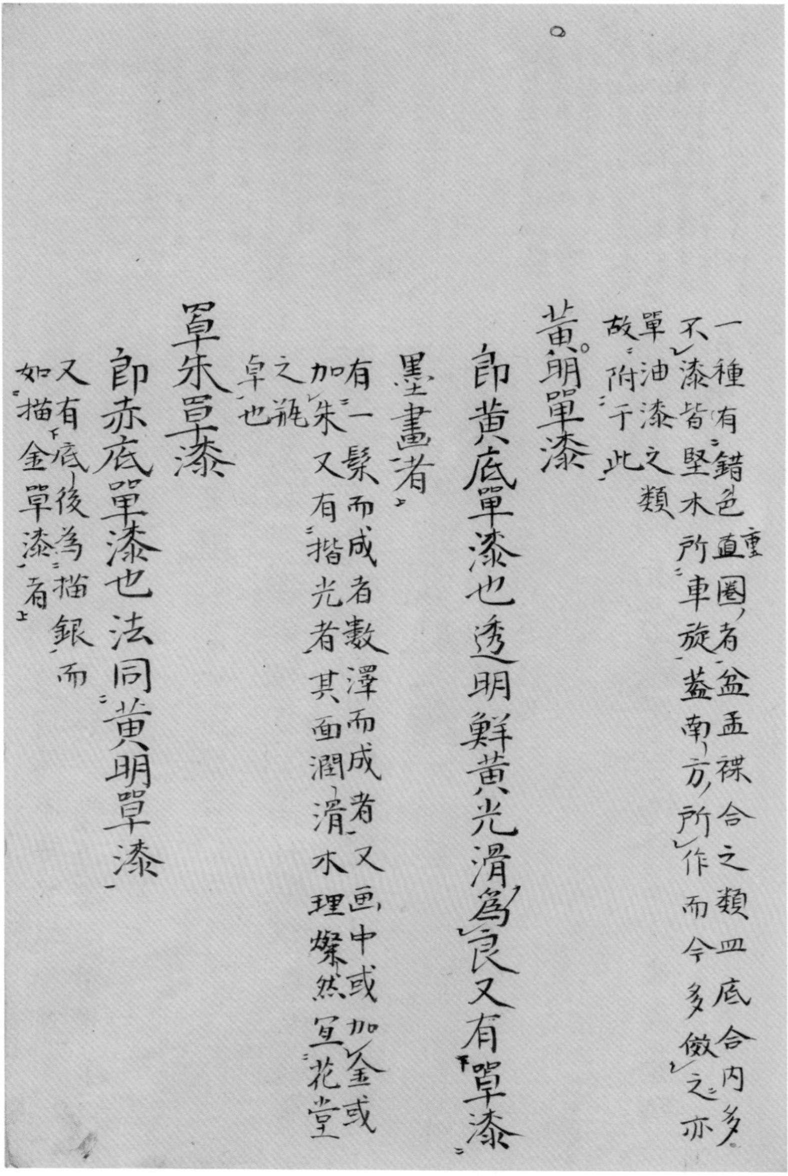

一種有錯色重圈者盆盂碟合之類皿底合內多
不漆皆堅木所車旋蓋南方所作而今多倣之亦
單油漆之類
故附于此

黃明單漆

即黃底單漆也透明鮮黃光滑爲良又有罩漆
墨畫者
有一髹而成者數澤而成者又畫中或加金或
加朱又有揩光者其面潤滑木理燦然宜花堂
之瓶
卓也

罩朱單漆

即赤底單漆也法同黃明單漆
又有底後爲描銀而
如描金罩漆者

○輟耕録曰凡造椀碟盤盂之屬其胎骨名曰棬素 △孟子正義曰棬屈木盂也 △四書蒙引曰杯棬即今杉杯也 △正通曰器皿杯棬樸曰素俗作榡

⊕月令廣義曰諸棄爛紙可浸瀼以製衣盆盎之類

日 輟耕録曰梓人以脫松劈成薄片於旋床上膠縫乾成名曰棬素

目 琴經曰凡合用上等生漆入黃明膠水調和挑起如綠細骨灰拌匀如錫然後塗於縫用繩縛定以木楔楔令緊縫上漆出隨手刮云

質法第十七 此門詳質法名目順次而列于此實足為法也 質乃器之骨肉不可不堅實也

棬榡。一名胎 一名器骨

方器有旋題者合題者圓器有屈木者車旋者皆要平正薄輕否則布灰不厚布灰不厚則其器易敗且有露脉之病

又有篾胎藤胎銅胎錫胎窰胎漆子胎布心紙胎重布胎各隨其法也

合縫日

兩板相合或面旁底足合為全器皆用法漆而加捎當

合縫粘者皆匾絛縛定以木楔令緊合而成器待乾而捎當焉

捎當

凡器物先刻劃縫會之處而法漆嵌之及通體生漆刷之候乾胎骨始固而加布漆器面窊缺節眼等深者法漆中加木屑斮絮嵌

○輟耕録曰捲素刀刻膠縫却煬牛皮膠和生漆微嵌縫中名曰捎當 當去声
圜捎髤也當底也

布漆之

捎當後用法漆衣麻布以令麭面無露脈且棱角縫合之處不易解脫而加垸漆

古有用韋衣後世以布代皮近俗有麻筋及厚紙代布制度漸失矣

○輟耕録曰以麻筋代布

△琴經曰一應漆器多用布漆琴則不用
●考工記賈疏曰以革鞔轂說漆之

垸漆 一名灰漆

日說文曰垸以桼和灰而髤也圜故後名灰漆口集韻曰垸或面作丸髹圜考工記註作丸漆又司徒教宮之職角人註骨入漆垸者故从骨作髋骨

用角灰磁屑爲上骨灰蛤灰次之甎灰坏屑砥灰爲下皆篩過分麤中細而次第布之如左灰畢而加糙漆

（輟耕録曰灰乃磚瓦搗屑篩過分麤中細）

（輟耕録曰如髹工自家造賣低歹之物不用膠漆止用猪血厚糊之類 ○格古要論曰用𦽍泥其賤不可當）

用坏屑枯炭末和以厚糊猪血藕泥膠汁等者今賤工所爲何足用又有鰻水者勝之鰻水即灰膏子也

目 即骨灰也浣恐垸字

琴經曰鹿角灰爲上牛角灰次之或雜銅鍮等屑尤妙

目 輟耕録曰鰻水好桐油煎沸如蜜之狀却取磚灰石灰細對和匀 此法詳于本書今畧出于此

目 琴經灰法曰第一次灰粗而薄第二次中灰匀而厚次用細灰緯邉作稜角第四次灰補平

目 第一次麤灰漆 要薄而密

目 第二次中灰漆 要厚而均

目 第三次作起稜角補平窳缺 共用中灰爲善故在第三次

目 第四次細灰漆 要厚薄之間

第五次起線緣 唇窻邉稜爲線緣或界緘者於細灰磨了後有以起

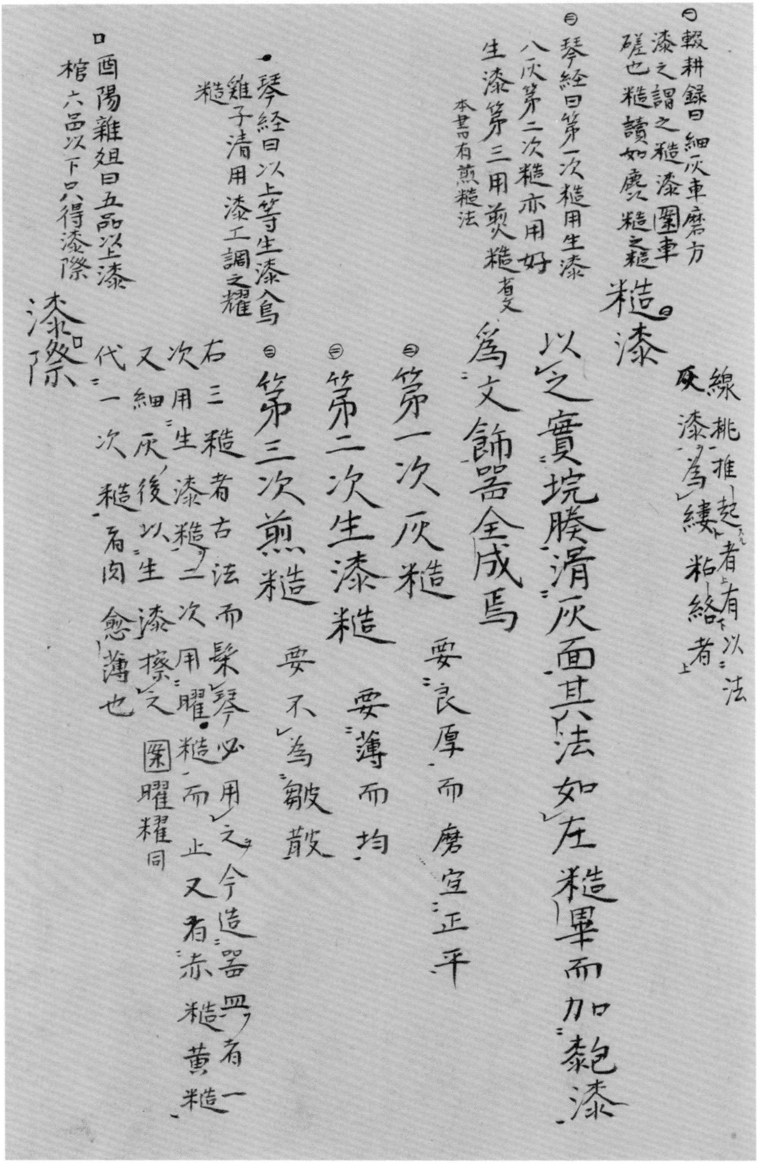

線。桃推起者有以灰漆爲縷粘絡者。

糙漆

以之實垸腠滑灰面其法如左糙畢而加麭漆爲文飾器全成焉

第一次灰糙　要良厚而磨宜正平

第二次生漆糙　要薄而均

第三次煎糙　要不爲皺皵

右三糙者古法而髤琴必用之今造器皿者一次用生漆糙二次用曜糙而止又有赤糙黄糙又細灰後以生漆擦之（曜糙 耀同）代一次糙者肉愈薄也

㊀輟耕録曰細灰車磨方漆之謂之糙漆（車磋也）糙讀如慶之糙之糙

㊁琴経曰第一次糙用生漆八灰第二次糙亦用好生漆第三用煎糙者叓（本書有煎糙法）

●琴経曰以上等生漆入烏雞子清用漆工調之耀糙

口酉陽雜俎曰五品以上漆棺六品以下只得漆際

漆際

素器貯水書匣防濕等用之
今市上所售器漆際者多不和斮絮唯垸際漆界者易解脫也

尚古第十八　一篇之大尾名尚古者蓋黄氏之意在于斯故此書總論成飾而不戧造法所以温古知新也

斷紋

○琴經曰琴以斷紋為證有蛇腹斷其紋橫截如蛇腹下紋又有細紋斷即牛毛斷如髮千百條者有梅花斷其紋如梅花片

○琴箋曰有龍紋斷其紋圓大有龜紋冰裂紋者

○清秘藏曰烏玉琴名斷紋隱起如蛇虬奇物也

髹器歴年愈久而斷紋愈生是出于人工而成于天工者也古琴有梅花斷有則寶之有蛇腹斷次之有牛毛斷又次之他器多牛毛斷又有冰裂斷龜紋斷亂絲斷荷葉斷縠紋斷凡揩光牢固十九者多疎斷稀漆脆虚者多細斷且易浮起

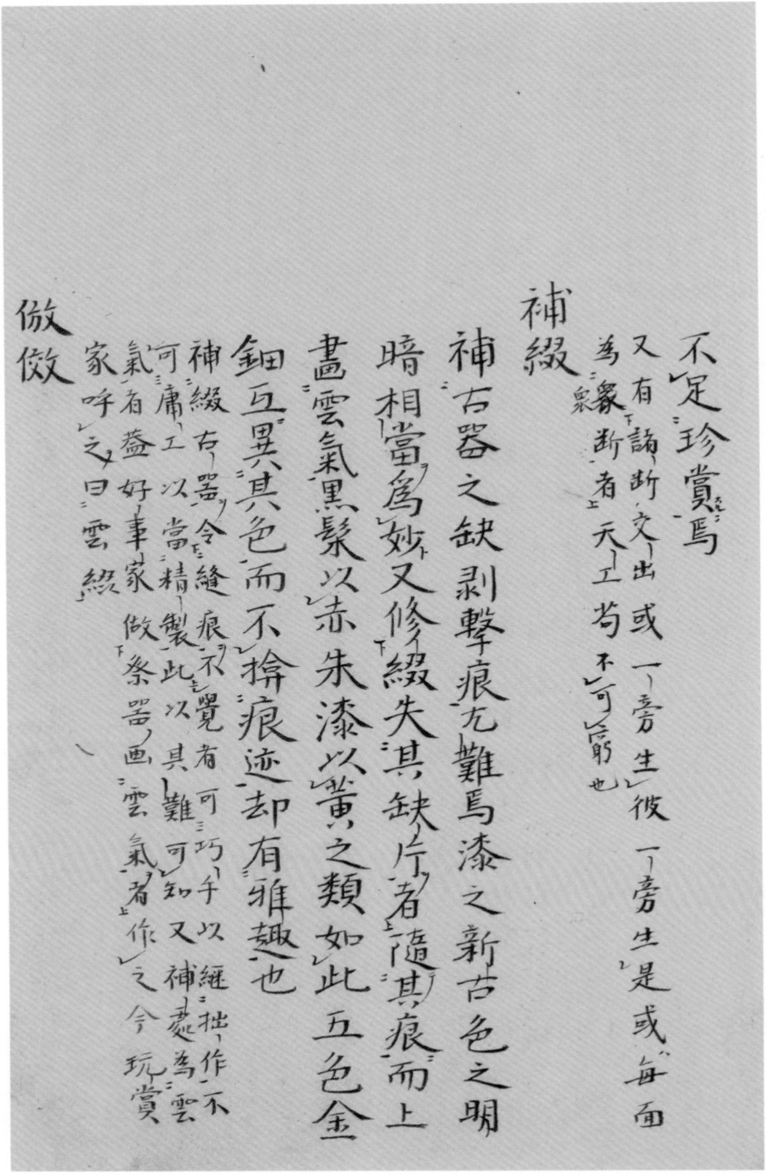

不足珍賞焉

又有譎斷文出或一旁生彼一旁生是或每面為象斷者天工苟不可窮也

補綴

補古器之缺剥擊痕尤難焉漆之新古色之明暗相當爲妙又修綴失其缺片者隨其痕而上畫雲氣黑髹以赤朱漆以黄之類如此五色金鈿互異其色而不掩痕迹却有雅趣也

補綴古器令縫痕不覺者可巧手以繼拙作不可庸工以當精製此以其難可知又補處為雲氣者益好事家做象器畫雲氣者作之今玩賞家呼之曰雲綴

倣傚

○七種類藁曰天順間有楊塤者精明漆理各色俱可合而於倭漆尤妙其渾霞山水人物神氣飛動真描寫之不如愈久愈鮮也世號楊倭漆

摸擬歷代古器及宋元名匠所造或諸夷倭製等者以其不易得爲好古之士備玩賞耳非爲賣骨董者之欺人貪價者作也凡倣傚之所巧不必要形似唯得古人之巧趣與土風之所以然爲全然後攻歷歲之遠近而設骨剥斷紋及去油漆之氣也

要文飾全不異本器則須印模後熟視而施色如彫鏤識款則蝎墨乾打之依紙背而印模俱不失毫釐然而（一本作而）有款者摸之則當款旁復加一款曰某姓名倣造

髹飾録坤集終

文化甲子